U0135773

巴菲特寫給股東的信

THE ESSAYS OF WARREN BUFFETT: LESSONS FOR CORPORATE AMERICA

巴菲特 (Warren Buffett)
康寧漢 (Lawrence A. Cunningham)／編著

張淑芳／譯

財信出版

巴菲特寫給股東的信

The Essays of Warren Buffett:
Lessons for Corporate America

華倫・巴菲特、勞倫斯・康寧漢◎編著

張淑芳◎譯

財信出版

中文編者序

這是一本獨一無二的書。

理由一：這是一本蒐集巴菲特寫給股東的信，所編輯而成的書；除非日後巴菲特決定自己寫回憶錄，否則這是唯一一本由巴菲特親筆撰寫的文章，編輯而成的書。

理由二：這其實不是一本「書」，而是卡多索法學院（Cardozo Law School；位於紐約市，具有濃厚的猶太人色彩）舉辦一場關於巴菲特的研討會，編選出來的文集。原書形式就像一般研討會的論文集，但是這樣的一本「書」，卻成為亞馬遜網路書店的年度暢銷書。

理由三：撰寫投資書籍的人很多，其中許多人也有成功的投資經驗，譬如林區（Peter Lynch）、索羅斯（George Soros）、奈夫（John Neff）等人，但是靠投資創造了全美第二富豪的財富，只有巴菲特一人，。

理由四：如果要列舉二十世紀最重要的投資書籍，「華爾街院長」葛拉漢（Benjamin Graham）和助理陶德（David Dodd）合著的《證券分析》（*Security Analysis*），以及葛拉漢自己寫的《智慧型股票投資人》（*The Intelligent Investor*），是開啟當代投資分析的重要著作。巴菲特繼承老師葛拉漢的投資理念，在《巴菲特寫給股東的信》中，充分體現一脈相承的投資智慧，並賦予新的詮釋，足堪稱二十世紀末最偉大的投資著作。

　　理由還可以有很多，譬如說，波克夏股東年會一直是投資界矚目的盛事；巴菲特在股東年報每年撰寫的給股東的信，更是媒體引述的焦點等等。不管如何，這都是一本非常獨特、而且重要的書。

　　這本書適合長期投資人閱讀。對巴菲特來說，買進與持有（buy-and-hold）是創造長期投資績效的關鍵。他引用葛拉漢的「市場先生」觀念告訴投資人，非理性的投資大眾隨時會將手中的持股賤賣給你；頻繁的交易對投資績效的損害；如何運用「完整盈餘」等正確觀念評估投資標的的價值等等。巴菲特同時極力抨擊包括「市場效率學說」在內的投資教條，認為這不過是為了增加投資的神秘性，好讓投資顧問得以從中弁利。

　　這本書也適合企業的事業主閱讀。而對巴菲特來說，長期投資人就是企業的事業主，事業主的利益來自企業內在價值（intrinsic value）的成長，而不是股價的短期波動，如何維護企業主的利益，不僅是企業監督的重要事項，也是一個理想管理團隊的首要考量。為此，巴菲特大力批評危害股東利益的收購行為；運用股票選擇權做為經理人酬勞的不當；錯誤的保留盈餘政策等等。

　　或許，展現巴菲特投資智慧的最好方式，就是《巴菲特寫給股東的信》本身。信中所呈現的投資觀念、文字的機鋒、巧妙的譬喻與反諷，在在顯露出當代最偉大投資人的自信與智慧。如果讀者看完本書意猶未盡，可以直接到波克夏的公司網頁（www.berkshirehathaway.com），裡面有每年度

的年報，以及巴菲特寫給股東的信的完整版本。

　　如果讀者發現中譯本有任何疏漏謬誤，希望不吝來函指正。我們期望能夠讓這本重要的投資著作，以最好的中文譯本呈現在所有讀者面前。

導　論

讀過巴菲特（Warren Buffett）寫給波克夏公司（Berkshire Hathaway Inc.）股東的信的讀者，能由這些信中獲得極具價值的非正式教育。這些信件以簡單明瞭的文字，將穩健經營事業的基本原理整理出來，巴菲特的文章在針對選擇經理人與投資項目、評估事業的價值，以及如何運用財務資料來獲利等各方面的討論，都展現出恢宏的視野及深遠的智慧。

只是到目前為止，這些信件取得不易，也還沒有人針對主題做分類歸納，因此，巴菲特的主張仍未受到應有的重視。本書的目的，在於將這些文章集結成書，介紹給廣大的讀者群，期望能矯正市場上一些無用的觀念。

巴菲特這些精闢文章的主題為：基本面的價值分析（fundamental valuation analysis）應該主導投資策略的執行。基本面價值分析的原則是由巴菲特的兩位老師葛拉漢和陶德所提出，而與此主題有關的議題還有管理原則（management principles），此一原則將企業經理人的角色定位成股東投資資金的管理人，而股東的角色則是資金的供給者及所有人。而由這些主題衍生出來一些有關併購、會計及稅捐的議題，巴菲特也給讀者上了實用且正確的一課。

巴菲特的這些教誨，和過去三十年來美國商學院及法學院所教授的課程內容直接抵觸，也與同時期盛行於華爾街及

全美國企業界的作風完全相反。相較於學院派理論及企業界盛行的作法，葛拉漢和陶德的主張不免相形失色，而身為兩位大師的得意門生，巴菲特忠心地捍衛老師們的觀點。巴菲特提出的辯護包括：激動地反駁「現代財務理論」（modern finance theory）並舉出令人信服的說明，強調用股票選擇權（stock options）來報償經理人是一種有害的作法，而且提出具說服力的論證，說明合力購併（synergistic acquisitions）及現金流量分析（cash flow analysis）等作法的好處受到誇大。

巴菲特在擔任波克夏的最高執行長（chief executive officer, CEO）時，採用了傳統的原則。該公司的前身是成立於19世紀初的紡織事業群，1964年巴菲特接管波克夏公司，當時該公司每股帳面價值（book value）為19.46美元，每股內在價值（intrinsic value）則低了許多，如今每股帳面價值大約2萬美元，而每股內在價值則高出帳面價格甚多。在這段期間內，該公司每股帳面價值的年複合成長率是23.8%。

波克夏目前是一個控股公司（holding company），旗下擁有許多事業，但不包括紡織業。該公司最重要的事業是保險業，主要由波克夏百分之百控股的子公司蓋可公司（GEICO Corporation）負責經營，蓋可也是全美第七大汽車保險公司。波克夏也發行《水牛城新聞報》（*The Buffalo News*），並生產及經銷其他多項產品，包括百科全書、家具、清潔用品、巧克力、糖果、鞋子、制服及空氣壓縮機

等。波克夏同時擁有許多大公司的主要股權，包括美國運通
（American Express）、可口可樂（Coca-Cola）、迪士尼（Walt
Disney）、聯邦國家房貸公司（Freddie Mac）、吉列
（Gillette）、麥當勞（McDonald's）、華盛頓郵報（Washington
Post）以及富國銀行（Wells Fargo）。

　　藉由投資具備優良經濟特質、且由卓越經理人經營的公
司，巴菲特與波克夏的副董事長曼格（Charlie Munger）聯
手創造了一家價值500億美元的企業。雖然他們偏好以合理
價格透過協商的方式，百分之百收購具有上述特質公司的股
權，但也會採取「雙管齊下」（double-barreled approach）的
策略，就是也在公開市場中買進這家公司的部分股權，如此
價格會比百分之百購買這家公司股權所付出的價格低一定的
比率。

　　採用雙管齊下策略的報酬十分豐碩，在波克夏的投資組
合中，以每股爲計算基礎，有價證券（marketable securities）
的價值在1965年時是每股4美元，到1995年時，已暴增爲
每股2萬2,000美元，年成長率高達33.4%；在同時期內，每
股營業收益（operating earnings）也由4點多美元竄升到258
美元，年成長率爲14.79%。根據巴菲特的說法，他們之所
以能創造這樣的績效，並不是因爲該公司擁有宏偉的計畫，
而是因其將資金集中在具有優良經濟特質、且由卓越經理人
經營的公司上的集中化投資策略。

巴菲特將波克夏視為屬於他自己、曼格及其他股東共同擁有的合夥事業，而他個人淨值超過150億美元的財產，也幾乎都是波克夏的股票。他著眼於長期的經濟目標——透過持有全部或部分股權的多樣化事業群，創造現金及高於平均水準的報酬率，讓波克夏的每股內在價值達到最高。為了達成這個目標，巴菲特不會輕言為了擴張事業而擴張，只要公司的經營能夠產生現金，並且擁有好的管理團隊，巴菲特就不會隨意放棄在這家公司的投資。

波克夏只有在至少可以等比率提高每股市場價格的情況下，才會提撥保留盈餘，並利用盈餘轉投資；波克夏很少借貸，而且只有在能獲得相等價值的情況下，才會賣出自己的股權。巴菲特能夠看穿各種會計法則，特別是那些隱瞞真實經濟盈餘的會計法則。

巴菲特所說的與事業主相關的企業原則（owner-related business principles），是構成下列文章的重要主題。這些文章涵蓋了管理、投資、財務及會計等各項議題，是既精鍊又富教育性的教戰手冊，巴菲特的基本原則所形成的參考架構，讓人得以在面對企業經營各層面的廣泛議題上，清楚自己應該採取怎樣的立場，而且巴菲特在此不只是陳述一些抽象的概念。事實上，投資者需要專注於基本面分析、耐心地等候，並且運用常識來做判斷，在這些文章裡，巴菲特將這些忠告轉化成較具體的原則，而他自己也因奉行這些原則而成功致富。

很多人會猜測波克夏及巴菲特正在做什麼投資、或是計

畫要做什麼？這些猜測有時候對、有時候錯，但終究是愚蠢的。與其去探究波克夏正在做什麼樣的投資，還不如根據他的教導，思考如何選擇正確的投資，也就是說，大家應該熟讀巴菲特的文章內容，從中得到智慧，而不要只想模仿波克夏的投資組合。

　　巴菲特謙虛地承認，這些文章中所傳達的思想，大部分都是葛拉漢傳授給他的，他認為自己是體現葛拉漢理念價值的代言人。在我籌備本書的資料時，巴菲特說我可能會成為將葛拉漢的理念以及他個人如何運用這些理念的經驗，予以普及的人。巴菲特承認，將他的商業及投資哲學普及化可能會產生風險，但是他更了解，由於葛拉漢不吝於分享本身的知識，使他受益匪淺，因此他相信自己也應該將這些知識傳承下去，即使這麼做可能會替自己製造出投資的競爭者。基於這樣的精神，我最重要的職責，就是要將這些文章依照其中所傳達的主題加以組織整合，本篇引言先就其中重要的主題做摘要性說明，並討論這些主題在當代思潮中的定位，其後內容則是巴菲特自己的文章。

1 企業監督

　　就巴菲特而言，經理人是股東資金的管理者。最好的經理人在做商業決策時，會採取跟事業主一樣的看法，會將股東的利益放在心上。但即使是第一流的經理人，也會出現與股東利益相衝突的時候，如何減輕這些衝突，以及培育經理

人管理股東資金的能力，一直是巴菲特四十年事業生涯致力
的目標，也是他這些文章的主旨，他在文章中提出了監督
（governance）這個重要的問題。

　　在這些文章中，並未針對監督問題做詳細的闡述，但其
內容則遍及所有文章，那就是：經理人與股東之間坦率而明
白的溝通是很重要的。巴菲特的看法是如此，在文章中的說
法也是相同的，也就是這種特質，把感興趣的股東們吸引到
波克夏來，這些股東們每年都群聚於波克夏的股東大會，而
且人數一年比一年多。在波克夏的股東年會中，可以聽到針
對商業議題詳盡而且富有建設性的對談，這跟一般股東大會
開會的情形大不相同。

　　除了巴菲特開誠布公地實踐以事業主為導向，及前述與
事業主相關的企業原則之外，下一個有關管理的議題，則是
要揚棄管理組織的公式。巴菲特的看法與教科書中關於組織
行為法則的說法正好相反，他認為將一個抽象的領導級層
（chain of command）套用到某個特定的商業情況下，並沒有
太大的助益，重要的是必須遴選出有能力、誠實，且努力工
作的人。在一個團隊裡，擁有一流的人才，比設計管理階層
體系、或釐清誰在何時該向誰報告，顯然更為重要。

　　巴菲特認為在遴聘最高執行長時尤其應該要小心謹慎，
因為最高執行長與其他員工之間存有三個重要的差異。第
一，由於缺乏適當的標準來評估最高執行長的工作表現，而
且這些評估標準容易受到人為因素的影響，所以最高執行長
的工作表現評估，要比其他員工更為困難；其次，由於沒有

其他員工比最高執行長更資深，因此沒有人可以來評估其工作表現；第三，董事會也無法擔當上述比最高執行長更資深員工的角色，因爲最高執行長與董事之間的關係一直都是氣味相投的。

　　企業的改革通常是著眼於協調管理階層與股東之間的利益，或是強化董事會監督最高執行長工作表現的能力。利用股票選擇權來獎勵管理階層是眾多方法之一、加強董事會的運作功能則是另一種可行之道、清楚區分董事長與最高執行長的身份及角色功能，以及任命常設的審核、提名及獎勵委員會，也都被視爲是有效的改革方案。不過，以上各種創新的改革模式都未能解決監督上的問題，有些改革措施甚至只是使問題更形惡化。

　　根據巴菲特的教誨，最好的解決之道是審愼地遴選出合適的最高執行長，他們必須有能力擺脫企業疲弱體質的限制，妥善地執行自己的任務。卓越的最高執行長不需要事業主給予太多的指導，但如果企業能擁有一個同樣出色的董事會，也可以讓他們受益匪淺，因此，董事會成員的遴聘也很重要。董事會成員的遴選應該以是否具有商業頭腦（business savvy）、自身利益爲何，以及是否具有事業主導向等條件爲考量。根據巴菲特的看法，存在美國企業界董事會的重大問題之一，是其成員通常是因爲其他因素的考量而被選任，譬如基於其卓越表現，或爲了提高董事會成員的代表性等因素。

　　大多數的改革措施都只是大筆一揮了事，而沒有像巴菲

特一樣注意到不同的董事會間存有明顯的差異。例如，具控制權的股東剛好擔任公司的經理人，在這種情況下，董事的權力就會明顯削弱。當董事會與管理階層出現歧見時，董事除了反對之外其實別無他法，如果情形嚴重的話，董事也只能辭職了事；另一種極端的情形，則是具有控制權的股東並不直接參與企業的管理，董事的權力就會相對擴大，當出現爭議的時候，董事們可以直接將問題交由具控制權的股東來處理。

不過，最常見的情形是企業缺乏具有控制權的股東，巴菲特認為在這種情況下，管理問題最為嚴重。如果董事們能夠訂定出必要的紀律要求，將有助於改善上述的情形，但通常董事會成員為了維持和善的關係，並不會這麼做。在這種情況下，如果希望董事會能發揮最大的效能，巴菲特相信較好的做法是，由公司以外的人士組成一個小規模的董事會。如此一來，董事所擁有的最大武器，將只會是他或她提出辭呈這個威脅。

上述所有情形都具有一項共同的特徵就是：一位糟糕的經理人比一位平庸的經理人更容易對付，或將他免職。巴菲特強調，所有的監督結構都存在一個主要問題，就是美國企業界對最高執行長工作表現的評估作業，永遠不會是在最高執行長不列席的定期會議中進行。如果能在最高執行長不列席的情況下，舉行定期會議評估其工作表現，將會是企業監督上的一大進步。

實際評估最高執行長的工作表現，要比想像中來得困

難。包括短期表現以及長期的可能成果都必須加以考慮。如果只關心短期表現的結果，許多經理人做決定就會更容易，尤其是與衰退中相關事業的決策更是如此。舉一個極端但卻不失為典型的例子來說明。鄧洛普（Al Dunlap）採取積極的計畫，想要挽救岌岌可危的日光公司（Sunbeam），他解僱了半數員工，並關閉、合併一半以上的工廠，其中包括一些位於新英格蘭地區和紡織業有關的工廠。鄧洛普宣稱他要整頓整個企業，而他細心規劃的程度足以和諾曼地登陸媲美，但由於只著重短線的成效，因此做決策其實很簡單。

　　但如果你了解到，一旦贏得社區群體的信任關係，可能可以得到長期的利益，這時要做某些決策就困難多了，特別是如巴菲特所考慮的，在決定關廠時可能產生的焦慮問題。自1970年代末期開始，波克夏原本經營的舊式紡織業開始走下坡，巴菲特原本想要挽救該事業，因為他了解波克夏的紡織業務對該公司員工以及新英格蘭當地社區的重要性，也知道管理階層和員工在解決經濟困境問題時，所展現的能力及相互體諒的態度。因此他苦心維持這個岌岌可危的工廠直到1985年，卻仍無法扭轉財務上的頹勢，最後不得不關閉工廠。我們不知道巴菲特是否會支持鄧洛普式的短線主義，但是他在短期成果和基於社區信任的長期成效間尋求平衡的風格，卻是與鄧洛普截然不同的，這麼做並不容易，但絕對是明智的。

　　有時候管理階層與股東之間的利益衝突，會以一種很微妙或不同的變化形式出現。以企業的慈善行為做例子，大多

數大型企業的管理階層，都會從企業的利潤中提撥一部分比率來做慈善捐贈，至於要捐贈給哪些慈善單位則由管理階層來決定，這個決定通常與企業或股東的利益無關，而且只要每年捐贈的總金額合理，通常是不高於每年淨利的10%，美國多數的州法律都允許由管理階層來做決定。

波克夏的處理方式卻不相同：波克夏是由股東來決定企業捐贈的對象。幾乎所有股東每年都會參與波克夏的善行，捐贈數百萬美元給他們所指定的慈善機構，對於深植於管理階層與股東之間的緊張關係，這實在是一種令人難以想像的實際情況。但令人訝異的是，美國其他企業並沒有追隨波克夏的企業捐贈模式，部分原因可能是因為美國企業的股東缺乏長期持股的傾向，這正反應出美國企業的股東特質，也顯現出美國投資業界的短線心態。

利用股票選擇權做為經理人的報償，來調和管理階層與股東之間的利益衝突，這種作法不僅被過度使用，還巧妙地把發行股票選擇權所產生、存在於管理階層和股東之間的深層利益衝突給隱藏起來。許多企業用股票選擇權來獎勵經理人，而且只要增加公司的保留盈餘，就可以讓股票選擇權的價值上漲，而不用考慮公司的資本是否運用得當。正如巴菲特所說的，光是保留盈餘再將其做轉投資，企業經理人就可以不費吹灰之力地讓公司的年度營盈提高，而不需費心地提高資本的實質報酬率。因此，發行股票選擇權通常是剝奪股東的財富，來做為犒賞高階主管的戰利品，尤有甚者，因為股票選擇權通常是不能被取消、而且無條件發行的，因此一

旦發給經理人，不管其工作表現如何，他都能夠因此而獲利。

　　巴菲特也同意，股票選擇權的運用或許可以逐漸形成一種新的企業文化，鼓勵經理人以事業主的角度來進行思考。但是要藉此來調和股東和管理階層的利益可能並不理想，由於公司的資本不會以最佳的方式來使用，股東將暴露在股價下跌的風險中，但股票選擇權的持有者卻不必擔心這樣的風險。因此巴菲特提醒那些正在審閱委託書聲明（proxy statements），考慮是否要同意發行股票選擇權的股東們，應該注意前述在調和股東和管理階層利益上的不對稱現象。很多股東會理性地選擇不去閱讀委託書聲明，但是股東真的需要正視這個問題──特別是公司如果想致力於增進企業的監督成效時，更應重視這個問題。

　　巴菲特強調，應該把工作表現當作衡量主管酬勞的基礎。主管的工作表現應該以獲利率（profitability）為基準：而所謂的獲利率，是扣除了轉投資其他相關事業的資金，以及保留盈餘之後的利潤來計算。如果要用股票選擇權做為經理人的酬勞，應該針對個人的工作績效來決定，而不應以公司整體的表現來判定，而且股票選擇權的價格應依公司的價值而定；更好的方式，就像波克夏採取的方式一樣，根本不把股票選擇權當作主管酬勞的一部分。優良的經理人能夠憑藉自身在事業上的表現而賺取現金紅利，而且如果願意的話，他們也可以自己去購買股票，如果他們真的買了股票，巴菲特說：「他們就真的成為事業主了」。

2 企業財務及投資

　　過去三十年來最創新的投資觀念，是所謂的「現代財務理論」。這是一整套複雜的觀念，但追根究底它卻是一個簡單且誤導人的觀念：即在公開發行的證券市場中尋找個別的投資機會是一件浪費時間的事情。根據這個看法，與其認真研究某些投資機會是否值得投資，還不如用射飛鏢的方式從大盤隨機挑選股票來構成你的投資組合，績效可能還更好。

　　現代財務理論的一項核心主題就是──「現代投資組合理論」。其主張是藉由一個多樣化的投資組合，來消除個別證券的單一風險，這正是俗語所說的「不要把所有雞蛋放在同一個籃子裡」。根據這個觀點，持有多樣化投資組合剩下的唯一風險，正是投資人之所以能夠得到報酬的主要理由。

　　這種剩餘風險可以用一個簡單的數學術語──貝它值（β）來計算，貝它值是反映某個證券相對於整個市場的波動性（volatility）有多大，如果某個證券是在效率市場（efficient markets）中交易，貝它值可以準確地計算出該證券的波動風險。在效率市場中公開交易的證券，其相關訊息會迅速且正確地反映到股價上，在現代財務理論中，效率市場是最高的指導原則。

　　過去三十年來，現代財務理論不僅在學院、大學、商學院和法學院的學術象牙塔裡受到擁護，而且逐漸被包括華爾街專業人士和一般投資人在內的美國金融界奉為圭臬。許多專業人士相信，股市的價格永遠正確地反映出股票基本面的

價值，因此，投資人唯一需要在意的風險是股價的波動性，而管理這種風險的最好辦法，就是分散投資到多種股票上。

巴菲特則遵從葛拉漢和陶德的教誨，憑著邏輯和經驗來挑戰傳統的教條。他認為由於大多數市場都不全然具有效率，將股價波動性與風險兩者視為同等將嚴重地曲解事實。巴菲特擔心的是，在現代財務理論的影響下，新一代的企管碩士及法學博士不僅無法學到重要的財務原理，而且很可能學到錯誤的觀念。

現代財務理論中有一個特別嚴重的錯誤觀念，是「投資組合保險」（ portfolio insurance ）的盛行風潮。所謂的投資組合保險，指的是運用電腦化技巧，在市場下跌時，重新調整投資組合，而投資組合保險的過度濫用，則加深了 1987 年及 1989 年 10 月紐約股市兩度崩盤的跌勢。不過，這種觀念也有好的一面，它粉碎了商學院、法學院所教授，及華爾街深信不疑的現代財務理論。現代財務理論無法解釋市場後續的波動性，以及其他眾多的相關現象，像是小型股（ small capitalization stocks ）、高股利殖利率股票（ dividend-yield stocks ），及低本益比（ price-earnings ratios ）股票的波動方式。越來越多的人開始質疑貝它值的可信度，他們認為貝它值無法真正衡量出重要的投資風險，而且資金市場並不是真正的有效率，在這種情形下計算出來的貝它值實在沒有任何意義。

就在眾說紛紜之際，大家開始注意到巴菲特成功的投資記錄，並呼籲重新回歸到葛拉漢及陶德所倡導的投資及經營

理念。畢竟在過去四十多年以來，巴菲特每年都能創造出高於20%的年投資報酬率，相當於整個市場報酬率的2倍。在此之前的二十年，葛拉漢創立的葛拉漢—紐曼公司（Graham-Newman Corp.），也有同樣傲人的輝煌成果。巴菲特強調，波克夏及葛拉漢—紐曼兩家公司的表現確實值得我們尊敬，他們的取樣範圍具有效性、統計的時間很長、沒有某些特別成功的事件會扭曲統計結果、採用的數據沒有造假的情形，且兩家公司的表現都有長期記錄可循，並非事後特意選擇的。

由於感受到巴菲特傑出表現的威脅，死忠擁護現代財務理論的人士企圖將巴菲特的成功歸因於一些奇怪的理由，例如，巴菲特或許只是運氣特別好——就像那隻碰巧拼出了「Hamlet」的猴子一樣，也或許他知道一些其他投資人不知道的內線消息。為了要反駁巴菲特，這些死忠派堅持投資人最好的策略，是依照貝它值或任意選擇的方式來分散投資，並且應該不斷重新調整手中的投資組合。

針對這些死忠派的看法，巴菲特用一句譏諷的話及一些建議來作為回應。他諷刺地說，擁護他投資哲學的投資人或許應該支持效率市場的教條，以確保這個教條永遠流傳下去；另外他則建議，大家只需要專注於投資組構（investment knitting），而不要去理會現代財務理論或是其他聽起來很複雜的市場觀念。對許多人而言，這麼做的最好方式是長期投資一支指數型基金（index fund），如果投資人有能力做評估，也可以透過認真分析企業的方式做投資，如此

一來，投資人需要在意的風險，既不會是貝它值也不會是價格的波動性，而是做投資可能產生的損失或傷害。

評估這種投資風險，需要考慮到一個公司的管理團隊、產品、競爭者及其負債規模。投資大眾需要探討的是，做投資的稅後報酬，至少要等同於原始的投資金額加上合理報酬的購買力（purchasing power）。投資大眾應考慮的主要因素包括：企業長期的經濟特質、企業管理階層的素質及誠信度，以及未來的賦稅及通貨膨脹水準。這些因素或許很難界定清楚，尤其和可以被準確計算出來的貝它值相比更是如此，但重要的是，不去考慮這些因素會對投資人產生不利的後果。

藉由下列的說明，巴菲特道出了貝它值的荒謬性：「相對整個市場，當一支股票的價格大幅下滑……低檔時所呈現的風險性，會比高檔時來得高。」這正是貝它值計算風險的方式。同樣地，投資人光看貝它值並無法分辨兩家生產單一產品的玩具公司，其內在風險的差異，「譬如生產單一產品，如玩具石頭（pet rocks）或呼拉圈的玩具公司，和生產大富翁（Monopoly）或芭比娃娃的玩具公司，他們的內在風險有何差異。」但只要考慮到消費者的行為模式及生產消費性產品公司的競爭方式，一般投資人都可以區別兩者的風險的確有所不同，而且投資人也會了解，當股價大幅下跌時，其實是買進時機。

巴菲特並不要求分散投資，這與現代財務理論的主張正好相反。巴菲特其實主張集中化的態度，如果無法採取集中

化的投資組合，至少投資人要專注於自己的投資。巴菲特提醒我們，偉大的經濟學家，也是傑出投資人的凱因斯（Keynes）^{譯注1}相信，投資人應當將大部分的資金投資到二至三個自己有所了解、而且是由值得信任的經理人所管理的事業。但是就此觀點而言，由於投資的事業和想法過於集中，風險就會產生。不過藉由集中化投資和集中心智的策略，可以強化投資人對某個企業的了解，及提高投資人在買進這家公司時對該企業基本面的信心，藉此或可降低整體的風險。

根據巴菲特的看法，貝它值的風行忽視了一項基本原則：「寧可差不多對，也不要明確地犯錯。」長期投資能否成功，並不是取決於研究貝它值或持有多樣化的投資組合而定，主要是投資人能否體認到自己也是投資事業的事業主之一。為了要維持令自己滿意的貝它值而不斷買進、賣出股票，這種形式的投資組合操作方式是無法達成長期的投資成效，因為不斷地換股操作將耗費鉅額的交易費用，包括買賣價差（spreads）、手續費以及佣金等等，更不用提證交稅了。巴菲特開玩笑地說，如果把一位不斷進出市場的人稱為投資人，「實在就像稱呼一位不斷有一夜情的人為浪漫情人一樣」。投資組構徹底顛覆了現代財務理論的理念，不但不要去相信「不要把所有雞蛋放在同一個籃子裡」的傳統觀

譯注1：John Maynard Keynes, 1883-1946年，英國經濟學家，被公認是二十世紀最偉大的總體經濟學家之一。

念，反而要像馬克‧吐溫（Mark Twain）筆下人物的建議一樣：「把所有雞蛋放在同一個籃子裡，然後小心看好籃子。」

───────

　　巴菲特對於投資藝術的了解，是他在 1950 年代就讀於哥倫比亞大學商學研究所，以及後來在葛拉漢─紐曼公司工作時從葛拉漢身上學來的。葛拉漢在他的一些經典論著中，包括《智慧型股票投資人》，闡述一些歷史上最具影響力的投資智慧，這些經典智慧反駁了價格等於價值這種普遍但卻錯誤的觀念。葛拉漢的看法和這種普遍的觀念相反，他認為價格是投資人所付出的（what you pay）、而價值則是投資人所得到的（what you get），這兩者很少會相同，但大部分的人不會注意這兩者之間的差異。

　　葛拉漢的重大貢獻之一，是提出市場先生（Mr. Market）這個角色的概念，市場先生住在華爾街上，是投資人假想中的事業合夥人，他隨時願意買進投資人手中擁有的事業股權、或以市場價格賣出他所持有的股份。市場先生的情緒很不穩定，容易因心情的起伏而搖擺不定，有時候他提出的價格遠高過價值、但有時候價格又遠低於價值很多，如果他越躁鬱，他出的價格和價值間的差距就越大，他所提供的投資機會也就越具有吸引力。巴菲特在他的論著中重新引介了市場先生，他強調，雖然市場先生的觀念可能無法在現代財務理論中彰顯出來，但是葛拉漢對整體市場所做的象徵式比

喻，對建立有紀律的投資組構非常有價值。

　　葛拉漢另一項重要的貢獻，是他提出的「安全邊際原則」（margin-of-safety principle）。所謂的安全邊際原則是指，除非投資人有足夠理由相信自己所付出的價格，遠低於可能獲得的價值，否則就不應當投資某支股票。巴菲特忠心奉行這個信念，因為他記得葛拉漢曾經說過，如果只能用三個英文詞彙來形容正確投資的秘密，那就是 margin of safety——安全邊際。自從四十年前巴菲特學到這個觀念迄今，他一直認為這個理念是正確的，雖然現代財務理論的信徒們祭出市場效率學說，來駁斥價格（你所付出的）與價值（你所得到的）之間會有所不同這種說法，但巴菲特與葛拉漢則認為價格和價值是完全不同的兩回事。

　　由於價格與價值之間存在差異，所以「價值投資法」（value investing）似乎就成為一種多餘的說法。真正的投資，應當以評估價格與價值間的關係作為基礎，不考慮這種評估策略根本就不能算是投資，而是一種投機（speculation）行為，即期望價格會上揚，而不是相信自己付出的價格低於可能得到的價值。巴菲特注意到，很多專業人士另一項常犯的錯誤，就是去區分「成長投資法」（growth investing）和價值投資法的不同，巴菲特指出，「成長」與「價值」並沒有明顯的區別，這兩者是相互關聯的，因為「成長」必然會被視為是「價值」的一部分。

　　巴菲特也不相信「理性投資」（relational investing）的說法，這個名詞於 1990 年代中期盛行於華爾街及學術界。所

謂的理性投資是強調，股東介入並監督企業的管理階層，以
期降低因股東所有權和經理人管理權兩者間的差異所產生的
成本，而設計出來的一種投資風格。許多人將巴菲特與波克
夏的表現，誤認為是這種投資風格的代表。沒錯，巴菲特的
確是大筆買進少數某些公司的股票，而且持有相當長的時
間，同時也只投資由他信任的經理人所管理的企業，但是巴
菲特的作風與所謂的理性投資相比，也只有這麼點相似之
處。如果真要巴菲特只用一個形容詞來描繪自己的投資風
格，那將會是「專注型」（focused）或「智慧型」（intelligent）
這樣的字眼，即使如此，這些形容詞也顯得相當多餘，只有
「**投資人**」（investor）這個樸素的字眼，是描述巴菲特的最好
名詞。

　　其他被誤用的名詞，還包括混淆了投機與套利
（arbitrage）這兩種穩健的現金管理（cash management）方
法。對波克夏而言，套利是非常重要的工具，因為透過套利
操作可以產生大量的剩餘現金。基本上，投機和套利都是剩
餘現金的運用方式，而不是像持有短期商業本票（commercial
paper）這種形式的短期約當現金（cash equivalents）。投機
是指根據市場上尚未公開的交易傳聞，投入現金參與炒作；
至於套利，傳統上的理解是，在兩個不同的市場，找尋同一
個投資標的所存在的價格差異，藉此賺取其中的價差。對巴
菲特而言，套利是利用現金，在大家都已經知道的投資機會
上，持有短期的部位，並利用同一個投資標的在不同時間點
的價差來獲利。至於是否要採取這種方式來操作現金，投資

人需要根據訊息而不是謠言來考慮下列四個常識性的問題：
(1)這個事件發生的可能性有多高？(2)資金會套住多久？(3)機
會成本（opportunity cost）為何？^{譯注2}以及(4)萬一預期中的
事件沒有發生所可能產生的下跌風險。

不管投資人對投資的看法為何，都必須小心防範巴菲特
所說的「體制性阻力」（institutional imperative）。它是指瀰
漫在組織制度內的一種力量，這種力量會抗拒變革、吞噬企
業可使用的資金、並且會導致下屬盲目地跟從最高執行長所
制訂的非最佳決策，這股強大的力量常常會干擾到理性的事
業決策過程，最後導致一種跟隨潮流的心態，這與大多數商
學院及法學院所教授的正好相反，企業變得只會模仿他人，
無法成為產業的領導者，這正是巴菲特所說的旅鼠式
（lemming-like）經營模式。^{譯注3}

巴菲特在他關於垃圾債券（junk bonds）、零息債券
（zero-coupon bonds）、和優先股股票（preferred stock）的文
章中，將上述的投資原則生動地闡釋出來，巴菲特挑戰華爾
街及學術界的智慧，引用葛拉漢的理念來駁斥一般用來支持
垃圾債券的「短刀學說」（dagger thesis）。這個隱喻的由來，
指的是當一個駕駛人發現方向盤上架有一把短刀時，會特別
地戒慎恐懼，但是短刀學說過分強調高負債比例，對管理階

譯注2：因從事其他投資而必須放棄的可能報酬。
譯注3：旅鼠是一種產自於北極地區的小型群居動物，性喜跟隨人
類或其他動物的路徑。根據傳說，旅鼠會前仆後繼成群地躍入海中
自殺，但事實並非如此。

層所能產生的規範作用。

　　巴菲特指出，1990年代初期經濟普遍蕭條，許多企業由於負債過重紛紛倒閉，巴菲特舉證這個實例來反駁下列學術研究結果：垃圾債券的高利率，遠超出其可能違約（default）的機率，巴菲特將這種錯誤觀念歸咎於一種錯誤的假設，那就是——在研究期間普遍存在的歷史條件，未來還會持續下去。這種錯誤的假設連一個剛開始學統計學的學生都可以看得出來，這樣的情形是不會發生的。本書中另有一篇由曼格所寫的文章，他在文中討論到米爾肯（Michael Milken）[譯注4]在財務管理上的風格，並闡明垃圾債券的荒謬性。

　　華爾街喜歡根據營收的能力而不是財務理念來決定好惡，這種傾向常常造成劣幣逐良幣的情況。巴菲特舉出一個關於零息債券的歷史事件做為說明，若能有效地運用零息債券，投資人可以鎖定一個固定的複合報酬率（compound rate of return），這是一般定期配息的債券所無法提供的。對發行者來說，利用零息債券可以籌措更多的資金，而且不需要準備額外的自由現金流量（free cash flow，編注：指現金流量用於營業性資本支出，以及購買資產之後剩餘的部分）來支付利息費用。可是，當越來越多債信不良的企業開始發行零息債券，而這些企業擁有的自由現金流量又不足以負擔逐漸

　　譯注4：1980年代縱橫於華爾街的傳奇人物，畢業自賓州大學的華頓商學院（Wharton School），以炒作垃圾債券而聞名，後因違法從事內線交易而鋃鐺入獄。

增加的償債壓力時，問題就出現了。巴菲特十分感嘆地說：
「就像大多數在華爾街發生的事情一樣，總是聰明人帶頭，
愚人最後才趕上來盲從。」

在有關優先股股票的文章中，巴菲特展現了投資藝術的
最高境界。他重視事業的經濟特質、重視管理階層素質，以
及一些永遠必須要面對、但卻不一定能下正確判斷的困難決
策。

■ *3* ■ 普通股股票

巴菲特回憶到，當波克夏的股票於 1988 年在紐約證券
交易所（New York Stock Exchange）掛牌上市的那一天，他
告訴專營波克夏股票買賣的專業經紀商（specialist）馬奎爾
（Jimmy Maguire）說：「如果你能夠在今天起的兩年內成交
一筆波克夏的股票，我就會認為你很成功。」雖然巴菲特是
開玩笑地說，但馬奎爾對他的話「似乎不以為然」。巴菲特
強調，當他買股票時所抱持的心態是「如果股市收盤時，我
們對持有某個公司的股權不會感到快樂的話；等到股市開盤
時，我們對持有這樣的股票也不會感到快樂。」波克夏跟巴
菲特都是長期的股票投資人，從波克夏的資本結構與股利政
策就可得到最好的證明。

許多最高執行長都希望看到自己公司的股票是在市場的
最高價區間進行交易，但巴菲特就不一樣了，他寧可看到波
克夏的股價是在接近內在價值的價位進行交易，不要太高、

也不要太低。這種股價和內在價值的連結關係所代表的意義是，企業於某個期間內所締造的成果，會給在這個期間內持有公司股票的股東帶來利益。要維持這種連結關係，股東們必須抱持一種以事業為導向（business-oriented）的長期投資心態，而不是以市場為導向（market-oriented）的短線策略。

　　巴菲特注意到費雪（Phil Fisher）曾做過一個比喻，就是企業像一家餐廳一樣，會針對特定品味的顧客來設計菜單，波克夏的長期菜單強調，交易活動的成本會減低長期的投資成果。根據巴菲特的估計，交易熱絡股票的交易成本包括：營業員的佣金以及買賣價差，通常高達交易獲利金額的10%或者更高。要讓長期投資獲致成功，投資人就必須避免或降低這些成本，而波克夏的股票在紐約證交所上市，也有助於控制這些成本。

　　企業的股利政策（dividend policy）是資本配置（capital allocation）的一個重要議題，投資人對此總是很感興趣，但卻很少有人向他們提出解釋。巴菲特在他的文章中針對這個問題做了詳盡的說明，他強調「資本配置對企業管理和投資管理而言都是重要的議題」。在1998年初，波克夏普通股每股市價超過5萬美元，而該公司的帳面價值、盈餘以及內在價值等，也都以遠高出年平均成長率的速率持續穩定地成長。然而波克夏從未採行過股票分割（stock split），而且在過去三十年來也從未發放過現金股利（cash dividend）。

　　除了重視長期績效以及強調降低交易成本外，波克夏的

股利政策也反映出巴菲特個人的信念，就是公司的股利發放或保留盈餘策略，應該用唯一的一種檢驗方式來決定：即如果保留盈餘可以讓公司的市值提高相等的金額，那麼盈餘就應該被加以保留；不然的話，就應該將盈餘發放出去。只有在「保留資本可以增加盈餘，且增加的盈餘至少可以等於發放給投資人的金額」前提下，保留盈餘才有意義。

就像許多巴菲特提出的簡單原則一樣，這個原則也經常被企業經理人所忽視，但是當他們在決定發放多少股利給屬下時卻是例外。盈餘通常是因為一些與事業主無關的理由而遭到保留，像是為了擴張企業版圖、或是為了增進管理階層工作時的舒適程度等。

巴菲特在研討會中表示，波克夏的作風與他人非常不同，在經過他前述的檢驗後「波克夏可以分配超過盈餘總數的金額」，「一點也沒錯」曼格附和地說。不過，這麼做並沒有必要，因為在巴菲特掌權期間，波克夏一直都能找到超高報酬的投資機會，而且也能把握機會，為資本賺取更高的回報。

股票分割是美國企業界另一種常見的做法，但是巴菲特指出，這種做法會傷害事業主的利益。股票分割會產生三種結果：(1)股票的成交量會大幅增加，使得交易成本提高；(2)股票分割主要吸引以市場為導向的短線投資人，而這些投資人又過度重視市場價格。因此，由於上述兩種原因，這項作法會導致市場價格嚴重偏離企業的內在價值。如果沒有其他的好處來彌補這些缺點，分割波克夏的股票會是不智之舉；

⑶除此之外，巴菲特補充說，這種做法還可能威脅到波克夏過去三十年來苦心經營的事業成果，而這也正是為什麼波克夏能夠吸引到較專注的長期投資人，而其他主要上市企業卻無法做到的原因。

　　波克夏的高股價及股利政策產生了兩個重要的結果。首先，波克夏超高的股價削弱了股東將股權轉贈給親友的能力，針對這一點，巴菲特曾提出一些聰明的建議，像是以優惠價格將股權出售與受贈者；其次，華爾街的專家們企圖仿照波克夏的表現來設計某些證券，然後將這些證券出售給那些不了解波克夏、波克夏經營的事業，以及波克夏投資哲學的投資人。

　　為了因應這些情形，巴菲特與波克夏想出了一套巧妙的辦法。在1996年中，波克夏公開發行一種稱為「B型股」（Class B shares）的新股份，重組波克夏的資本結構（recapitalization），這種B型股只具有相當於現存「A型股」三十分之一的權益，而且其投票權只有A型股的二百分之一。此外，B型股也沒有權利參與波克夏的慈善捐贈計畫，因此B型股的市價應當（也的確）相當於A型股市價的三十分之一左右。

　　由於A型股可以轉換成B型股，波克夏的股東等於擁有一種自助式（do-it-yourself）的機制，可以自行分割波克夏的股票，以方便將股權贈予他人。更重要的是，波克夏這種資本重組的做法，可以遏止華爾街的有心人士推銷那些仿效波克夏股票所設計的證券，因為那些證券與巴菲特的投資信

念完全相反。這些依樣畫葫蘆的證券——根據本身的需求而買賣波克夏股票的投資信託基金,可能會增加股東的成本,如果這些基金的投資人不了解波克夏的事業或投資,波克夏的股價很可能會出現巨幅震盪,導致價格與價值嚴重偏離。

設計這種 B 型股的目的,是要吸引那些認同巴菲特集中投資風格的投資人。舉例來說,在發行 B 型股時,巴菲特與曼格均強調波克夏的股價並未被受到低估,他們兩人都表示不會以市價來購買 A 型股,也不會以上市承銷價購買 B 型股,他們要傳達的是一個簡單的訊息:除非你想要長期投資,否則不要買這兩種股票。這種希望能吸引長期投資人來購買 B 型股的策略似乎已經奏效:就一個大型股股票而言,波克夏 B 型股上市後的成交量,遠低於市場上個股的平均成交量。

對於巴菲特與曼格這種警告性的說法,有些人表示訝異,因為大部分企業經理人會向市場公開宣稱,該公司新發行的股票承銷價格非常優惠。不過,對巴菲特與曼格這樣開誠布公的態度,大家實在不需要感到驚訝,如果一個公司以低於其價值的價格發行股票,那麼這個公司等於是在竊取原有股東的資金,巴菲特很可能認為這是一種違法的行為。

4　合併與收購

　　波克夏對併購採取的是一種「雙管齊下」的策略：針對經濟體質健全，且是由巴菲特與曼格兩人欣賞、信任及敬佩的經理人管理的事業，收購其部分或全部的股權。而且巴菲特的看法與企業界的慣例相反，他認為在百分之百收購一家公司時，買方幾乎沒有理由得付出溢價（premium）。

　　擁有特許權（franchise）的事業是少數的例外情形。這些事業可以輕易地提高價格，而且只需要多投資一些額外的資金，就可以增加銷售量及市場占有率，即使是普通的經理人，也可以將這類事業經營得有聲有色，創造出高資本報酬率；第二種例外的情形，則是具有超凡經理人才的企業，這些經理人獨具慧眼，能夠指出經營績效不彰的事業，並運用其卓越的才幹，發掘企業裡不為人知的價值。

　　這兩種例外的情形極為有少見，當然也不能用來解釋每年發生的數百件高溢價併購案。巴菲特將這兩個例子以外的溢價併購案，歸因於買方經理人的三項動機：併購帶來的快感、擴張事業版圖的刺激，以及對合併效益（synergies）的過分樂觀。

　　當波克夏以發行股票的方式來併購企業時，付出的代價一定要等於所提升的企業價值，其他許多企業不使用現金或舉債的方式來進行併購，通常就違反了這項原則。巴菲特注

意到，當買方以發行股票的模式來進行併購時，賣方通常是以買方股票的市價來計算該併購案的金額，而不是以內在價值來衡量；如果買方的股票市價只有其內在價值的二分之一，而買方也同意採用市價的計價方式，那麼買方在該併購案中所付出的代價，將是它所能獲得價值的2倍。對於這種情形，買方的經理人通常會舉出合併效益或是擴大企業規模這樣的藉口來自圓其說，但事實上這些經理人所做的，卻是為了要尋求刺激，或是對併購案過度樂觀，結果卻犧牲了股東的利益。

尤有甚者，利用股票來進行併購常常（幾乎一定會）被描述為「買方買下賣方」或「買方收購賣方」，巴菲特建議用「買方出售部分自身的股權以收購賣方」，或是其他類似的說法，如此一來，大家對併購的看法會變得比較清楚。畢竟這才是併購案真正發生的情形，這種說法也有助於評估買方在併購案中所付出的代價。

如果說用價格被低估的股票來支付併購金額是一種最糟糕的作法，那麼把這些股票買回來，可以說是最好的辦法了。明顯地，如果一家公司股價只有其內在價值的一半，該公司只需花一塊錢的價格，就可以買到兩塊錢的價值，我們大概不會找到比這個更好的資金運用方式了。然而大部分價值被低估的股票，都是被用來支付降低企業價值的股票併購案，反而很少看到企業買回這些股票，藉以增加本身企業的價值。

相對於合理地回購價值遭低估的股票（這是有利於股東

利益的作法），管理階層有時為了阻止他人提出不受歡迎的併購提議，會建議溢價向個別投資人買回股票。巴菲特譴責這種行為，他強烈地表示，這種「反收購」（greenmail）^{編注1}的做法，簡直就是另一種企業掠奪的行為。

在本書收錄曼格所寫的第二篇文章中，曼格說明了為什麼盛行於1980年代「融資收購」（leveraged buy-outs, LBOS）的併購做法同樣令人詬病。曼格認為，由於法令的姑息，以融資的方式買下另一家公司固然可以賺取暴利，但這種做法卻會削弱企業的體質，因為這樣的併購案需要企業產生現金來支付龐大的債務，買方因而必須付出高價，如此一來，該併購案的平均成本也會隨之增加。

撇去平均成本增加這項多餘的負擔不談，光是要發掘能夠增進企業價值的併購機會本來就不容易。巴菲特認為，大多數的併購案都只會降低企業的價值，若想發掘最能增加價值的交易活動，企業需要專注於機會成本的計算，就是必須和從股市中買進績優公司部分股權的做法相比較。對於那些執著於合併效益及企業規模的經理人而言，這樣的要求是難以想像的，但這卻是波克夏「雙管齊下」投資模式的精髓之一。

在進行併購的時候，波克夏還有其他的優勢，一旦敲定一件併購案，波克夏不但可以用該公司績優股票來支付進行

編注1：對併購者採取反收購行為，用溢價方式回購公司股票；greenmail是從美鈔的綠色green，以及恐嚇、勒索blackmail兩個字衍生而來。

併購案所需的金額，同時還賦予經理階層高度的自主權。巴
菲特認為買方的公司很少會做這樣的表示，而巴菲特在做投
資時，本身則是言行一致，他提醒有意出售企業的事業主，
就是被波克夏收購的許多家族企業，或由少數人控股的企
業，他鼓勵他們向以前的賣方求證，看看波克夏是否以事後
的行動來實現其原先所做的承諾。

5 會計與稅賦

　　針對如何了解並運用財務資訊這項議題，巴菲特的文章
提供了有趣且發人省思的說明。藉由檢視「一般會計公認原
則」（generally accepted accounting principles, GAAP）的要
點，巴菲特說明了會計原則在幫助投資人了解企業或投資時
的重要性及限制。巴菲特解開了幾個主要的迷思，並彰顯了
存在於會計盈餘及經濟盈餘、會計無形資產及經濟無形資
產、以及會計上的帳面價值及內在價值之間的重要差異，這
些都是投資人或經理人在做評估時的重要依據。

　　會計最重要的基本要點是：會計是一種形式。由於它只
是一種形式，因此很容易受到人為的操控，藉由葛拉漢於
1930年代所寫的一個諷刺故事，巴菲特向讀者說明這種人為
操控的情形可以有多嚴重。葛拉漢在故事中創造了一個名為
美國鋼鐵（US Steel）的虛擬公司，由於這個公司採用了激
進的會計方法，使得該公司在無須花費現金、改善營運或銷
售績效的情形下，仍然可以宣布該公司盈餘以驚人的幅度成

長。雖然葛拉漢以嬉笑怒罵的筆觸來敘述這個故事，但是他所描述的這種會計騙局，與美國企業界常見的實際狀況實在沒有什麼不同。

巴菲特強調，真正有用的財務報表必須要能夠回答報表使用人三個有關企業的基本問題：⑴該公司的價值大約是多少？⑵該公司未來償還債務的能力如何？以及⑶該公司管理階層經營事業的能力如何？巴菲特感嘆地說，由於一般公認會計原則的緣故，使得這些問題變得很難回答。而且經營事業有一定的複雜性，不管要求用哪一種會計制度，要針對這些問題提出正確的答案，都是強人所難的事。雖然巴菲特也承認，要發明另一套比一般公認會計原則更好的會計制度有如登天之難，但他所提出的一些觀念，卻更能有助於提升財務報表對投資人及企業經理人的實用性。

我們先來討論巴菲特所提出的「完整盈餘」（look-through earnings）觀念。根據一般公認會計原則中有關投資的規定，如果一個公司持有其他公司的大部分股權，母公司就必須採用合併報表（consolidation）的會計方式，也就是說，如果一個公司擁有其他公司的股權，該公司就必須在其財務報表上詳細列出所有投資事業財務報表上的個別項目。對於那些持股比例只占20%到50%的投資事業而言，一般公認會計原則規定，投資者必須在其財務報表上按持股比例，認列從被投資事業所獲得的盈餘。至於那些持股比例少於20%的投資事業，一般公認會計原則只要求在其財務報表上認列實際由被投資事業所收取到的股利，不需要認列被投

資事業的盈餘。這種會計規則遮掩了波克夏經濟表現上一個重要的因素：波克夏由投資事業上所賺取的未分配盈餘（undistributed earnings），是波克夏企業價值中極為重要的一部分，但是如果依照一般公認會計原則的規定，這些盈餘是不會被認列在財務報表上的。

巴菲特了解，決定事業價值的因素，並不是持有投資事業股份的多寡，而是未分配盈餘的分配方式為何。巴菲特發明了「完整盈餘」這個觀念來評斷波克夏的經濟表現。運用這個觀念，在計算波克夏的企業價值時，除了考慮波克夏本身的淨盈餘，還要計算由投資事業所賺到的未分配盈餘，並扣除將伴隨增加的稅捐。就許多企業而言，根據一般公認會計原則計算出來的盈餘與完整盈餘實際上並沒有什麼差別，但是對波克夏而言，這兩者卻有不同，或許對許多投資人而言也是如此。因此，個別的投資人或許可以採用類似的會計方法來紀錄自己的投資組合，並試著設計一種投資組合，以便在長期間創造出最高的完整盈餘。

會計無形資產（accounting goodwill）與經濟無形資產（economic goodwill）兩者間的差異，是眾所周知的事。但是巴菲特精闢的見解賦予這個議題全新的意義，當買方收購一個事業時，如果買方所付出的收購價格，超過其所購得資產的合理價值（扣除負債之後的淨值），溢價部分就是所謂的會計無形資產。這部分的金額應被視為資產，認列在資產負債表（balance sheet）上，並應當以費用的形式逐年攤銷（amortized），攤銷期間通常是四十年。因此，因為收購某項

事業而產生的會計無形資產，會隨著該項費用的逐漸增加而相對減少。

　　經濟無形資產則另當別論，它指的是一家企業擁有知名品牌這類的無形資產，企業可以利用無形資產，產生超出運用工廠設備等有形資產所創造的平均盈餘。上述超平均盈餘的部分，在經過資本化（capitalized）之後，即稱為經濟無形資產。^{譯注5}經濟無形資產常會隨著時間而增值，對一般事業而言，這個金額至少會隨著通貨膨脹成比例增加，如果是經濟體質健全或是擁有特許權的事業，增加幅度就會更大。事實上，一個企業所擁有的經濟無形資產如果多於有形資產，它受通貨膨脹的傷害，會遠低於其他的公司。

　　這兩種無形資產間的差異引出以下的觀點。首先，要評估一家企業擁有的經濟無形資產有多少價值，最好的方法是看該公司運用未經舉債融資（unleveraged）的有形資產淨額及不含無形資產的攤銷費用，究竟能夠賺取多少利潤。因此，當一家企業收購其他企業時，如果收購者的資產負債表上增列了無形資產項目，在分析該公司時，就不應該將該項無形資產的攤銷費用納入考慮的範圍；其次，既然經濟無形資產的價值應當以其完整的經濟成本來衡量，也就是未經攤銷前之金額，因此在評估收購對象的價值時，也不應當考慮

　　譯注5：會計學對於支出項目有兩種處理方式。一為將之視為當期費用（例如：員工薪資或營業費用等），認列在損益表（income statement）上；另一種方式則是將之視為資產（例如：購置機器設備等），認列在資產負債表上。後者的處理方式即稱為資本化。

這些攤銷費用。

不過巴菲特強調，上述情形並不適用於折舊費用（depreciation charges），折舊費用一定要加以考慮，因為這是真正的經濟成本。巴菲特特別提出這一點，解釋為何波克夏對股東所做的說明，與收購事業相關的營運結果，永遠是扣除一般公認會計原則規定的收購價格調整數後的數字。

華爾街常常喜歡用現金流量的計算方式來評估企業的價值，所謂的現金流量就是：（a）營運盈餘（operating earnings）加上（b）折舊費用以及其他非現金費用。在巴菲特看來，這樣的計算方式並不完整。除了（a）營運盈餘加上（b）非現金費用之外，巴菲特認為還應該減去一項數字：（c）重新投資回企業的必要金額。巴菲特將這項（c）必要的投資金定義為「為了確實維持企業的長期競爭優勢及營運量而必須花費的費用，像是工廠及設備等方面支出的資本化平均金額。」對於這種（a）＋（b）－（c）的計算結果，巴菲特稱之為「事業主盈餘」（owner earnings）。

當（b）不同於（c）的時候，現金流量分析與事業主盈餘分析也會不同。對大多數的企業而言，（c）通常會大於（b），因此，現金流量分析通常會誇大經濟事實。不管在任何情形之下，當（c）有別於（b）時，相較於分析一般公認會計原則所計算出來的盈餘，或是去分析受收購價格會計調整（purchase price accounting adjustments）影響的現金流量，計算事業主盈餘可以幫助我們更正確地評估一個企業的表現。這也是波克夏為什麼要額外公布由收購事業所賺取的

事業主盈餘的原因，而不完全依照一般公認會計原則的規定來公告盈餘或現金流量。

　　「內在價值」是巴菲特投資工具中最後一個例子。所謂的內在價值，是指「一家企業在其剩餘的企業壽命中所能產生的現金，經過折現（discounted）後的價值」，內在價值的定義很簡單，但實際計算卻是既困難又不容易有客觀的標準。計算內在價值需要先預估未來的現金流量及利率的變化，而這也是企業最重要的事；相對地，帳面價值則很容易計算出來，但卻沒有什麼用處；市場價格也是相同的情形，至少對大多數公司而言是如此。內在價值與帳面價值及市場價格間的差異或許很難釐清，這個差異可正可負，但不論如何，它一定存在。

　　一般公認會計原則本身的問題已經夠多的了。卻有兩種人使這種情形更形惡化：一種人是想在會計方法上動手腳以規避一般公認會計原則的規定；另一種人則想利用一般公認會計原則在財務上蓄意造假，巴菲特認為前者尤其難對付。藉由討論退休員工福利及股票選擇權這兩種會計方法，巴菲特道出許多經理人及會計師所抱持的狹隘心態。舉例來說，對於反對將已發放的股票選擇權視為一項費用的看法，巴菲特質疑：「如果選擇權不是一種報酬，那它是什麼呢？如果報酬不算是一種費用，那它又是什麼呢？如果在計算盈餘時不需要考慮到費用，那麼費用這個項目到底要擺在哪裡呢？」

　　在會計上採取狹隘的態度，可能會造成實際的經濟傷

害，退休員工健康保險福利的爭議就是最好的證明。在 1992
年以前，根據一般公認會計原則的規定，企業並不需要將退
休員工健康保險福利這項費用認列在資產負債表的負債項目
中。因此企業很容易就可以做出這項財務承諾，許多企業也
提供退休員工優厚的健康保險福利。這種現象所產生的結果
之一，是許多企業無法負擔越來越多到期的員工退休福利，
因而引發一股破產的風潮。

由巴菲特對財務資料的論述中，我們可以學到一個明確
的教訓，那就是雖然會計是絕對必要的事，但它還是有其內
在限制；雖然經理人在公告盈餘時擁有很大的自主權，也可
能徇私舞弊，但對投資人來說，財務資料還是可以發揮很大
的功用。巴菲特每天都需要使用到財務資料，並花費數十億
美元的金額在這上面。如果投資人判斷正確，還是可以依據
現有的財務資料來做重要的投資決定，這樣的判斷可能包
括：進行必要的修正以便計算出完整盈餘、事業主盈餘，和
內在價值，以及呈現股票選擇權和其他負債的真正成本，雖
然一般公認會計原則並沒有規定企業要在財務報表上認列這
些負債。

本書最後幾篇文章則探討長期投資所具有很明顯的、但
卻常被人忽略的賦稅優點。巴菲特在本書的最後一篇文章
中，利用生命中兩項可以確定的事，開了自己壽命一個玩
笑：如果享受人生有助於增長壽命，他很可能會改寫瑪士撒
拉（Methuselah）的記錄（969 歲）。[譯注6]在這本書的新書

譯注6：見舊約創世紀 5:27。

發表會上，有人問，如果巴菲特去世了，對波克夏會產生什麼影響。另一位聽眾回答說：「負面影響」；巴菲特的回答則不改其快人快語的作風：「對股東的負面影響，不會比對我個人的負面影響來得大。」

───────

在巴菲特的文章中，關於會計的討論占了極重要的篇幅，這說明了會計政策（accounting policy）及會計決定（accounting decisions）的重要性，葛拉漢—陶德的基本價值分析模式也支持這樣的看法。然而，巴菲特的觀點卻與現代財務理論的下列訴求相衝突：由於效率市場可以看穿會計的法則，因此價格與價值兩者會相等，這也是過去幾十年來，企管碩士及法學博士由學校所學習到的教訓。

巴菲特的文章，對新一代的學生具有再教育的功效，對於其他大眾也有進階教育的作用。這一點非常重要，因為過去三十年來風靡美國企業界的現代財務理論，至今依舊盛行，像旅鼠般跟隨潮流的心態依舊存在。這樣的缺點會破壞領導及獨立思考的能力，這正是巴菲特在倡導智慧型及專注型投資時所要聲討的對象。這場聖戰尚未結束，本書冀望能有所助益。

勞倫斯·康寧漢

序　章[注 1]

就某些方面來說，我們的股東是一群非常特殊的投資人，這也影響到我們向各位報告的方式。舉例來說，每年年底大約98%持有波克夏上市股票的股東，在年初時也同樣持有我們的股票。因此，在我們的年度報告（annual report）中，會延續上一年度曾向股東報告過的事項，而不是一再重複相同的話。如此一來，各位可以得到較有用的資訊，我們也不會覺得無聊。

對於90%持有我們上市股票的投資大眾而言，波克夏股票或許是他們投資比例最高的項目，而且這個比例可能非常高。很多這類的股東願意花許多時間來研究年度報告，我們也努力提供更多的資訊給他們，因為如果角色互換的話，我們也會有同樣的期望。

相對地，在我們的季報表上，並不提供任何敘述性的資料，我們的股東及經理人都抱持著長期投資經營的態度。因此，如果要我們每一季都得針對具有長期效應的議題提出新的意見，會是一件困難的事。

但是，如果各位真的收到本公司的通知，那就會是由各位聘請來經營本公司的人員所準備的。各位股東的董事長堅

注 1：1979 年。本書所有注解中的年份，代表本篇文章出自該年度的年報。

決相信，股東有權利要求最高執行長直接向股東報告公司的現狀及未來展望，以及他對公司營運現狀的評估及期望。各位會要求一家未上市公司提供這樣的資訊，也會對上市公司有相同的期望，像這種一年發表一次的營運報告，不應當由幕僚專員或公關顧問來執筆，因為這兩種人無法以經理人的身份坦誠地向事業主做報告。

我們覺得，身為本公司的股東，各位有權利要求經理人向各位做報告，正如波克夏有權要求旗下事業單位的經理人向我們報告一樣。很顯然地，這兩種報告內容的詳細程度會有所不同，特別是當這些資訊對競爭者也有所幫助時。但是，這兩種報告的整體格局、內容平衡性及坦白程度應當相同，當營業經理人就公司現狀向我們做報告時，我們並不期望他寫的有多漂亮，我們也不認為各位需要收到這樣的報告。

大體來說，每家企業都會吸引氣味相投的投資人。如果某些企業只專注於短期的營運成效或股市的短線表現，這些企業大多也只會吸引到重視這些成果的股東。如果這些公司對股東抱持某種嘲諷態度，最後投資大眾也會同樣回報以嘲諷的心態。

成功的投資人及作家費雪，曾經將企業吸引投資人的做法，比喻成餐廳吸引顧客。一家餐廳剛開始通常會嘗試吸引某些特定的顧客群：如速食族、講究品味的美食家，以及愛好東方食物的顧客等等，但最後終究會慢慢發展出一群忠心的顧客。如果成效卓越，由於對餐廳所提供的服務品質、菜

單內容及價格等都感到滿意，這群忠心的顧客就會不斷登門光臨。但是餐廳也不能不斷地改變特色，卻又希望顧客能一直對餐廳感到滿意，如果一家餐廳不斷地在法國美食及外帶速食之間遊移不定，顧客將會感到困惑而心生不滿。

企業與其希望吸引到的股東兩者間的關係亦復如此。一家企業無法滿足所有投資人的期望，企業不能冀望同時吸引到具有不同投資目標的股東，因爲有些股東要求在短期內有高報酬、有些注重的是長期的資本成長，而有些尋求的則是股市的亮麗表現等等。

有些經理人希望見到自身公司的股票出現鉅額的成交量，理由實在令人費解。事實上，這些經理人所傳達的訊息，是希望不斷出現新股東來取代現有的股東，因爲股票如果不大量換手，就不會有大量（帶來新期望）的新股東出現。

我們非常希望看到的，是股東喜歡我們所提供的服務及菜單，並且年復一年不斷光臨我們的店，波克夏公司很難找到比我們現有股東更好的投資人。因此，我們希望股東的低周轉率能夠持續下去，以證明股東了解我們的營運內容、認同我們的企業政策，並分享我們的期望。而我們也希望能夠實現這些期望。

第 1 章

企業監督

　　對股東跟管理階層而言，許多股東年會的召開都是一件
浪費時間的事。有時候情形的確如此，因為有些管理階層不
願意公開討論與企業有關的事項，更常見的情形是股東過於
重視個人在大會中所扮演的角色，而忘了與企業相關的議
題。原本應該要討論與企業相關事項的公開會議，往往變成
一場發洩怒氣及鼓吹議論的表演秀。（這樣的機會很難令人
抗拒：只需要有 1 股的代價，你就可以向一大群專注的聽眾
發表你的經營理念，甚至闡述你認為世界該怎麼運轉。）在
這種情形下，股東年會的品質往往是每下愈況。而一想到那
些只重視自身利益的股東在年會中將表現的可笑行徑，真正
關心企業的股東反而會打消與會的念頭。

　　波克夏的股東年會就不一樣了。與會的股東人數年年都
在增加，到目前為止，我們還沒有碰到有人提出任何愚蠢的
問題，或是自私的看法。^{注 2} 相反地，我們聽到的，是許多
針對企業本身、且經過深思熟慮的問題。由於股東年會是提
出這些問題的最好時機與地點，不論要花多少時間，曼格和
我都很樂意回答這些問題。（不過，在其他的時間裡，我們

注 2：本篇文章之後的文章中所提到的數目，有些指的是先前幾年
股東年會的出席人數。1975 年的出席人數是 12 人，1997 年的人數
約為 7,500 人。自 1984 年起，出席人數就以每年 40% 的速度穩定持
續成長。

沒有辦法回答書面問題或是電話詢問。對於一個擁有3,000名股東的公司而言，一次回答一個人問題的報告方式，是一種浪費管理團隊時間的事情。）注3 在股東年會中唯一沒有辦法回答的問題是，哪一種誠實的做法會真正花費公司的資金。我們將舉出在證券上的活動作為主要的說明。注4

1 與事業主相關之企業原則注5

1.雖然我們的組織型態是公司，但所秉持的卻是合夥事業的精神。曼格與我都將我們的股東視為事業的合夥人，自己則自認是事業的管理合夥人。（由於股東人數的關係，不管好壞，我們兩人同時也是具控制權的合夥人。）我們不認為公司本身是企業資產的擁有者，相反地，公司只是一個管道，透過這個管道，股東才是真正擁有這些資產的事業主。

曼格和我希望各位不要認為自己手中擁有的，只是一紙價格每天都在變動的股票而已，也不希望各位因為受到某些經濟或政治事件的影響，而考慮出售這張股票。相反地，我們希望各位將自己想像成一家永續經營企業的股東，就像一個你與家人共同擁有的農場或房產一樣。對我們而言，我們也不認為波克夏的股東是一群無名無姓、不斷在更換面孔的

注3：截至1996年為止，波克夏有8萬名股東。
注4：前二段引言出自1984年年報。
注5：出自1996年股東手冊，首次發行日期為1983年，自1988年至1996年間每年發行一次。

投資大眾，而是將資金託付給我們的事業共同合夥人，尤其這些投資很可能是各位下半輩子僅有的資產。

　　證據顯示，波克夏的大多數股東都贊同這種長期性合夥事業的看法。與美國其他大型企業的股票相比，波克夏股票每年的周轉率非常低，即使不把我個人的持股計算在內也是如此。

　　事實上，我們的股東對波克夏所抱持的態度，和波克夏對投資事業所抱持的態度並沒有太大的差異。舉例來說，身為可口可樂及吉列的股東之一，我們將波克夏視為這兩家非凡企業不具經營權的合夥人。我們是以這兩家公司的長期成長來衡量投資成功與否，而不要求公司經理人向我們報告股價的變動。事實上。如果這兩家公司的股票有好幾年都沒有任何交易，甚至沒有買賣的報價，我們一點也不會在意。如果我們看好這兩家公司的長期遠景，股價短期的變動對我們完全沒有意義，充其量只是提供一個機會，讓我們能以更吸引人的價格增加持股量而已。

　　2.為了迎合波克夏以事業主為導向的原則，我們大多數董事都將大部分的個人資產投資到波克夏企業，我們跟各位可說是在同一條船上。

　　在曼格家族擁有的淨資產中，有90％是波克夏的股票；我太太跟我的資產，也有99％是波克夏的股票。此外，我的許多親戚——像是姊妹和表兄妹等，也將他們大部分資產投資在波克夏的股票上。

　　對於這種所有雞蛋放在一個籃子的情形，曼格跟我都覺

得很放心，因為波克夏本身擁有許多不同型態，但成效卓越的事業。我們相信，不管波克夏在我們投資的事業的持股比例，是具有控制權的多數或是關鍵性的少數，這些事業的品質及其多元化的特性，都可說是獨一無二的。

曼格和我無法向各位擔保投資結果會是如何。但是可以保證，只要各位選擇成為我們的股東，不管持股期間多長，各位的資產一定會跟我們同步成長。對於像是高薪、選擇權（options）或其他占各位股東便宜的優厚報酬形式，我們都興趣缺缺。只有當我們的合夥人能夠賺取相同比例利潤的時候，我們才會想要賺錢。而且，當我犯錯的時候，我也希望各位能夠獲得一些慰藉，因為我個人在財務上的損失，與各位的損失是成正比的。

3.我們的長期經濟目標（視下列一些標準而定），是要讓波克夏股票每股內在企業價值（intrinsic business value）的年平均報酬率到達最大。我們不以波克夏的企業規模來衡量波克夏的經濟實力或業績表現；而是以每股的成長率來做為評估的標準。我們相信，未來波克夏股票每股的成長率一定會因巨幅擴增的股本而降低，但是，若成長率無法超越美國一般大型企業的成長率，我們會覺得非常失望。

自從我在 1983 年寫下上述文字之後，我們的內在價值（我在文章稍後會針對這個議題再做探討）[注6] 以大約 25%

的年增率持續成長，曼格和我對於這樣的結果也感到驚訝。然而，前述的原則仍然屹立不搖：由於目前我們是以大量的資金在經營事業，這和以往只擁有少量資金時的情況不同，因此，沒有辦法達到以前的營運表現。對於內在價值年增率的期望，原先估計的最好情形只有15%，而且很可能還達不到這個目標。我們認為很少有大型公司能夠長期擁有15%的內在價值年增率。因此，很可能只能達到預期超出平均水準的目標，但獲利情形卻可能會遠低於15%的要求。

4.我們較希望見到的，是藉由擁有多樣化的事業群，產生現金並持續創造超越平均水準的資本報酬，進一步達到預期的目標；我們的第二種選擇，是以透過旗下的保險公司收購公開上市公司的普通股方式，進而擁有類似事業的部分股權。至於可供收購的對象及價格，以及對保險資金的需求，是決定任何一年度資金分配方式的主要因素。

在現今時代，在股票市場以少量收購的方式買進一家企業的部分股票，要比用協商的方式收購類似企業的全部股權要容易得多。然而，我們仍然偏好這種100%收購的方式，有幾年我們運氣很好；事實上，在1995年我們完成了三件收購案。雖然也有運氣不好的時候，但在未來數十年裡預期能完成許多收購案，希望這些都會是大型的收購案。如果這些收購案的品質能夠比得上過去的收購案，波克夏就會有很豐碩的回報。

我們所面臨的挑戰，是要以和產生現金相同的速度來提出新計畫案，在這樣的要求下，疲弱的股市很可能會為我們

帶來極大的優勢。舉例來說,由於股市不振,被收購對象的股價可能會下滑到足以讓人買下整個公司的地步;其次,我們的保險公司也較容易以優惠的價格,用少量收購的方式買進一些績優企業的股票;第三,有些績優的企業,像是可口可樂及富國銀行,都持續地回購自家公司的股票。這顯示包括這些公司及波克夏,都因為更便宜的股價而獲利。

大體來說,波克夏及其長期的股東都會因股市低迷而獲益,就像定期採購食品的消費者會因為物價滑落而受惠一樣。所以當股市下挫的時候——這是常見的現象,既不要慌張也不要嘆息,對波克夏而言,這可是個好消息。

5.由於我們是採取兩種持有事業股權的策略(編注:持有100%的股權,或在市場上買進部分的股權),且因傳統會計規定的限制,合併報表的公告盈餘並無法彰顯真正的經濟表現,身兼波克夏的股東及經理人,曼格和我基本上並不理會這些合併數字。但是,我們會向各位報告我們掌管所有主要事業的盈餘數字,因為我們認為這些數字極具重要性。這些數字,加上針對個別事業所提供的相關資訊,應該會對各位在做相關決定時有所助益。

簡單來說,我們希望在年度報告中提供各位真正具有價值的數字及資訊。曼格和我極重視公司所有事業的營運結果,也很努力去了解個別事業所處的產業環境。舉例來說,我們會關心,是不是有哪一個事業搭上了產業景氣的順風車,抑或正處於逆勢的不利環境。曼格和我需要確實了解目前所處的環境為何,以便調整期望,同時也會將我們所做的

結論向大家報告。

　隨著時間經過，我們所有事業的表現幾乎都超過原先的期望，但有時表現也有令人失望的時候。不論表現是好是壞，我們絕對以同樣坦白的態度向各位報告，當我們採用非傳統的方式來報告成長情形……我們會試著解釋這些觀念，以及這樣做很重要的原因何在。換句話說，和各位分享我們的想法是一件很重要的事，因為如此一來，各位不僅可以評斷波克夏的事業，也可以評估我們在管理上，以及資金分配上的表現。

　6.會計結果不會影響我們在營運及資金分配上所做的決定。當兩件收購案的成本相當時，我們比較偏好的，是去購買按照一般公認會計原則規定我們不需要認列，而擁有2美元盈餘的公司，而不去購買擁有1美元盈餘，但我們必須認列這筆盈餘的公司。這正是我們常常需要做的決定，因為依照比例算起來，收購一整個企業（從該公司所賺取的盈餘需要完整地認列在財務報表上），往往需要付出2倍於少量購買該公司的股票（從該公司所賺取的盈餘大多數不需要認列在財務報表上）時的價格。在未來，我們預期波克夏所賺取的未認列盈餘，將會透過資本利得（capital gains，編注：指波克夏的股價上漲所產生的價差）的形式，完整地反映出波克夏的內在價值。

　藉由定期公布「完整」（look-through）盈餘的方式，我們希望能夠克服傳統會計規定的缺點……這種「完整」的盈餘數字，包含波克夏本身公布的營業盈餘、扣除資本利得，

以及收購會計調整數（purchase-accounting adjustments）（本文稍後會針對這一點加以說明），再加上波克夏由主要投資事業上所賺取的未分配盈餘——若依照傳統會計規定，這部分數字不會被計入波克夏的盈餘中。我們會扣除一部分未分配盈餘做為稅捐費用，因為如果這些未分配盈餘是以股利形式發放，我們必定要支付稅金。由這些投資事業所賺取的盈餘中，還要刪去資本利得、收購會計調整數以及其他特殊費用及金額等等。

長期下來我們發現，這些被投資事業所保留的未分配盈餘將帶給波克夏的整體利益，並不少於這些盈餘如果真正分配給波克夏時所能帶來的利益（後者的盈餘就會被計入波克夏正式公告的盈餘數字中）。會產生這樣令人滿意的結果，是因為我們投資的事業大部分都是極優良的企業，能夠以有效的方式運用資金，像是運用在事業的經營上，或是用來回購自家的股票。很顯然地，我們所投資的事業對資金所做的每一項決定，對股東來說，並不是全然有利的；但就整體而言，這些企業每保留一塊錢，我們往往能獲得比一塊錢更多的價值。因此，完整盈餘能夠正確地反映出波克夏每年的營運收益。

1992年我們的完整盈餘是6億400萬美元，在同一年內我們訂下一個目標，希望能以每年15%的成長率，在西元2000年將完整盈餘提升到18億美元。不過，自從那時候起，我們又發行了一些股票，包括最近發售的B型股。因此，在西元2000年時，我們需要有19億美元的完整盈餘，

才能達到原先以每股為基準所訂定的目標。這是一項非常艱鉅的任務，但仍希望能達成這個目標。

7.我們很少借貸，而當真正有這種需要的時候，會盡量以長期、固定利率的方式來舉債。我們寧可放棄讓人感興趣的投資機會，也不願意債臺高築。由於採取這種保守的態度，我們付出了一些代價，但這卻是唯一能夠高枕無憂的做法，因為對那些將大部分資產委託給我們的保單受益人、債權人以及股東們，我們有許多需要履行的義務。（有一個印地安納波里斯500大賽車的冠軍得主曾經說過：你必須先完成比賽才能得到第一。）

由於曼格和我所採用的財務計算方式，波克夏絕對不會為了多賺取幾個百分點的報酬率而買賣股票。我從來不認為可以將親友們所擁有且需要的資金拿來做賭注，冀望能換取他們所沒有也不需要的報酬率。

除此之外，波克夏還擁有兩種低成本且不具風險的融資方式，由於有這兩種資金來源，我們得以擁有更多的資產；如果只能由股東籌措到資金，我們絕對無法擁有這麼多的資產。這兩種資金來源是：「遞延所得稅」（deferred taxes）以及「浮存金」（float）。所謂的浮存金，指的是我們保險公司所持有、但是屬於他人所有的資金，由於保險公司是向保戶收取保費，但無須立即支付保險給付，因此會有多餘資金產生。這兩種資金來源的成長速度非常快，現在總金額已經高達120億美元。

更好的是，到目前為止這兩種籌措資金的方式都是免費

的。因為遞延所得稅資產沒有利息費用；其次，只要我們保險承銷業務能夠達到損益兩平——平均說來，在我們跨入這項事業的二十九年裡，也的確做到這一點，由這項事業所籌措而來的浮存金，其成本也是等於零。大家都要了解的是，由上述兩種方式籌措而來的資金並不屬於股東權益（equity）的項目，而是真正的負債，但是它們是沒有契約書或到期日的債務。事實上，它們具有負債的優點，讓我們有更多的資產可以運用，卻沒有任何負債的缺點。

當然，我們不能保證未來是否還可以不花費任何成本就取得浮存金，但我們覺得其他同業和我們取得這種資金的機會是一樣高的。我們不但在過去達到這樣的目標（雖然各位的董事長也曾經犯過一些錯），透過收購蓋可公司，我們已經大幅提升未來達到這項目標的能力。

8.我們不能犧牲股東的利益來實現管理階層的願望，不會為了達到分散投資的目的，以不計股東長期經濟效益的價格來完全收購一些事業。我們將各位的資金當成是自己的資金來處置，如果各位能夠由股票市場中直接購買股票來達到分散投資的目的，我們會審慎考慮各位由這種投資方式所能夠獲取的價值。

曼格和我只對那些我們認為可以增加波克夏股票每股內在價值的收購案感興趣。我們兩人薪水的高低、辦公室的大小，都跟波克夏資產的規模完全沒有關聯。

9.我們認為，企業的鴻圖大計必須用事實結果來做檢驗。當我們在決定是否應該保留盈餘的時候，會用一種方式

來檢驗決定是否明智：即企業每保留一塊錢盈餘，是否至少可以替股東增加一塊錢的市場價值。到目前為止，我們所做的決定都符合這項檢驗的要求。我們會繼續以五年的時間為標準來進行這種檢驗，隨著企業淨值不斷增長，如何聰明地運用保留盈餘變成一件越來越困難的事。

我們不斷通過這項檢驗，但是要克服這項挑戰卻越來越困難。一旦無法再透過保留盈餘的方式為股東創造更多的價值時，我們就會將盈餘發放出去，讓股東自己來運用這些資金。

10.只有當我們付出的企業價值等於能夠回收的報酬時，才會發行股票。這個原則適用於各種股票的發行形式——不僅包括企購合併及公開發行股票時，還包括以股票交換債務、選擇權、以及可轉換公司債等等。我們不會在不符合整體企業價值的情形下，出售各位所擁有事業的部分權益，而發行股票基本上就等於是出售各位所擁有事業的部分權益。

當我們發行 B 型股時，曾表明波克夏的股票價格並未被低估，而有些人對這樣的說法感到驚訝，但這種反應其實沒有什麼道理。如果我們選在股價被低估的時候發行股票，這樣才會令人意外。一家公司的管理階層如果在股票公開上市時表明或暗示本身的股價受到低估，通常不是在隱瞞實情，就是在揮霍現有股東的資金：如果企業經理人故意以八毛錢的價格出售實際上價值一塊錢的資產時，企業的事業主就會遭受不公平的損失。我們最近一次發行股票時並沒有犯這樣的錯，而且永遠不會這樣做。

11.各位需要知道一點，曼格和我抱持相同的態度，即不管價格高低，我們完全不想出售波克夏擁有的任何績優事業，雖然實際上這並不利於我們企業的財務表現。有些事業的表現雖然不盡理想，但只要這些事業至少能夠產生一些現金，而且我們對它們的管理團隊及勞資關係感到滿意，就不太願意出售這些事業。由於我們在資金的分配上曾經犯過一些錯誤，導致這些事業呈現出不盡理想的結果，我們不希望再重蹈覆轍。不過，對於花費大筆資金可以提升績效不彰事業的獲利表現，這樣的建議，我們的反應則十分謹慎小心。（這樣的預估結果必然會很吸引人，這樣的建議往往也是十分誠心誠意的，只是投資大筆資金到一個無利可圖的企業上，到頭來只會是一場空，就像在流沙中掙扎一樣徒勞無功。）然而，我們採取的畢竟不是賭梭哈式的經營模式（每次該出牌的時候就將手中最沒有前途的事業丟出去），我們寧願犧牲一點點整體利益，也不願意從事那樣的行為。

我們一直在避免這種賭梭哈式的行為。的確，在經過二十年的掙扎後，1980年代中期我們結束了紡織事業，但那完全是因為我們深信該事業虧損連連的頹勢已經無法挽回。但是，我們從未考慮出售可以控制市場價格的事業，或是放棄表現較差的事業，不過我們會認真研究導致不理想表現的原因，並設法加以改善。

12.我們向各位做報告的時候會保持坦誠的態度，對於評估企業價值正反兩面的重要因素，都同樣重視。我們遵循的標準是，要告知各位一些商業事實，因為如果彼此的角色互

換，我們也會希望了解這些事實，我們對各位應盡義務的要求，絕對不會低於這樣的標準。尤其，身爲一個擁有大型通訊事業的企業，如果在報導與自身相關的訊息時，不像要求我們的新聞人員在報導他人的消息時一樣，達到準確、平衡以及精準等高標準的要求，那會是一件不可原諒的事。我們也相信，身爲經理人，抱持坦誠的態度會有所幫助：公開誤導他人的最高執行長，最後也可能會誤導自己。

各位不會在波克夏發現「大手筆式」的會計花招或調整作法，也不會粉飾每一季或每一年度的營運結果。如果在某一季結束時的盈餘數字很糟糕，各位看到的就會是這樣的數字。最後，如果這些數字是以推估值的形式出現，像在認列保險準備金時一定會出現的情形，我們在處理這些數字時的態度會是一致，而且保守的。

我們會持續以好幾種不同的方式向各位做報告。透過年度報告，我試著在一篇篇幅適當合理的文章中，盡可能傳達給各位許多有關如何界定價值的資訊。我們也試著要在季報中傳達給各位許多精簡但卻重要的資料，雖然我本人並不親筆撰寫些季報告書（一年一次也就夠了）。另外一個重要的溝通機會是我們的股東年會，曼格和我非常樂意花五個小時或更多的時間來回答有關波克夏的問題，但是我們沒有辦法以一對一的方式跟各位做溝通，因爲波克夏的股東人數高達數千人，這樣的溝通方式是不可能的。

在所有我們與各位的溝通方式中，要確定的是，沒有任何一位股東比其他的股東更占優勢：我們的作法與慣例不

同，並不提供盈餘的「指導說明」給分析師或大股東，目的是要同時向所有的股東作報告。

13.雖然我們秉持坦誠的態度，只在有需要的時候才談論波克夏在有價證券方面的活動。好的投資看法既具價值又很罕見，也很容易遭到競爭者竊取；好的產品或是收購事業方面的看法亦是如此，因此，我們通常不會談論我們的投資看法。甚至將這個原則延伸到出售的證券上（因為我們有可能會把這些股票再買回來），以及謠傳中我們有意要購買的股票上。如果我們否認某些報導，但對其他的情形卻表示「無可奉告」，這種「無可奉告」的表示就等於是承認確有其事。

雖然我們仍然不願意討論個別股票，但是很樂意談論我們的事業以及投資哲學。葛拉漢是有史以來最偉大的財務學老師，由於他不吝於分享他的聰明才智，使我個人受益匪淺。我也相信，應當將他教授給我的知識傳承下去，雖然這樣做可能會替波克夏在投資方面製造出新的強力競爭者，就像葛拉漢也替自己製造出不少競爭者一樣。

另一項原則

我們希望見到的，是波克夏的股東在持有本公司股票的期間內，因市場價值波動而產生的獲利或損失，跟同時期內波克夏企業所紀錄的每股內在價值的獲利或損失成正比。要達到這個目標，波克夏股票的內在價值與市場價格兩者間的關係必須維持不變，我們希望維持 1：1 的關係。也就是

說，我們較希望看到的，是波克夏股票的市價維持在一個合
理而非高價的價位。很顯然地，曼格和我無法控制波克夏股
票的市價。但是透過我們的政策與溝通，可以鼓勵股東根據
所得的訊息採取理性的行為，如此一來，股價通常也會表現
得較為理性。對於這種認為股價被高估和被低估一樣不正常
的看法，有些股東可能會感到失望，尤其是那些考慮要出售
股票的股東。但是我們相信，正由於這種看法，波克夏才會
有最好的機會吸引長期投資人，這些投資人尋求的投資目
標，是要伴隨著企業的成長而受惠，而不是冀望因為其他事
業合夥人在投資上犯錯而獲利。

2　董事會及經理人[注7]

我們可以親身觀察到（我們投資的事業最高執行長的表
現），而且很幸運地，可以在適當距離觀察許多其他企業最
高執行長的表現，然後將這些表現相互比較。我們會發現，
有些時候，某些最高執行長根本就不適任其現有的職務，但
是，這些人的職位通常都很安穩。事業管理階層最大的諷刺
之處是，不適任的最高執行長通常要比不適任的下屬，更容
易保住自己的飯碗。

舉例來說，如果公司在雇用秘書時，要求的資格是每分
鐘打字速度最少要有80個字，如果後來發現她的打字速度

注7：以短線符號分開：1988 年；1993 年；1986 年。

只有每分鐘50個字，她馬上就會遭到解雇。這份工作有一個合理的標準，工作的表現也很容易評估，如果你達不到這個標準，你就會被炒魷魚。相同的，如果新進的銷售人員無法以最快速度創造足夠的業績，他們也會被解聘，沒有任何藉口可以用來搪塞公司的命令。

但是，表現不彰的最高執行長通常會一直被留任，理由之一是我們很少見到有任何標準可以用來衡量這些人的工作表現。就算這種標準真的存在，通常也是模糊不清，而且即使這些人的工作表現糟糕透頂或一直未能改善，他們仍然可以自圓其說。在很多公司裡，通常管理階層做的事都是先射箭，然後再根據箭的落點畫個靶。

最高執行長與其屬下之間，還存在一點相當重要，但卻很少受人重視的差異，那就是最高執行長並沒有任何直接的上司可以來評估其工作表現。如果一位銷售經理手下的銷售人員盡是一群庸才，很快的他就會碰上麻煩，為了自己的切身利益著想，他會立刻改正自己在雇用銷售人員時所犯的錯誤，不然的話，飯碗可能就會不保。而如果一位經理雇用了不適任的秘書，自己也會難逃厄運。

然而最高執行長的老闆（其實就是董事會）卻很少去評估自身的表現，或是需要為企業績效不彰的情況負責。如果董事會在遴聘人選時犯了錯誤，而且一錯再錯，那又怎麼樣呢？即使公司由於這個錯誤而被他人購併，這些即將卸職的董事們或許還因此獲得極大的利益呢？（董事會的規模越大，情況對他們就會越有利。）

最後，一般總是預期董事會與最高執行長的關係是意氣相投的。因此在董事會上批評最高執行長的工作表現，就像是在公眾場合打嗝一樣失禮，但如果是經理批評秘書的打字速度不夠快，就不會有這樣的顧慮。

雖然上面舉出一些有關最高執行長與董事會之間關係的例子，但是當然不能因此一竿子打翻一船人：大多數的董事會以及最高執行長都很優秀，並且努力工作，有些甚至是非常傑出的人才。但是曼格和我也都曾經看過一些失職的經理人，我們很感激的一點是，在我們長期持有的三個企業中，企業經理人都具有下列三項特質：熱愛自己的工作、想法跟股東一致，而且充滿了正直心與卓越的能力。

———

在我們的年會上，常常會有人問：「萬一你被卡車撞到了，那這家公司怎麼辦？」我很高興到現在還有人在問這個問題，但可能再過不久，這個問題就會變成：「萬一你**沒有**被卡車撞到的話，這家公司會變怎麼樣？」

不管怎樣，由於有這層疑慮，我必須要探討企業監督這個去年（編注：指 1992 年）非常熱門的議題。一般說來，我相信最近董事會的做為都比較收斂，相較於不久前所受的待遇，現今的股東也比較被當成是真正的事業主來對待。不過，探討企業監督的評論家們，通常很少區分存在上市公司的經理人與事業主關係間，三種基本情況的差異。雖然所有董事會的法定義務都相同，但在不同情況之下，董事會推動

改革的能力卻有所差異。一般人的注意力通常集中在第一種情況，因爲這是企業界最普遍存在的情形。不過，由於波克夏目前屬於第二種情況，未來可能會轉變成第三種情況，所以三種情形都會有所討論。

第一種董事會的情況，也是最常見的情形，即一家公司缺乏一位具控制權的股東。在這種情況下，我認爲董事會應該假定有一位未能出席的事業主，並且努力採取適當的方式，來增進這位事業主的長期利益。不幸的是，所謂的「長期」，卻給了董事會太多自由活動的空間，如果他們不夠誠實，或是缺乏獨立思考的能力，可能因此對股東造成了極大的傷害，卻還宣稱他們所作所爲都是爲了股東的長期利益著想；但是，假定董事會的運作良好，但是卻必須面對平庸或是無能的管理階層，這時董事會就有義務撤換這樣的管理團隊，如同一位聰明的事業主會做的事情一樣；而如果管理階層是由一群能幹卻貪心的人所組成，萬一這群人想越權侵害股東的權益，董事會就必須站出來懲罰他們。

在這種單純的情況下，如果某位董事發現了一件他不喜歡的事情，就應該設法說服其他董事同意他的看法，如果成功了，整個董事會就有權力做適當的調整。假定這名董事無法說服其他人接受他的看法，但也有權利將看法表達出來讓其他不在場的股東知道，當然了，很少有董事會這樣做，這樣的批評作風和多數董事的處事風格扞格不入。但只要是牽涉到重要的問題，我不認爲這樣做有任何不妥之處，提出問題的董事，自然有可能遭到持不同意見的董事強力反駁，不

過這樣也可以遏阻某些人因為瑣碎或非理性的理由而提出異議。

針對以上所討論的董事會情況，我認為其董事的人數應該要少，比如說少於 10 人，而且大部分由公司體制外的人士組成。這些公司體制外的董事應該訂立標準，藉以評估最高執行長的工作表現，並定時舉行會議，在最高執行長不出席的情形下，評估他的工作表現是否達到所訂定的標準。

成為董事的先決條件應該是具有商業頭腦、對職務感興趣，及以股東為思考本位。不過，大多數董事之所以被遴聘為董事，是因為他們是顯要人物，或只是為了要替董事會增加一些多元化的色彩，但這樣的作法是錯誤的。而且選錯董事會成員的後果特別嚴重，因為這種錯誤的決定非常難以改正：一位無憂無慮但無能的董事，永遠也不必擔心自己的職位會不保。

波克夏目前屬於第二種情況，就是擁有控制權的事業主，正好是企業經理人。有些公司同時發行兩種投票權利不相等的股票，也可以強化這種情況，很顯然地，在這樣的情況下，董事會的角色並不是股東與管理階層間的代理人，而董事們除了藉由說服的方式外，也沒有其他的辦法可以推動變革。因此，如果事業主／經理人的表現平庸、無能，或是越權，董事除了提出反對意見之外，其實沒有太多辦法可想。在董事會與事業主／經理人間沒有直接聯繫的情形下，如果董事會提出一致的意見，或許可以產生某些效果；但比較可能出現的情形是，不會有任何效果發生。

如果無法實行改革，而問題本身又頗具嚴重性，由公司
體制外遴聘出來的董事就應該辭職，他們的辭職可以反映出
對管理階層的疑慮，並彰顯出體制外人士無法改正事業主／
經理人缺失這項事實。

第三種情況，是擁有控制權的事業主並不參與管理團
隊。赫胥食品（Hershey Foods）以及道瓊企業（Dow Jones）
是兩個例子，他們將體制外的董事安排在可以發揮潛在性作
用的地位，如果他們對經理人的能力或誠信度感到不滿意，
就可以直接向事業主（可能也是董事會的成員）表達不滿之
意。對於一位由公司體制外遴聘而來的董事而言，這是一個
理想的狀況，因為他只需要向一個單一、而且會感興趣的事
業主做解釋，而如果董事所提出的理由具有說服力，事業主
將可以立刻實施改革。其他對某些狀況感到不滿意的董事，
也能採取相同的做法，但如果他對重要事項的後續處理仍然
感到不滿，除了辭職以外別無選擇。

就邏輯上說，第三種情況應該最能保障企業擁有一流的
管理品質；在第二種情況中，事業主不會炒自己的魷魚；而
在第一種情況裡，董事們常常很難處置表現平庸的管理階
層，或處理他們稍嫌越權的作法，除非感到不滿意的董事能
夠取得多數董事的支持——從社交及營運支援的角度上來
說，這都是一項棘手的任務，尤其當管理階層的行為只是有
些不當，並不算太過份時，這些董事可說是很難有所作為。
事實上，陷於這種困境的董事通常會找理由說服自己繼續留
任下去，因為他們覺得自己至少會有些貢獻。在此同時，管

理階層的作爲卻繼續不受任何束縛。

　　在第三種情況裡，裡事業主既不用評估自己，也無須爭取大多數董事的同意，同時可以透過由體制外遴聘而來的董事，確保提升董事會的品質。這些董事也了解，他們提出的建議會傳達到適當的人耳中，而不會遭到管理階層的頑強反抗，如果具有控制權的事業主兼具智慧與自信，在處理涉及管理階層的決定時，會採取唯才是任，且維護股東利益的態度。而且這一點非常重要，他可以隨時改正自己的錯誤。

　　波克夏目前屬於第二種情況，只要我繼續任職，就會維持這樣的運作方式。要說明一點，我個人的健康情形非常良好，不管結果是好是壞，我還會繼續擔任事業主兼經理人的角色。

　　在我死後，如果我太太依然健在的話，我所有的股票都會歸她擁有，如果她先我而去的話，這些股票就會全數轉到一個基金會中，不管哪一種情形，都無須出售大量股票來支付遺產稅或贈與稅。

　　當我的股票轉到我太太手上或基金會時，波克夏就會進入第三種企業監督的模式，那就是由一群積極參與，但卻不具管理任務的事業主，以及必須爲這些事業主努力工作的管理階層兩者所組成。爲了因應這樣的情況，我太太早在幾年前就已經入選爲波克夏的董事，我們的兒子霍華在 1993 年也成爲董事會的成員之一。未來他們兩人並不會擔任波克夏的經理人，但是萬一我發生不幸，他們就會成爲具有控制權的股東。我們其他的董事也都是波克夏的大股東，而且每一

個人都具有以事業主為本位的強烈導向，整體說來，我們對前述的「卡車事件」已經做好準備了。

———

我們的副董事長曼格和我兩人，其實只有兩件工作要做。第一件事是吸引並留住卓越的經理人，來經營我們的各項事業[注8]，這並不算太困難。通常在我們收購企業的時候，這些企業的經理人也會加入我們的行列，他們各自具有不凡的經歷，並展現卓越的才幹，在結識我們之前，他們就已經是企業管理上的耀眼明星，而我們最主要的貢獻，則是不去妨礙他們。這樣的作法似乎是最基本的事：如果我的工作是要管理一支高爾夫球隊，而且如果尼克勞斯（Jack Nicklaus）與帕瑪（Arnold Palmer）都願意加入我的球隊，我絕對不會去教導他們兩人如何揮桿。

我們有些重要的經理人本身就是有錢人（我們希望所有的經理人都變得很富有），但這並不會降低他們對工作的興趣：他們選擇繼續工作是因為熱愛自己的工作，並且充分享受因表現傑出而帶來的成就感。他們的看法與事業主完全一致（這是我們對經理人所能給予的最高讚美），並且對自己工作的每一個層面都充滿興趣。

（一位篤信天主教的裁縫耗盡自己多年積蓄，完成一趟梵第岡朝聖之旅，當他回歸故里的時候，他的教友們齊聚一

注8：另一件事是資金的分配，詳見第2章及第5章的討論。

堂，想聽聽他對教宗的第一手描述：「你說說看」信徒熱切地問，「他是個怎麼樣的人？」我們的主角二話不說：「他中等身材，衣服大小44號」，這樣的精神可說是工作狂熱的最佳典範。）

曼格和我都知道，只要有好的球員，幾乎所有球隊經理都可以勝任愉快。我們認同奧美廣告公司（Ogilvy & Mather）創辦人奧格威（David Ogilvy）的哲學：「如果我們每一個人都雇用比自己更矮的人，我們就會是一群侏儒；但是，如果我們每一個人都能雇用比自己更高大的人，我們就會變成一群巨人。」

我們的管理風格衍生出另外一種效果，那就是可以輕易地拓展波克夏的行動。我們曾經看過某些管理報告書，其中詳盡地規定有多少人應該向主管報告，但這種規定對我們並沒有意義。如果你手底下的經理人才德兼備，又對工作充滿熱誠，即使有超過一打這樣的人向你報告，你還是會有時間睡個午覺。相反地，只要你手底下有一個不誠實、無能或是不敬業的員工，你就會發現自己有做不完的事。曼格和我可以應付兩倍於我們目前人數的經理人，只要他們跟現有的經理人一樣，具有同樣罕見的才華。

我們會繼續維持目前的做法，只聘用我們欣賞的員工。這樣的政策不僅可以提高波克夏繼續締造良好成果的機會，而且也將確保我們可以高枕無憂。從另一個角度來說，和一位令你傷透腦筋的人一起工作，在任何情況之下都可能是個壞主意，就像是為了錢結婚一樣，而且如果你已經很有錢

了，這更是件瘋狂的事。

3　關廠的焦慮[注9]

在 7 月的時候我們決定結束紡織事業，到年底時這件不愉快的任務可以說已經大抵完成，在經營這個事業的歷程中，我們獲取了頗具啓發性的經驗。

當巴菲特合夥有限公司（Buffett Partnership, Ltd.）在二十一年前拿下波克夏哈薩威（Berkshire Hathaway）的控制權時，該公司在會計上的淨值是 2,200 萬美元，而且全數投資在紡織業。巴菲特合夥有限公司是一家從事投資事業的合夥公司，當時我是主要合夥人。不過，波克夏的內在企業價值卻低了許多，因爲運用波克夏的紡織設備所能獲取的報酬，並不能和這些資產的會計價值相提並論。在此之前的九年間（當時波克夏與哈薩威兩家公司是以合併企業的方式在運作），該公司的總銷售金額雖然高達 5 億 3,000 萬美元，卻也出現了 1,000 萬美元的虧損。雖然該公司有時候也會出現獲利，但是整體來講，其營運狀況只能用進一步、退兩步的窘態來形容。

當我們買下波克夏的時候，大家都認爲大部分沒有工會組織的南方紡織工廠，比較具有競爭優勢；而大部分北方的紡織工廠都已經慘遭關閉的命運，許多人認爲，我們也將步

注9：1985 年。

上這些工廠的後塵。

　　不過我們認為，如果由非常資深的員工蔡斯（Ken Chace）來負責經營，公司應該可以有所作為，於是任命他為總裁。這個決定完全正確：蔡斯和他的繼任者墨利森（Garry Morrison）都是非常優秀的經理人，跟我們其他獲利情形較好的事業經理人比起來，他們二人的表現毫不遜色。

　　1967年初，我們利用經營紡織業所獲得的現金，收購了國家保險公司（National Indemnity Company），正式跨足保險業。有些收購資金來自於盈餘，有些則由降低紡織品存貨、應收帳款，以及減少固定資產投資等方面而來。這種減少投資在紡織業的作法，的確是明智的抉擇：雖然該工廠在蔡斯的管理下營運狀況的確大有起色，但即使處於循環性的景氣復甦階段，紡織業仍然無法成為高獲利的產業。

　　隨後波克夏更進一步分散其投資項目，隨著紡織業占波克夏整體企業的比重急遽降低，其令人失望的營運成績對整體獲利的影響也越來越低。我已經在1978年的年度報告中，說明我們為什麼還要繼續保有這個事業（也曾在其他的年度報告中做摘要說明）：⑴我們的工廠對當地社區而言是很重要的雇主；⑵管理階層在報告問題時態度很坦白，解決問題也一直十分用心；⑶在面對這些問題時，勞工一直採取合作且諒解的態度；⑷相對於投資的金額而言，該事業應該可以產生一定的現金報酬。我進一步表示，「只要這些條件繼續存在，而我們也預期可以繼續維持這樣的情況，即使有更好的機會可以運用這些資金，我們還是有意繼續保留這項

紡織事業。」

結果證明，我的第四點看法完全錯誤。雖然 1979 年的獲利情形還算可以，但在那之後該事業卻消耗了大量的現金。到了 1985 年年中，即使連我也看得出來，這種情況非常可能持續下去。如果那時候我們可以找到一位買主，而他也願意繼續經營下去，那我一定會將我們的紡織事業賣給他，即使出售所獲得的利益較低也無所謂，而不會選擇關廠結束。只是其他人的看法和我們一樣，所以並沒有人對我們的紡織事業表示興趣。

我不會僅僅為了提高整體企業的一點點報酬率，就出售獲利情形差強人意的事業。不過，我也認為，即使整體企業的獲利率奇高無比，一旦其中某項事業的未來展望是虧損累累，這家企業也不應該再繼續維持這項事業。亞當・斯密（Adam Smith）^{譯注 7}可能會反對我的第一項意見，而馬克斯（Karl Marx）^{譯注 8}則可能會反對我的第二項意見，唯有採取中間的路線才能讓我安心。

我要再次強調，蔡斯跟墨利森都極具才幹，他們想盡各種辦法，希望能讓我們的紡織事業起死回生。為了維持一定的獲利率，他們重新規劃產品線、調整設備配置與產銷通

譯注 7：1723-1790 年，英國經濟學家，提倡自由貿易，反對國家干涉私人企業。著有《國富論》（*The Wealth of Nations*）一書。
譯注 8：1818-1883 年，德國社會學家，現代共產主義的發起人，提倡階級鬥爭並提出資本主義之經濟學說。著有《資本主義論》（*Das Kapital*），並與恩格爾（Engels）合著《共產主義宣言》（*The Communist Manifesto*）。

路。我們並且大手筆地收購了汪貝克紡織廠（Waumbec Mills），期望會產生較大的購併效應（這是商業界常見的術語，通常用來作爲解釋不合理收購案的理由）。但是最後情況還是沒有起色，我個人應該爲未能及早抽身負責任。近期《商業週刊》（*Business Week*）有一篇報導指出，自從 1980 年起，已經有 250 家紡織工廠陸續關閉。這些工廠的老闆沒有什麼特別的、我不知道的訊息，他們只是以較客觀的態度來處理這些訊息。我忽視了孔德（Auguste Comte）^{譯注 9} 的名言──「智者隨心，卻不受限於心」（The intellect should be the servant of the heart, but not its slave），我只相信自己希望相信的事情。

美國國內的紡織業屬於商品型產業，但卻處於全球產能過剩的競爭環境。因此我們所面對的問題，直接和間接地導因於其他國家用遠低於美國最低工資水準的工資和我們競爭，但這並不表示我們的員工應該爲關廠負任何責任。事實上，和美國一般企業相比較，波克夏員工的薪資很低，這也是整個紡織業普遍存在的現象。當工會與資方商議勞工契約的時候，工會幹部與勞工代表都了解公司的成本結構處於一種不利的局面，因此並未提出不合理的調薪要求，或不利生產的工作條件。相反地，他們和我們一樣盡心盡力地想維持公司的競爭力，即使在我們解散事業的期間，他們的表現也

譯注 9 1798-1857 年，法國數學家及哲學家，發起實證主義哲學（positivism）。

是可圈可點。（很諷刺地，如果工會早幾年提出無理的要求，我們可能會提早看清楚自己面對的是一個沒有希望的未來，馬上將工廠關閉，如此就可以避免爾後出現的重大損失。）

在過去幾年間，我們曾有機會在紡織業投資大筆的資本支出，以降低變動成本（variable costs），當時每一個提案看起來都像是個救命仙丹。事實上，如果以標準的投資報酬率衡量，這些提案通常預期有很好的經濟效益，其預估的經濟效益甚至比投資相等金額在獲利情形較高的糖果及報紙業還來得高。

只是，這些在紡織業的投資案中所承諾的效益並不實際。許多國內外的競爭者也同樣持續在進行投資，一旦有數量足夠的公司從事這樣的資本支出，且讓成本標準降低後，就會成為整個產業共通的標準。個別看來，每一家公司所做的資本投資決定，似乎都符合成本效益的理性規範；但從整體面來說，這些公司的決定卻使得預期中的效益完全無法發揮，因而變成一種不理性的做法（就像群眾在觀看遊行隊伍時，每個人都覺得掂起腳尖可能可以看得更清楚，但結果還是一樣）。在每一次投資過後，所有公司投入紡織業的資金越多，但是獲得的報酬卻同樣令人失望。

因此，我們面臨一項悲慘的抉擇：如果投資大量的資金，或許可以繼續維持我們的紡織業，但是不斷投入資金的回報卻可能很糟。而且即使做了投資，外國競爭者仍然擁有勞工成本上的重大優勢。只是，如果不投資的話，即使只和

國內紡織業者相比，我們也會失去競爭力。我一直認為我當時的處境可以用伍迪‧艾倫（Woody Allen）的一部電影來形容：「人類徘徊在有史以來最重要的十字路口上。一條路通往失望與全然的無望，另一條路的盡頭則是完全滅絕。讓我們祈禱，希望我們有足夠的智慧做出正確的選擇。」

為了了解這種「投不投資」的困境在商品產業可能出現的結果，讓我們看看柏林頓工業（Burlington Industries）的例子，或許能獲得一些具啟發性的想法。柏林頓工業是目前美國最大的紡織公司，在二十一年前也是如此。1964年柏林頓的銷售金額是12億美元，而我們只有5,000萬美元；他們在配銷與生產方面的能力之強，完全是我們無法比擬的，理所當然的，他們的盈餘紀錄也遠遠超越我們。在1964年底，他們的股價是60美元，我們只有13美元。

柏林頓決定繼續留在紡織業奮鬥，1985年他們的銷售金額是28億美元。在1964到1985年間，該公司投入的資金支出（capital expenditures）大約是30億美元，遠超過其他紡織公司，而就市價每股60美元的股票而言，每一股投資金額高達200美元。我能確定的是，該項投資金額絕大部分是用來改善成本支出及擴充生產規模，由於該公司承諾要繼續留在紡織業發展，我猜該公司對於其資本支出的決定應該是相當理性的。

然而，柏林頓的實質銷售金額卻減少了，與二十年前相比，該公司的銷售收益率（returns on sales）以及股東權益報酬率（returns on equity）都大不如前。1965年柏林頓進行股

票分割，一股分爲二股，目前該公司股價是 34 美元，經過適當調整後，其價格只略高於 1964 年的 60 美元。在此期間，消費者物價指數（Consumer Price Index, CPI）漲幅高達 3 倍以上。因此，該股票目前的購買力（purchasing power）只有 1964 年底的三分之一而已，雖然該公司經常發放股利，但這些股利的購買力也隨著大幅縮水。

對股東來說，這所代表的是，在錯誤的前提下，即使花再多腦筋與心力同樣會出現不幸的結果。這種結果讓人想起強生（Samuel Johnson）^{譯注 10} 小說中的馬：「會由 1 數到 10 的馬是一匹了不起的馬，但不會因此成爲一位了不起的數學家。」同樣地，如果一家紡織公司能夠將資金明智地分配在自身的產業上，會是一家了不起的紡織公司，但算不上是一家了不起的企業。

我由親身經驗以及觀察他人的心得所得到的結論是，一位經理人工作成效的好壞（以經濟上的報酬來衡量），和其所處的產業比較有關連，與其管理方式是否有效則較無關（當然了，不管所處的事業是好是壞，聰明才智加上努力工作總是會有幫助）。多年以前我曾經寫道：「當一個以聰明才智聞名的管理階層，接手一家以經濟體質虛弱著稱的企業，唯一不變的是該企業的聲譽。」至今我仍然沒有改變我的看法。如果你發現自己身處一艘不斷漏水的船，與其花精力去補破洞，不如多花點精神想辦法換另一艘船。

---

^{譯注 10：} 1907-1984 年，英國辭典編纂家及文學批評家。

4 以事業主爲本位的企業慈善行爲^{注10}

最近一項調查顯示，約50%的美國大型企業，會比照董事會成員的捐贈金額，提出同等金額的捐贈（有時可達到3倍之多）。事實上，這些事業主的代表人將資金捐贈給自己喜歡的慈善團體，但卻從未徵求過事業主的意見。（我在想，如果整個過程正好相反，股東們可以用董事會的錢來捐贈給自己偏好的慈善團體，這些董事不知會做何感想。）當甲拿了乙的錢捐給丙，而甲又正好是立法者的話，那麼這就是徵稅的行爲，但如果甲是一家公司的主管或董事的話，這就叫做慈善行爲（philanthropy）。我們仍然認爲，除了明顯且直接嘉惠企業本身的捐贈行爲之外，企業在從事慈善行爲時，應當以股東的喜好作爲決定的依據，而不應以主管或董事的偏好爲主要考量。

───────

1981年9月30日，波克夏收到美國財政部有關企業所得稅的裁決，依據這項規定，對於你們依照自己偏好捐款給慈善團體的行爲，將會產生莫大的利益。

注10：以短線符號分開：1987年；1981年（1988年重印）；1981年；1990-1993年；1993年。

　　波克夏的每一位股東，依其持股數量，都可以要求波克夏捐贈給指定的慈善團體，只要各位說出慈善團體的名稱，公司就會開一張支票給他們。前述裁決的內容是，波克夏股東指明要求公司捐贈資金給某些慈善團體，這樣的行為並不會影響到各位股東個人的所得稅計算。

　　因此，我們的事業主……等於可以行使一項額外的權利。在股權集中的公司裡，事業主通常擁有這樣的權利，但是在股權分散的公司裡，幾乎只有經理人才能行使這種權利。

　　在股權分散的公司，通常由高階主管來安排企業所有的捐贈行為，股東完全沒有置喙的餘地，這些捐贈通常分屬下列兩大類型：

　　⑴直接有利於企業本身的捐贈行為，捐贈金額通常相當於企業本身可因此而受惠的數字。

　　⑵間接有利於企業本身的捐贈行為，這種效益通常是透過各種難以衡量、延遲出現的回饋效應方能彰顯出來。

　　在過去，所有的第一類捐贈行為都是由我本人以及波克夏其他的主管在安排，未來還是會如此。不過，這種捐贈的總金額一直都很低，未來很可能依然如此，因為很少有捐贈行為可以直接給波克夏帶來相同金額的利益。

　　波克夏幾沒有從事過第二種類型的捐贈行為，因為我本人並不喜歡一般企業的作法，也想不出更好的替代方案。我之所以不喜歡企業界一般的作法，是因為決定捐贈的理由，通常是視哪些人開口要求捐贈而定，或因為顧慮到同業

的反應如何，而做出捐贈行為，並不是客觀地評估受贈者所從事的慈善事業內容，在這種情形之下，墨守成規往往比理性的判斷更為重要。

常見的結果是，企業經理人花股東的錢來實現自己對慈善捐贈的喜好，而這些經理人通常都背負著極大的特定社會壓力。除此之外，另外一種不協調的情形是：許多企業經理人對政府使用納稅人稅收的方式感到不滿，可是對自己花費股東金錢的作法，卻很自得。

對波克夏來說，採取另一種模式似乎是較適宜的作法。就像我不希望各位利用我個人的錢，來滿足你們自己在選擇慈善捐款對象上的判斷一樣；我同樣認為我不應該花費各位在企業上所投資的金錢，依照自己的喜好來進行慈善捐贈。在選擇捐贈對象時，各位和我的決定一樣重要，就各位跟我本人而言，在考慮從事可抵扣所得稅的慈善捐贈時，應該由企業的整體層面來考量，不應該只是由我們幾個人來控制。

在這樣的情形下，我認為波克夏應該仿效股權集中公司的作法，而不應該追隨大型上市公司的慣例。如果你我各擁有一家公司 50% 的股權，我們對於選擇慈善捐贈對象的決策過程會十分簡單。與公司營運有直接關連的慈善捐贈，將會獲得優先考慮，在完成這些「與營運有關」的捐贈後，如果還有剩餘的資金，就會依照各自擁有的股權比例，捐贈給我們所選擇的對象。如果公司的經理人有任何建議，我們會加以審慎考慮，但最後的決定權還是在我們兩人手中。雖然我們的組織型態是公司體制，但在這個議題上，很可能會採取

一種合夥事業的做法。

　　雖然我們經營的是大型的、股權相當分散的企業，但只要有可能，我認為還是應該保持合夥事業的心態。財政部對我們做出的所得稅裁決結果，將有助於我們在這個層面上維持一種合夥事業的作法〔……〕。

　　波克夏在從事慈善捐贈時能夠以事業主為本位，對於這一點我感到很滿意。越來越多大型企業的慈善捐贈政策，主要是比照員工捐贈的對象及金額，作為決定企業捐贈對象及金額的依據（各位聽一聽這一種作法──許多公司甚至比照董事捐贈的對象及金額，作為企業捐贈的對象及金額），這種作法實在很諷刺，但卻是可以理解的。只是，就我所知，沒有一家公司是比照事業主捐贈的對象及金額來作為企業捐贈的對象及金額，因為許多大型企業的股票，大部分都是由不斷進出市場的公司法人股東所持有，這些股東通常只注重短線的投資結果，同時也缺乏長期持有的事業主心態〔……〕。

　　波克夏股東的看法則不相同……。每年年底，98%以上持有波克夏股票的投資大眾，在年初時同樣也是波克夏的股東，我們的股東對波克夏抱持著長期投資的心理，正反映出各位作為波克夏事業主的一種心態，而身為各位的經理人，我願意以各種可能的方式來支持各位的看法。上述由股東指定企業捐贈對象的政策，正是一個例子。

我們這種由股東指定企業捐贈對象的新政策，受到極大的迴響……在93萬2,206股擁有參與企業捐贈計畫權的股票當中（這些股票實際持有人的姓名登錄在我們的持股記錄中），回應的比例高達95.6%。即使不將與巴菲特有關的持股考慮進去，回應的比例仍然超過90%。

此外，超過3%的股東自願寫信或寄通知書給我們，其中只有一封信反對我們的新政策。雖然我們曾派遣公司員工、並高薪禮聘委託書專業機構極力遊說股東做出反應，而股東的參與及迴響程度，則是前所未見的。而且雖然我們沒有提供回郵信封，各位熱切回應的熱忱也未曾稍減。這種自發性的行為，證明我們的新政策已經獲得股東的認可，同時也反映了我們股東的態度。

很顯然地，我們的股東樂於擁有及運用這種選擇企業捐贈對象的決定權。支持「父權式」（father-knows-best）企業監督風格的人可能會感到訝異，因為沒有一名股東曾經寄信給波克夏的主管，要求公司依照他個人的持股比例來決定捐贈事宜；也沒有股東提議，要求將屬於他的企業捐贈金額，捐贈給波克夏董事捐贈的對象（在許多大型企業中，這是一種常見的、越來越受歡迎、且不對外公開的作法）。

全部算起來，波克夏的股東一共捐贈了178萬3,655美元給他們指定的675個慈善機構。除此之外，波克夏以及其子公司持續依照各區營運經理的決定來從事慈善捐贈行為。

可能會有幾年的時間——或許每十年中會有二年到三年的時間，波克夏的慈善捐款可能只可以扣抵少部分的企業所

得稅，也有可能完全無法抵稅。在那些時候，我們就不會採行由股東指定企業捐贈對象的作法。在其他的時間裡，我們預定在每年的10月10日左右，通知各位每股可以指定的捐贈金額，我們會在通知書裡附上一個回郵信封，各位可以有三個星期的時間來回覆……。

我們對此政策唯一感到失望的，是在1981年時，有些股東未能把握參與這項決定的機會，當然這不是他們的錯，我們是在10月初的時候收到財政部的裁決。這項裁決並不適用於登記在名義持有人名下的股票，像是經紀人；同時還要求擁有指定權的股東對波克夏提供擔保，因為名義持有人無法對波克夏提供有效的擔保。

在這種情形下，我們曾經試著想要立即與所有的股東進行溝通（透過10月14日發函的信件），如果他們願意的話，可以及早做準備，以便在11月13日之前完成登記。對於自己擁有的股票是登記在名義持有人名下的股東來說，這樣的溝通工作顯得特別重要，因為除非他們能夠在登記日之前完成重新登記的手續，否則就無法具備這樣的資格。

很不幸地，要通知這些未進行登記的股東，唯一的方法就是透過那些名義持有人。因此，我們極力催促這些名義持有人（通常是證券公司），將我們的通知書儘速地轉到真正的股東手上，我們也向他們解釋得很清楚，如果他們不這麼做的話，將剝奪了這些股東應有的重要權益。

雖然我們大力催促這些證券公司，但結果仍未如我們所預期。許多股東都表示從未收到我們的通知（他們是在看到

這項消息的報導後才跟我們聯絡），其他的股東收到信的時候也已經太遲了。

其中有一家宣稱代表 60 名顧客持有股票（大約是我們股東人數的 4%）的大證券經紀商，顯然是在收到我們通知書之後的三個星期，才將這些通知書轉寄給我們的股東，那時已經太遲了，這 60 名股東全數無法參與這次活動。（該公司的其他部門並沒有感染到這種懶散的態度；在將通知書轉寄給我們股東之後的 6 天內，他們就把幫波克夏執行轉寄服務的帳單，寄到我們手中了。）

我們之所以提起這個可怕的故事有兩個原因：(1)如果各位以後還想參與我們的股東指定捐贈計畫的話，請務必在 9 月 30 日前，將股票登記到你的名下；(2)即使你不想參加，也願意讓自己的股票登記在名義持有人的名下，那你最好在自己名下至少持有 1 股的股票，如此一來，你才可以確定自己和其它的股東一樣，可以同時收到由波克夏寄給各位的重要通知書，獲知波克夏的消息。

這種由股東指定捐贈的作法，以及其他一些成效良好的措施，都是由曼格所提出來的。曼格是波克夏的副董事長，也是藍籌公司（Blue Chip）的總裁。不管我們的頭銜是什麼，曼格和我都是以合夥人的心態，管理具有控制權的公司。我們非常喜歡以管理合夥人的身份從事工作，而且喜歡的程度幾乎有些過了頭。同時也非常樂意各位成為我們在財務上的合夥人。

———

　　波克夏除了從事由股東指定的慈善捐贈活動之外，我們事業單位的經理人每年捐贈的金額，包括商品在內，平均約在150萬至250萬美元之間。這些捐款及物品的主要捐贈對象，是當地的慈善機構，例如聯合勸募（The United Way），而我們也都能從這些慈善活動中獲得相等的利益。

　　不過，不論是我們事業單位的經理人或母公司的高層主管，除了以波克夏股東的身份要求波克夏捐贈予特定對象之外，他們都不會利用波克夏的資金來從事全國性的慈善活動，或是捐贈給個人喜好的慈善單位。如果各位的員工，包含最高執行長在內，想要捐款給他們的母校或是其他與個人有關的機構，我們認為他們應該用自己的錢來捐款，而不應該動用到各位的錢。

———

　　對於處理無條件的慈善行為，不同於那些與企業本業有直接關連的捐贈行為，波克夏的作風與其他上市公司截然不同。大部分上市公司，企業捐贈的決定都聽從最高執行長（他通常都背負著某種社會壓力）、員工（經由比照辦理的模式），或是董事（經由比照辦理或是向最高執行長提出要求捐贈這兩種方式）的意願。

　　在波克夏，我們覺得公司的錢就是股東的錢，就像是股

權集中公司、合夥事業、或是獨資公司（sole proprietorship）的情形一樣。因此，如果要將資金花費在與波克夏事業無關的活動上，應該要由股東來決定接受捐贈的對象，我們還沒有看過有哪一位最高執行長，覺得自己應該捐錢給股東所偏好的慈善機構；既然如此，為什麼股東應該捐錢給最高執行長所挑選的慈善機構呢？

　　我要再提出一點，我們的計畫實行起來非常容易。去年秋天，我們由國家保險公司調派一名員工過來，花費兩個月時間來執行 7,500 名股東給我們的指示。我的猜想是，在一般比照員工捐贈辦理的企業捐贈計畫中，他們的執行費用會比我們高出許多，事實上，我們整個企業的經常費用（overhead），還不到慈善捐款的一半。（不過，曼格堅持要我告訴各位一件事，在我們企業 490 萬美元的經常費用中，有 140 萬美元是用來購買波克夏的企業飛機「無可辯解號」（The Indefensible）。）
注 11

　　以下是我們經由股東指定的主要捐贈對象：

⑴ 569 件捐贈給 347 所基督教會及猶太教會。

⑵ 670 件捐贈給 238 所大專院校。

⑶ 525 件捐贈給 244 所中小學（其中三分之二是一般學校，三分之一是教會學校）。

⑷ 447 件捐贈給 288 所提倡藝術、文化、及人文之機構。

⑸ 411 件捐贈給 180 處宗教性社會服務機構（基督教及猶太教大約各占一半）。

(6)59件捐贈給445處非宗教性社會服務機構（其中大約有40%與青少年有關）。

(7)261件捐贈給153所醫院。

(8)320件捐贈給186個與健康相關的機構（美國心臟學會、美國癌症協會等等）。

在這份名單中有三點讓我特別感興趣。首先，就某種程度而言，這份名單顯示出一個人在自由意願下，沒有受到任何募款人的人情壓力或慈善機構的感情訴求時，他會選擇捐錢給哪些慈善機構；其次，幾乎所有公開上市公司的企業捐贈對象都不包括基督教會或猶太教會，但顯然許多股東都希

注11：字體大小依照原文所示，〔1986年的信中包含下列文字：〕

波克夏去年買了一架飛機。（字體大小依照原文所示）各位聽到有關這種飛機的消息是真的；這些飛機造價非常昂貴，就我們公司的狀況而言，擁有這樣的飛機是一件奢侈的事，因為我們很少需要到外地去，維修飛機不僅所費不貲，飛機本身的花費也不少。一架售價1,500萬美元的飛機，其稅前成本加上折舊費用，每年花費就高達300萬美元左右。我們花了85萬美元買了一架二手飛機，每年的維護費用大約是20萬美元。

雖然各位的董事長了解這些數字所代表的意義，但不幸的是，各位的董事長過去曾針對企業飛機這個議題發表過一些不當的看法。因此，在我們購買這架飛機之前，我不得不效法伽利略的精神。無可避免地，我立刻遭到他人的反駁。對我們來說，和過去比較起來，旅行現在變得輕鬆得多、也昂貴得多，波克夏這個錢花得是否值得還是個未定數，但是我一定會盡全力讓這架飛機展現出我們企業的驕傲成果（不管成果如何令人懷疑）。我很擔心佛蘭克林（Ben Franklin）會有我的電話號碼，因為他曾說過：「身為一個有理性的人是一件很方便的事，因為只要他想做任何事情，他都可以替自己找到或創造出一個理由來自圓其說。」

望資助這些機構；再者，我們股東所做的這些捐贈，顯示出一些互相衝突的想法：有130件捐贈是給支持婦女墮胎的機構，卻有30件捐贈給不鼓勵或是反對婦女墮胎的機構（非教堂）。

　　去年我曾經告訴過各位，我正在考慮提高波克夏股東所能指定的捐贈金額，並且要求各位提出意見。我們收到一些意見非常好的股東回信，這些股東全然反對我們的提議，他們認爲我們的工作是要經營波克夏，而不是強迫股東作慈善捐贈。不過，大部分股東支持我們提高捐贈金額的提議，因

〔1989年的信中含有下列文字：〕
　　今年夏天我們將三年前花費85萬美元所購買的飛機賣掉了，並且花了670萬美元買了另一架二手機。〔卡爾沙根（Carl Sagan，譯注：當代著名科學家）曾經提過一個有趣的故事：有些物質會阻止細菌以指數級數的速度成長，本書結語中還會提到這個故事，有些讀者〕可能會感到驚慌，但這是可以理的；如果我們企業的淨值持續以目前的速度成長，而我們企業飛機汰舊換新的成本也同樣持續增加，目前的年複合成長率是100%，不用多久，波克夏所有的淨資產就會被企業飛機吃光。曼格並不喜歡我把飛機比喻成細菌，他覺得這樣有辱細菌，他認為舒適的旅遊方式是搭乘有空的大巴士，而且只有在可以獲得優惠票價的時候，他才會接受這種奢侈的享受。我對於企業飛機的看法，可以用下列一個故事來説明。有一個信徒正在考慮是否應該放棄世俗的物質享受而成為一名神父，謠傳説這個信徒就是聖奧古斯丁（St. Augustine），但我相信聖經上的記載絕非如此，深陷於這種天人交戰的内心掙扎，他祈禱説：「神啊，請讓我成為一個貞潔樸素的人──但現在還不要。」
　　要替這架飛機取名字可不是件容易的事。我原先建議取名為「曼格號」（The Charles T. Munger），但是曼格卻提議用「反常」（The Aberration）來命名。我們後來決定將飛機命名為「無可辯解號」。

為他們知道該計畫能夠為他們帶來賦稅上的優惠。有一些已
經將股票贈與子孫的股東則告訴我，他們覺得這樣的計畫對
年輕人特別有意義，因為這可以幫助他們及早體認付出的意
義。換句話說，這些人覺得我們的計畫不僅具有教育意義，
而且是一種慈善的作為。在 1993 年，我們將捐贈金額的上
限由每股 8 美元提高為每股 10 美元。[注12]

5 有原則的主管酬勞政策[注13]

當所投資的資本只能獲得普通的報酬時，經理人採取
「累積越多，賺得越多」的作法，並不能算是一種成就，你
不需要花費太多心力，也可以達到同樣的效果。如果你在銀
行裡的存款累積為現在的 4 倍，你就可以獲得 4 倍的報酬。
對這樣的成就，你大概不會高興地發出「讚美主」的讚嘆。
然而，當某些最高執行長宣布退休時，大家通常會聽到對他
們的讚揚，比方說，因為在他們任內成功地將公司的盈餘提

注12 ：每一年致股東的信中都會註明，在所有符合資格的股東當
中，有多少比例的人參與指定捐贈的計畫、捐贈的金額，以及受贈
機構的數目。從 1988 年起，參與的比例一直都高於 95%，平均起來
大約是 97%；捐贈金額由 1988 年的 500 萬美元持續增加到 1996 年的
1,330 萬美元，該期間內每年平均捐贈金額為 840 萬美元；接受捐贈
的對象也呈現穩定的成長，在 1988 年有 2,319 個機構接受我們的捐
贈，到 1996 年則增加為 3,910 個，每年平均有 3,000 個機構接受我們
的捐贈。
注13 ：以短線符號分開 1985 年；1994 年；1991 年。

高了4倍——但是卻沒有人討論產生這種結果的原因，會不會只是因為公司多年來保留盈餘的結果，或是因為複利產生的成果。

　　如果上述公司在該期間內持續獲得驚人的高資本報酬率，或是在最高執行長任內只投入了2倍的資本，那麼該最高執行長的表現的確值得稱許。但是如果資本報酬率並不起眼，而同時期內投入資本的成長率和盈餘的成長率又相同的話，大家就不應該給他那樣的讚美。如果銀行存款所得的利息再存入同一個戶頭內計息，由該戶頭所獲得的收入每年也會增加——存款利息只要有8%，只要十八年時間，該戶頭裡的存款就可以增加為4倍。

　　這種簡單卻有力的計算結果，常常被企業忽視，因此股東的權益也會受損。許多企業會因為盈餘成長而用優渥的報酬來獎勵經理人，然而這樣的盈餘成長卻是來自於保留全部或大部分的盈餘所產生結果，也就是說，將本來屬於股東的盈餘保留在企業內。例如，企業經常發放十年期、固定價格的股票選擇權給經理人，然而這些企業卻只拿盈餘的一小部分以股利發放給股東。

　　有一個例子可以用來說明在這種情況下可能出現的不公平現象。假設你的戶頭裡有10萬美元存款，銀行存款利息是8%，而該戶頭是由一位受託的存款管理人在管理，這個人有權決定每年要發放多少比例的現金利息給你，未發放的利息收入會成為「保留盈餘」，再轉存入你的戶頭裡賺取複利。再假設這位受託人運用他過人的智慧加以考量之後，決

定「配息率」（pay-out ratio）是每年盈餘的四分之一。

　　在這些假設之下，十年過後，你戶頭裡的存款會有 17 萬 9,084 美元。此外，在這樣傑出的資金管理方式下，你每年賺到的利息收入也會由 8,000 美元增加為 1 萬 3,515 美元，增加幅度為 70%。最後，發放給你的「股利」也會同步成長，由第一年的 2,000 美元，增加到第十年的 3,378 美元。每一年，當你的存款管理人所聘用的公關公司在準備年度報告時，其中所有圖表都會顯現出向上延伸的成長曲線。

　　現在，為了好玩起見，讓我們把假想中的情形再推進一步。讓我們發放一個十年期、固定價格的選擇權給這位存款管理人，讓他可以根據你「事業」（也就是你的存款戶頭）第一年的合理價值來收購你的部分事業。如果有這樣的選擇權存在，這位管理人就可以花用你的資金來賺取大筆的利潤，他只要將你大部分盈餘都保留起來就可以了，如果他既懂得權謀又很會計算，一旦鞏固了自身的利益，就很可能會降低配息率。

　　這種情形並不如各位想像中那麼不可思議。在企業界裡，很多時候發放股票選擇權就會產生這樣的效果：由於管理階層保留盈餘，這些權證就會不斷增值，至於管理階層對手中的資金運用是否得當並不重要。

　　經理人對選擇權通常刻意採取一種雙重標準，除去認購權證（warrants）不談（認購權證可以為發行公司帶來立即且大量的報酬），我相信在企業界中，絕對沒有一家公司會以其全部或部分的事業為標的，發行十年期、價格固定的選

擇權給公司以外的人。事實上，十個月期的選擇權已經算是
極限了。經理人尤其不可能針對一個持續投入資金的事業，
發行長期性的選擇權，如果有公司以外的人士希望獲得這樣
的選擇權，他就必須支付該公司在選擇權有效期間內付出的
所有資金。

　　不過企業經理人這種「肥水不落外人田」的心態，卻不
適用在自己身上。（自己在和自己商議時，很少會出現大爭
議。）經理人通常會設計十年期、價格固定的選擇權給自己
及同僚，並略去保留盈餘可自動為選擇權增值的事實，且忽
視資金的持有成本。就如同前述存款戶頭的選擇權可以自動
增值一樣，這些經理人也能獲得同等的利益。

　　當然啦，股票選擇權通常是發放給有才能、能夠替企業
創造價值的經理人，有時候，這些選擇權帶給經理人的報酬
也是合理的。（事實上，真正才華洋溢的經理人所獲得的待
遇，通常都遠低於他們應得的報酬。）但是合理的結果通常
都是出人意料之外，只要公司承諾發放選擇權，通常無關乎
個人的表現，且是無條件發放的（只要經理人繼續留在原公
司），由於選擇權無法撤回，因此不論你是混水摸魚或努力
工作，獲得的報酬都是一樣的。對於一個一天到晚在做李伯
大夢（Rip Van Winkle）^{譯注 11} 的經理人而言，這樣的「獎
勵」制度是再好不過的了。

　　（我不得不提起，曾經有發放長期選擇權給「外人」的

譯注 11：美國短篇小說家歐文（Washington Irving，1783-1859 年）
筆下的人物，在林中一睡二十年，醒來後發現人事全非。

例子：克萊斯勒汽車公司（Chrysler）曾經發放股票選擇權給美國政府，做為該公司申貸某些攸關存亡的借款之擔保品。當美國政府由這些選擇權獲利時，克萊斯勒曾企圖想要修正獲利結果，該公司所持的理由是這樣的──獲利結果遠高出原先的預期，而且超出美國政府對挽救克萊斯勒財務危機所做的貢獻。對於上述事件所表現出來付出與成效兩者間不相稱之處，克萊斯勒深表不滿，在當時還成為全國性的新聞。這種不滿之情可說是很奇特的：就我所知，不論在哪裡，沒有一個經理人，會因為自己或同僚擁有選擇權而獲取不當利益，就感到憤慨不已。）

很諷刺地，選擇權通常都被描述成一種必要的措施，因為它可以讓企業經理人與事業主站在同一條船上。但事實並非如此，因為沒有一位事業主可以不必負擔資金的成本，是對持有固定價格選擇權的人而言，卻不用負擔這樣的資金成本；而且事業主必須考量企業股價存有上漲的潛力，同時也有下跌的風險，但持有選擇權的人卻沒有跌價的風險。事實上，如果你希望持有某個事業的選擇權，通常並不是真正想持有這個事業的股權。（我很樂意接受一張樂透彩券做為禮物，但是我永遠不會親自去買一張彩券。）

股利政策的情形也一樣。對選擇權持有人最有利的股利政策，很可能會損害股東的利益。我們再回頭看看前述存款帳戶的例子，由於存款管理人擁有選擇權，他可能可以藉由不發放股利而受益；相反地，存款擁有人應該要求發放所有的利息收入，以避免該名擁有選擇權的存款管理人企圖分享

戶頭裡保留盈餘的好處。[注14]

　　雖然有這些缺點，但是在某些情況下，選擇權還是有其可取之處。我的批評主要是在企業任意地使用這個金融工具，關於這一點，我要強調三項看法：

　　首先，股票選擇權一定會和企業的整體表現有關。因此照邏輯來說，它們應該被用來獎勵負責整體企業營運結果的經理人，對於只負部分責任的經理人，企業應該採取其它形式的獎勵措施，並依照其職責權限及表現結果，來決定獎勵的內容。如果一位棒球選手的打擊率高達三成五，即使他所在的是一支爛球隊，也會預期應當受到極高的獎勵；而一位打擊率只有一成五的棒球選手則不應該受到任何獎勵，即使他的球隊拿到了分區冠軍，因為只有擔負全隊勝敗責任的人，才有資格因為該隊的整體優異表現而受到獎勵。

　　其次，在設計選擇權時應當要小心謹慎，在缺乏特殊的考量因素時，這些選擇權的設計應當要加入保留盈餘或資金成本的因素。同樣重要的是，選擇權的價格計算應當符合實際情況，當一位經理人接到他人的提議，表示願意收購其公司時，他一定會表示市場價格完全無法反映出本公司的真正價值，既然如此，這些經理人為什麼可以用如此不合理的低價，將自身公司的部分股權賣給自己呢？（他們可能會有更進一步的作法：高級主管和董事有時候會研究稅法規定，以

注14：請參閱第 3 章中第 3 節的文章。

便可以計算出最低的價格，好讓他們可以將公司的股權賣給公司內部人員。當他們在進行這種詭計的同時，往往會實行一些計畫，好讓公司在報稅時顯現出最糟糕的營運結果。）除了一些極不尋常的個案以外，事業主通常不會因為其事業被低價出售而受惠——不管買方是公司內部人士或體制外的人。很明顯地，正確的結論應該是：選擇權的價格應當依照真正的商業價值來決定。

第三，我要強調的是，我非常欣賞一些營運記錄比我好的企業經理人，但是他們在固定價格選擇權這項議題上，卻與我持相反的意見，他們建立的企業文化都很成功，而固定價格選擇權正是幫助他們成功的工具之一，由於他們卓越的領導能力及親身樹立的優良典範，加上利用選擇權做為獎勵，這些經理人成功地幫助同僚學會如何以事業主為本位進行思考。這樣的企業文化很少見，如果這種企業文化真的存在，大家或許也不應當加以改變，即使這樣的選擇權獎勵計畫可能存在一些無效率及不公平的情形也無妨。「東西沒壞，就別去修理它」（If it ain't broke, don't fix it.）這樣的心態，要比「為求完美，不計一切代價」（purity at any price）的作法來得好。

不過，波克夏採取的獎勵制度，是考慮每位經理人的職責權限，再依照他是否達到計畫目標來決定獎勵的內容。如果See's這家公司的表現良好，這並不表示News這家公司也會收到獎勵性的報酬，反之亦然。而當我們發放獎金時，也不會考慮波克夏股票的市價是多少，不管波克夏股價是漲是

跌，或是維持不變，表現良好的單位都應當受到獎勵，同樣地，即使我們的股價飆漲，表現平平的單位也不會受到特別的獎勵，而且，根據每個事業的經濟特質，「表現」的定義也會有所不同：在某些事業中，企業經理人不需費太多心力就可以搭上產業的順風車，而在某些事業中，經理人卻必須頂著無可逃避的逆風前進。

在這種制度下所發放的獎金可能會很多。在許多我們的事業單位中，高階經理人有時候可以收到 5 倍於他們底薪的獎金，或甚至更多；在 1986 年時，可能有一名經理人的獎金會高達 200 萬美元（我希望是如此），對於獎金金額，我們並沒有上限，一個人所能收到的獎金和職位高低並沒有直接關連，一個小單位的經理如果真的應該接受獎勵，他所收到的獎金可能比大單位經理高出許多。而且，我們也不認為獎金的發放應考慮到年資以及年齡等因素（雖然這些因素會影響底薪的高低）。只要一位棒球選手有三成的打擊率，不管他是 20 歲或 40 歲，對我們都一樣具有價值。

顯然地，波克夏所有經理人都可以利用他們的獎金（或是其它資金，包括借來的錢）在公開市場中購買波克夏的股票，有很多人的確這麼做，有些經理人目前就擁有很多波克夏的股票。由於直接購買波克夏的股票，這些經理人就必須接受由這些股票所帶來的風險並付出一定的資金成本，如此一來，這些經理人的處境就變得跟波克夏事業主完全一樣了。

波克夏在制訂酬勞政策與資金運用上都盡量採取合理的作法。舉例來說,我們是依照史考特‧費澤(Scott Fetzer)公司的營運表現,而不是波克夏的表現,來訂定謝依(Ralph Schey)的酬勞,這樣做再合理也不過了,因為他只負責前者的營運結果,而與後者無關。如果我們依照波克夏的業績表現,發放現金獎金或是波克夏股票的選擇權給謝依,這樣對他來說完全沒有道理。舉例來說,他在史考特‧費澤公司的表現可能是個全壘打,而曼格和我卻可能在波克夏犯了錯誤,結果害得他徒勞無功;相反地,如果波克夏的其他事業都有很好的業績,而史考特‧費澤公司的表現卻遙遙落後,那麼憑什麼要讓謝依獲得選擇權的利益或獎金呢?

在訂定酬勞的時候,我們很樂意付出高額的酬勞,但我們同時也要確定,這些酬勞必須與經理人在自身職責權限下的表現有直接關連。當我們投入大筆資金到一項計畫後,對於經理人額外動用的資金,我們會要求他們達成高報酬率,如果他們能夠回收任何資金,我們也會用同樣的高報酬率來獎勵他們。

這種「錢不是免費的」的作法,在史考特‧費澤公司特別明顯。如果謝依能夠運用額外的資金賺取理想的報酬,就值得這麼做:當他由額外投資的資金中所賺取的盈餘超過一定的金額門檻,他的獎金就會隨之增加。我們計算獎金的方式是公平的,如果額外投資資金所賺取的報酬不夠令人滿

意，謝依和波克夏都要為這樣的結果付出代價，在這種雙向的安排方式之下，如果謝依無法有效地運用資金在他的本業上，那麼將這些資金移到他處使用對他會比較有利，而且很有利。

將所有的酬勞政策都解釋為可以整合管理階層與股東兩者之間的利益，如此的說法在上市公司當中已經蔚為風潮。依照我們的看法，整合的意義是無論公司在成長或衰退時，雙方都是合夥人，而不是僅在成長時才是合夥人，許多「整合」的計畫都沒有通過這項基本考驗，僅是一種「我贏你輸」的形式而已。

有一種整合失敗的情形，常見於典型的股票選擇權安排，主要即是沒有定期調高選擇權的價格，以符合因為保留盈餘使得企業財富增加的實際情況。事實上，十年期的選擇權，加上低配息率及複利，有了這樣的組合條件，一位經理人不費吹灰之力，就可以獲致令人垂涎的報酬，如果我們用懷疑的眼光來看，或許還會發現，當事業主應得的收入遭到扣留時，持有選擇權的經理人所能獲得的利益反而會增加。我還沒有看過有哪一份要求股東同意公司發行選擇權的委託書上，曾經針對這一點重要事項提出任何說明或解釋。

我不得不提起一件事，在我們收購史考特‧費澤公司之後，只花了五分鐘的時間就決定要給謝依多少酬勞，完全不需要借助律師或酬勞專家的協助。這樣的酬勞設計包含了幾個非常簡單的觀點，這些觀點並不涉及一般企管顧問所愛用的術語，他們如果不一口咬定你正面臨一個大問題的話，就

不能向你收取高額的顧問費（而且每年還需要再評估一次）。我們對謝依的酬勞安排從來沒有更改過，對謝依和我來說，這樣的安排在1986年時是合理的，現在也依然如此。我們對其他單位經理人酬勞的決定也同樣很簡單，只是由於各事業的經濟特質不同，比如說在某些事業單位中，經理人同時擁有該事業的部分股權，因此，我們在決定酬勞時所使用的文字也會有所不同。

不管在哪一種情形下，我們追求的都是合理的目標，至於不合理的酬勞政策，也就是與經理人個人成就無關的酬勞政策，很可能會受到某些經理人的歡迎。畢竟，有誰會拒絕接受一張免費的樂透彩券呢？只是，這樣的安排對公司本身來說是一件浪費的事，而且也會導致企業經理人無法專注自己的職務。同時，母公司的上樑一旦不正，子公司的下樑就跟著歪了。

就波克夏的情形而言，只有曼格和我需要為整個企業的表現負責。因此，理論上來說，只有我們兩人的酬勞應該依波克夏的整體表現來決定，即便如此，那也不是我們希望有的酬勞安排，我們在進行公司規劃及職務安排時都非常小心謹慎，以便可以做自己喜歡做的事，並且和喜歡的人一起共事。同樣重要的是，我們很少被迫去做一些無聊或不喜歡的事，和其他企業領導人一樣，我們同樣享有無數物質上以及精神上的特別待遇。由於已經有了這麼悠閒的工作環境，因此並不期望股東給我們太多不需要的酬勞。

即使不付給我們任何酬勞，曼格和我兩人還是喜愛目前

的輕鬆工作。我們打心眼裡認同雷根總統（Ronald Reagan）的名言：「我猜大概從來沒有人因爲辛勤工作而死，而且，幹嘛要去冒這種險呢？」

───────

我們在 1991 年完成一件大規模的收購案──布朗鞋業公司（H.H. Brown Shoe Co.）……這是北美洲最大的工作鞋及工作靴製造公司，該公司在銷售及資產上所賺取的高利潤一直都很驚人。製鞋業是一個很不好做的產業──在美國每年採購的數十億雙鞋子中，有85%是進口的，在該產業中，大部分製造商的營運情形都很艱難。由於各製造商供應大量的款式及尺寸，業者庫存壓力變得很大，應收帳款套住極大部分的資金……

布朗公司具有一項與他人完全不同的特質。該公司的酬勞制度，是我所見過最不尋常但卻讓我覺得很感動的作法：某些重要經理人的年薪是 7,800 美元，除了這份底薪之外，公司在扣除投資所需資金，剩下的盈餘當中，提撥一定百分比，做爲經理人的獎金，如此一來，這些經理人的處境就眞的和事業主一樣。相對地，有許多經理人只會高談闊論，而不在意公司的營運狀態，他們選擇採用高報酬、低要求的酬勞政策（在這樣的政策之下，他們將股東的資金當做不要成本一樣的在花用）。不管在任何情形之下，布朗公司的安排對公司及經理人都非常有利，這樣的結果並不令人感到意外：熱切希望以自身能力爲賭注的經理人，本身通常都非常

具有能力。

第 2 章

企業財務及投資

　　我們手中所有的華盛頓郵報公司（Washington Post Company, WPC）股權，都是在 1973 年中買進的，而我們所付的價格，只略高於當時該公司每股企業價值（business value）的四分之一而已，計算價格／價值的比例，並不需要有超凡的洞察力。大多數的證券分析師、媒體仲介公司，以及媒體事業的主管也會和我們採取相同的看法，認為華盛頓郵報整體企業的內在價值（intrinsic value）約在 4、5 億美元左右，該公司當時的市值為 1 億美元，大家每天都可以在報紙上查到這個數字。我們擁有的優勢在於所持的態度：我們由葛拉漢那裡學到了投資成功的關鍵，就是當某個績優企業的股價，遠低於其真正內在價值時，就應當買進該企業的股票。

　　相反地，在 1970 年代初期，大部分法人投資機構在考慮買進或賣出的價格時，卻很少考慮到企業價值，這種做法現在看起來實在很難令人置信。但是，當時這些法人投資機構全都被某些知名的商學大師所催眠，這些學術專家極力鼓吹一項正蔚為風潮的理論：由於證券市場具有充分的效率，因此計算企業價值這件事——即使是這種看法本身，在投資活動中也完全不具有任何重要性。（我們要向這些學者專家致上無尚的謝意：在進行腦力競賽時，不管是橋牌、西洋棋、或是挑選股票，如果你的對手被教導成將思考當成是件

浪費精力的事，對你而言，還有什麼比這種情形更具優勢呢？）^{註15}

1 市場先生^{註16}

　　當曼格和我替波克夏旗下的保險公司購買股票時（撇開為了套利而購買股票的情形不談，（見下一節文章中的說明），是以收購私人企業的態度來進行。我們會考慮該企業的經濟遠景、負責經營的管理團隊，以及必須付出的價格，而且心中並不預設賣出該事業股權的時機或價格。事實上，只要我們相信一家企業的內在價值能夠以令人滿意的速度持續成長，我們就願意繼續持有該企業的股份，當我們進行投資時，是將自己當成產業分析師──不是市場分析師、不是總體經濟分析師、也不是證券分析師。

　　由於採取這種態度，市場交易熱絡對我們而言是一種有利的情形，因為有時候會帶來令人垂涎的投資機會，但這樣的市場狀況不一定是必要的：如果我們持有的股票很久都沒有交易發生，或是世界圖書（World Book）與Fechheimer兩家公司沒有當日的報價出現，我們也不會特別感到煩惱。不管我們是擁有某些事業的部分或全部股權，我們本身的經濟命運終究是由這些事業的經濟命運所決定。

註15：前二段引言出自1985年年報。
註16：1987年。

　　葛拉漢是我的良師兼益友。很久以前，他曾經描述過一種看待市場漲跌情形的心態，我認為這是最有助於投資成功的看法。他說，你應該將市場上的報價想像成由一個幾乎沒有主見的傢伙所提出的，這個傢伙叫做「市場先生」（Mr. Market），他跟你就像是一家私人企業的合夥人。市場先生每天都會出現，並且提出一份報價，他不是要收購你手中的持股，就是想把手上的股票賣給你。

　　雖然你們共同擁有的企業可能具有穩定的經濟特質，但是市場先生的報價卻絕對不會是穩定的。因為說來悲哀，這位可憐的傢伙罹患了無藥可救的情緒疾病：有時候他極度樂觀，眼中只看到對你們企業有利的影響因素，在這種情緒下，他喊出的買價和賣價會非常高，因為他生怕你將他手中的股票搶購過去，剝奪他唾手可得的利益；有時候他會感覺很沮喪，認為你們的企業以及整個世界的未來充滿了困難，在這種情緒下，他會報出非常低的價格，深怕你將手中所有股票全部賣給他。

　　市場先生還有另一個很可愛的特性：他不在乎受人冷落。如果你對他今天所報出的價格不感興趣，明天他還是會繼續報價，而要不要交易則完全由你來決定，在這種情形下，只要他越驚慌沮喪，情況就會對你越有利。

　　但是，就像是舞會裡的灰姑娘一樣，你必須留心一項警告，否則一切都會變成南瓜和老鼠：市場先生只能為你服務，並不能指導你，你只能寄望賺他的錢，但不能仰賴他的智慧。如果有一天他顯得特別愚蠢，你有自由可以選擇不理

會他，或是占他的便宜，但如果你受到他的影響，結果就可能是個災難。如果你無法確認你是否比市場先生更了解自己的事業，且更懂得如何評估自己的事業，你根本就不應該淌這趟混水。就像打撲克牌的人所說的，「如果你已經打了30分鐘的牌，卻還看不出哪個人牌功最弱，你就是那個最弱的人。」

在當前的投資界，大部分專家學者談論的都是效率市場（efficient markets）、動態避險（dynamic hedging）、以及貝它值（beta），葛拉漢這個市場先生的寓言故事，實在顯得有些過時。這些專家學者對效率市場這類議題感興趣，是可以理解的，因為這類披上神秘外衣的投資技巧，對專門提供投資建議的人來說具有明顯的價值。畢竟，沒有哪一位曠世名醫是因為開出「兩顆阿司匹靈」這樣簡單的處方而名利雙收。

對使用這些投資建議的一般大眾而言，市場的奧秘卻是另一回事。在我看來，投資成功不是靠神機妙算、電腦程式，或是研判股價及大盤的波動變化而來。一位投資人要獲得成功，靠的是正確的商業判斷，加上能夠堅持自己想法及行為的能力，不受具有高度傳染性的市場情緒所影響。在我自己努力不受這些外力影響的過程中，我發覺牢記葛拉漢的市場先生概念，實在非常有幫助。

曼格和我謹遵葛拉漢的教誨，讓這些股票本身的營運業績—而不是每天、甚至每年的報價，告訴我們投資是否成功。市場可能會有段時間忽視企業的成功，但最後終究會肯定這個事實。就像葛拉漢曾經說過：「在短期間內，市場是

一個投票計數器（voting machine），但就長期間來說，市場則是一個平衡稱量器（weighing machine）。」而且，只要一家企業的內在價值持續以令人滿意的速度成長，該公司在事業上的成功多久會受到人們的肯定，並不是那麼重要。事實上，遲來的肯定可說是件好事：這提供我們一個好機會，得以用優惠的價格多收購該公司的股票。

　　當然啦，市場對一家企業的評價，有時候可能比實際情形來得高。在這種情況下，我們會賣出手中的持股；另外在某些時候，即使某家企業的股價是在合理評價的水準，或是被低估了，但如果我們需要資金投資某些被低估得更厲害的股票，或投資某項我們自認更為了解的事業時，我們也會賣出這些股票。

　　不過要強調一點，我們不會因為某些持股股價上漲，或是因為持股時間已經夠長，就賣出這些股票。（在所有的華爾街格言裡，最愚蠢的是：「你不會因為獲利了結而破產。」）只要我們所投資的事業能夠為我們投資的資金創造讓人滿意的報酬，而且該企業的管理階層既稱職且誠實，市場對該事業的股票評價也不會過高，我們就願意永遠持有該事業的股票。

　　然而，我們旗下保險公司所持有的三種普通股股票，即使市價遠高過其真正的價值，我們也不會賣出這些股票。事實上，我們對這些投資事業所採取的態度，跟對具有控制權的投資事業所採取的態度是一致的──這些是波克夏永久持有的部分事業，而不是只要市場先生出價夠高，我們就隨時

準備賣出的商品。我還要再加上一個限定條件：這些股票都是由我們的保險公司所持有的，如果絕對必要的話，我們會出售部分持股來沖銷鉅額的保險損失。不過，我們會好好經營我們的事業，以避免出現這樣的情形。

很明顯地，買進與持有（to have and to hold）的決定，牽涉到個人以及財務兩個層面的考量，曼格和我在這方面的看法是一致的。對某些人來說，我們的態度似乎非常特立獨行。（曼格和我一直遵從奧格威的建議：「趁年輕趕快培養自己特立獨行的風格，等你老了，別人才不會認為你是個老糊塗。」）當然了，對於近幾年來熱中於從事交易的華爾街來說，我們的態度一定顯得相當突兀：對許多華爾街人士來說，公司和股票不過只是一種可供交易的原物料而已。

但是，我們的態度很符合我們的個性，以及希望擁有的生活形態。邱吉爾（Churchill）曾經說過：「人類設計房屋的樣式，然後房屋將會影響到居住者的性格。」我們知道自己希望被塑造成什麼樣的特性。基於這個理由，如果和我們非常欣賞的人在一起可以獲取 X 的報酬率，而和一群無聊或是不喜歡的人在一起可以賺到 X 報酬率的110%，我們寧願選擇前者，也不願選後者。

2 套利[注17]

有些時候，我們的保險公司會將短期約當現金（cash equivalents）用來從事套利（arbitrage）行為。當然，我們比

較偏好長期的投資行為，但是我們通常擁有較多的現金，而缺乏好的投資想法。在這些時候，從事套利交易就會比持有短期國庫債券（Treasury Bills）創造更高的報酬，而且還能避免因為想挑選長期投資標的而降低標準的衝動。（當我們討論某個套利機會時，曼格最後說的話往往是：「好吧，至少這樣一來，你就沒時間上酒吧了。」）

在 1988 年這一年裡，我們藉由套利賺取了極大的利潤，不管是從絕對金額或是報酬率的觀點來看都是如此。我們平均投入的資金大約是 1 億 4,700 萬美元，稅前利益大約是 7,800 萬美元。

由於我們在套利交易上的規模龐大，在此針對套利，以及我們對套利所持的態度做詳盡的探討，是很適當的。以前，套利這個詞是指在兩個不同的市場同時買進和賣出證券或外匯的做法。舉例來說，由於荷蘭皇家石油公司（Royal Dutch）在阿姆斯特丹股市的荷幣報價，以及在倫敦股市的英鎊報價，和在紐約股市的美元報價，三者間存在微小的價差，套利就是要從中賺取價差利益。有些人把這樣的作法稱之為「搶帽子」（scalping，編注：英文還有「剝頭皮」、「揩油」等意）：所以不令人感到意外的，從事這種交易的人會選擇用「arbitrage」這個法文名詞。

第一次世界大戰以後，套利的定義——現在有時也稱為「風險套利」（risk arbitrage），已經被擴大為包括利用某些已

注 17：以短線符號分開：1988 年；1989 年。

公布的企業事件來獲利的做法，這些企業事件包括公司被出售、合併、資本結構調整、企業重組、解散、提議回購公司股票等等。在大多數情況下，不管股市表現如何，從事套利交易的人都是預期可以獲利，這些人面對的主要風險，反而是已公告的事項並未如預期的發生。

在套利交易的世界裡，有時候會出現一些少見的機會。在我24歲時，我在紐約的葛拉漢－紐曼公司上班，當時曾經有過這樣的機會，有一家位於布魯克林區獲利不高的巧克力製品公司——洛克伍德公司（Rockwood & Co.），在1941年時他們對存貨採用「後進先出」（譯注：last in first out, LIFO）的會計評價方式；當時可可豆每磅的售價為5美分。1954年時，由於可可豆出現暫時性短缺，每磅售價飆漲到60美分，因此該公司希望將手中極具價值的庫存品脫手，而且動作要快，以免價格開始下滑。但如果當時把可可豆全都賣光了，該公司需要支付的稅金，大約會高達收入的一半左右。

而1954年的稅法提供了一個解決之道。根據稅法中一項令人費解的規定：如果是為了縮減公司的事業規模，而將庫存品發放給股東，因該公司採用「後進先出」法而產生的利潤，將可免付任何稅金。洛克伍德公司於是決定收掉旗下的可可奶油事業，並宣稱由於這項決定，該公司出售了1,300萬磅的庫存可可豆。因此該公司提議，希望回購自己公司的股票，以交換那些不再需要用到的可可豆，該公司喊出的價格是以80磅的可可豆交換一股股票。

　　足足有好幾個星期的時間，我一直忙著買進股票、賣出可可豆，我還不時地到薛洛德信託公司（Schroeder Trust），拿股票去交換倉庫的收據。我的獲利情形很好，唯一的花費是地下鐵的車資。

　　負責洛克伍德企業改造的，是一位當時年僅32歲，名叫沛茲克（Jay Pritzker）的芝加哥人，這個人非常聰明。如果你熟悉沛茲克後來的記錄，就不會對這樣的結果感到驚訝，前述的改造計畫對該公司後來的股東而言也頗為成功。在該公司提議回購股票前後不久的時間裡，雖然洛克伍德在營運上虧損累累，股價仍由15美元飆漲到100美元。有時候，股票的市場評價要比本益比來得重要。

　　最近幾年來，大多數的套利活動都與企業收購有關，不管是善意或非善意的收購。由於收購熱潮極度盛行，且幾乎不受到反托拉斯（anti-trust）的挑戰，加上買方的叫價不斷上揚，套利者就能從中賺取極高的利益。這些人並不需要任何特殊的天分，就能獲致這樣的績效，其中的秘訣就像彼得‧謝勒（Peter Sellers）在電影裡說的一樣簡單：「人在就行了。」在華爾街，大家熟知的古老俗語被改寫為：「給一個人一條魚，你只能救他一天。教一個人學會套利，他就可以永遠衣食無虞。」（不過，如果他的套利技巧是跟波斯基（Ivan Boesky）（編注： 1980年代因涉及內線交易，被判入獄。）學來的，他可能就得去吃牢飯了。）

　　要衡量在哪些情形下可以進行套利，你必須回答四個問題：⑴預期中的事件發生的機率有多高？⑵你的資金可能要

被套牢多久？(3)會不會有更好的消息出現，像是有競爭者提出更好的收購價格？以及(4)萬一由於反托拉斯訴訟或是財務問題等因素，導致原先預期應該發生的事件未能如期發生，那該怎麼辦？

阿卡達公司（Arcata Corp.）是我們在套利活動上的奇遇之一，這個經驗可以說明套利的曲折過程。 1981 年 9 月 28 日，阿卡達公司的董事會大致通過決議，同意將公司出售予 KKR 公司（Kohlberg Kravis Roberts & Co.），該公司在當時是一家專門利用「融資收購」（leveraged-buyout）方式收購他人企業的公司，到現在還是如此。阿卡達是一家從事印刷及生產森林產品的公司，除此之外，該公司還有另一項優勢：即美國政府為了要擴增紅木國家公園（Redwood National Park）的面積，於 1978 年買下阿卡達企業 1 萬 700 英畝的林地，其中大部分都是古老的紅木林地。政府以分期付款方式支付了 9,790 萬美元的徵收費，但阿卡達公司宣稱這樣的金額要比該林地的實際價值低太多了。對於林地被徵收到徵收費完全付清之前，應該採用什麼利率水準來計算這期間的利息，當事雙方也是紛爭不已，法令規定是單利 6%，但阿卡達公司要求大幅提高利率，並以複利計息。

當你想要收購的對象正好牽涉到一件金額龐大、風險性極高的主張權利案，且該案正在進行法律訴訟，不管該主張案有利或不利於收購對象，這種情形會在雙方商議收購過程中成為主要的議題。為了解決這個問題，KKR 公司提議以每股 37 美元的價格收購阿卡達公司股票，而如果政府的徵

收費超過原定金額，KKR 願意將超出部分的三分之二付給阿卡達公司。

在評估這個套利機會時，我們需要問自己一個問題：KKR 公司是否願意完成這項交易，因為除了其他考慮因素之外，KKR 的提議還要看該公司是否能取得令人滿意的融資條件而定。這樣的但書對賣方來講總是危險的：對一個在求婚與結婚之間猶疑不定的追求者而言，這項但書提供了一條簡單的退路。不過，我們對這種可能性並不特別感到擔心，因為 KKR 公司完成交易的紀錄一直都還不錯。

我們同時還要問自己，如果這件收購案真的敲定，那又會怎麼樣呢？對於這點我們同樣放心：因為阿卡達公司的管理階層和董事會已經花了一段時間在找尋買主，而且已經決定要將公司賣出去，如果 KKR 公司決定縮手，阿卡達可能可以找到另外的買主，當然，這樣一來，對方出的價格就會比較低一點。

最後，我們還要問自己一點：那一件紅木林地的主張權利案到底值多少錢？雖然各位的董事長連榆樹和橡樹都分不清楚，但是他在這個問題上卻沒有任何困擾：他很冷靜地判斷，這件案子的金額是在零與一個龐大數目之間。

於是我們從 9 月 30 日起開始買入阿卡達的股票，當時市價是每股 33.5 美元。在隨後的 8 個星期內，我們大約買進了 40 萬股，約占該公司股權的 5%。而原先宣布每股 37 美元的收購價格，預計會在 1982 年 1 月支付。因此，如果一切都很順利的話，我們就可以賺到高達 40% 的年報酬率，這還不包

括那件紅木林地案的價值，這部分收益對我們來說算是錦上
添花。

　　但結果並不如預期那般順利。到了12月，有消息宣布
說該收購案的成交日期會稍微延後，但是，收購合約已確定
將於1月4日簽訂。受到這個事實的鼓舞，我們決定增加投
入的金額，在每股38美元左右的價格繼續收購阿卡達股
票，持股總數增加到65萬5,000股，持股比例大約超過該公
司全部股權的7%。雖然這件收購案的成交日期已經決定延
後，但我們之所以願意付高一點的價格，是因為我們相信該
筆紅木林地的價值比較接近一個龐大數目，而不會是零。

　　然後，在2月25日，預定提供融資給KKR公司的多家
貸款業者表示，「由於建築業非常不景氣，考慮到這對阿卡
達公司未來營運可能產生的衝擊，」他們對融資條件還要再
多加考慮，因此，股東大會的日期再度延後到4月份。阿卡
達公司一名發言人表示，他「不認為該件收購案的命運會受
到影響。」當套利者聽到這樣的保證，馬上會聯想到那句老
話：「他說起謊來，就像財政部長在貨幣貶值前夕所做的保
證一樣。」

　　3月12日當天，KKR公司表示原先提議的收購案行不
通。該公司先將收購價格降低為每股33.5美元，兩天後再將
價格提高為每股35美元。不過，到了3月15日，阿卡達公
司董事會拒絕了KKR公司的提案，轉而接受另一家公司的
收購提案：每股37.5美元，加上阿卡達可由紅木林地案獲取
超出金額的一半。股東會通過了這件收購提案，該筆每股

37.5美元的收購價格則於6月4日支付。

　　我們從2,290萬美元的投資中，回收了2,460萬美元，平均持股期間6個月。考慮到這件交易案所遭遇到的麻煩，我們所賺取的15%年報酬率——不包含紅木林地案的金額，實在是太令人滿意了。

　　但是，更好的還在後頭。該件紅木林地案的主審法官指派了兩位調查委員，一人負責評估該林地中原木的價值，另一人負責研究利率問題。1987年1月，第一位委員表示該紅木林價值2億7,570萬美元，第二位委員則建議應採用一個換算結果年報酬率約14%的複利方式來計息。

　　1987年8月，法官判定採用這兩位調查委員的建議，這意味著阿卡達公司可以有6億美元進帳，美國政府隨後提起上訴。不過，在該上訴案開庭前，雙方即同意以5億1,900萬美元達成和解。因此，我們又額外收到每股29.48美元的收益，總金額大約是1,930萬美元。到1989年，我們還可以另外再收到80萬美元左右。

　　波克夏從事套利活動的作法和許多套利客不同。首先，我們每年參與的案子數量很少、但金額通常都很龐大。許多套利客是一頭栽進一大堆的交易案中，每年的數量大概有五十多件，手上抱著這麼多案子，他們一定得花許多時間監控那些收購案的進展，以及相關股票在市場上的表現。但是曼格和我都不想過這樣的日子。（一整天都得盯著股價顯示版看，用這種方式致富又有什麼意思呢？）

　　由於我們從事套利交易的標的項目相當集中，和一般套

利客比起來，只要有一件交易案特別成功或特別失敗，我們在套利交易上的績效就會大受影響，到目前為止，波克夏尚未遇到非常糟糕的情形。但是，未來我們一定會遭遇到這樣的情形，而當這種事情發生的時候，我們也會向各位報告那些殘酷的細節。

另外一點和其他套利者不同之處，在於我們只參與已經對外公開的交易案。我們不會根據謠言來進行買賣，或企圖猜測哪些公司可能成為被收購對象，我們做的只是閱讀報紙，考慮一些大金額的收購提案，再依照我們認為可能發生機率的高低來做決定。

在年底時，我們手中主要的套利案子，是納貝斯克公司（RJR Nabisco）334萬2,000股的股票，我們的成本是2億8,180萬美元，當時市價大約3億450美元。在1月時，我們將持股數量增加到400萬股左右，到2月時，則將持股全部賣出。當時提議收購納貝斯克公司的正是KKR公司，我們向KKR公司提議出售手中的持股，但是該公司只向我們買了300萬股，不過剩下的股票也馬上在公開市場中銷售一空，我們的稅前收益為6,400萬美元，比原先預期的數字還高。

稍早之前，還有另一位熟悉的面孔參與了納貝斯克收購案的競價過程：沛茲克。沛茲克代表第一波士頓（First Boston）集團提出一項以稅賦為考量的收購提案。套句貝拉（Yogi Berra）譯注12所說的話：「一切又再度重演。」

在一般情況下，我們應該會持續買進納貝斯克公司的股

票，但由於所羅門兄弟企業（Salomon）也參與競價過程，使我們的套利動作受到許多限制，儘管曼格和我是所羅門兄弟企業的董事，但通常我們對該公司在併購方面的做法是毫不知情的，而這也是我們自己要求保持的情況──因爲這類消息對我們而言並沒有益處，事實上還可能造成波克夏在套利操作上的妨礙。

　　不過，由於這次所羅門準備在納貝斯克收購案投入鉅額資金，因此這件案子需要提報董事會，基於這個原因，波克夏前後只買了兩次納貝斯克股票：第一次是在該公司管理階層宣布接受融資收購計畫後的數天之內，在所羅門介入之前；第二次是在納貝斯克董事會決議接受KKR公司的提議之後。由於我們兩人具有所羅門董事的身份，因此不能在其他時間裡收購該公司股票，也使得波克夏錯失了獲利良機。

　　由於波克夏在1988年從套利上賺取了很好的收益，各位可能會以爲我們將在1989年投入更多的資金，事實上，我們卻決定採取觀望的態度。

　　這項決定的理由之一是，我們剩餘的現金量減少了，我們大幅提高了希望持有股票的長期部位。如果各位常常閱讀這份報告，就會了解，我們並不是因爲對股市的短線前景懷抱期望，才決定增加新持股的數量。事實上，我們的決定反映出我們看好特定企業的事業遠景，我們不會去想一年後的股市、利率、或企業活動是如何，以前從未想過，以後也永

譯注12：美國職棒大聯盟明星，已入選職棒名人堂。

遠不會去想。

即使我們手中有很多現金，在1989年大概也不會從事太多套利活動，因為現在的企業收購案明顯已經過多了。就像桃樂絲（Dorothy）[譯注13]所說的：「托托，我覺得我們已經不在堪薩斯州了。」

我們不知道這種企業收購案過多的情形還會維持多久，也不知道有哪些因素會改變政府、貸款者，以及收購者三方面助長併購風潮的態度。但我們能夠確定的是，如果別人做事越不小心，我們自己就更應該格外謹慎。對於過度反映出買賣雙方樂觀看法的套利交易活動，（在我們看來，這種態度往往是沒有道理的），我們並不會感到興趣。在我們從事套利時，會謹遵史坦（Herb Stein）的教誨：「如果一件事沒有辦法永遠持續下去，它就一定會結束。」

———

去年我們曾經向各位報告，在1989年不會從事太多套利活動，實際情況也是如此。從事套利活動是一種取代持有短期約當現金的做法，在1989年的部分時間裡，我們持有的現金量很少。至於在其他時間，雖然我們的現金量相當充裕，但還是不從事套利活動，主要原因是對我們而言，很多公司的買賣案並不具有經濟意義：在這些案子上套利，就像是在玩一種誰比較笨的遊戲。（就像華爾街人士迪沃（Ray

譯注13：綠野仙蹤（Wizard of Oz）裡的女主角。

DeVoe）所說的一樣：「連天使都不敢從事交易的地方，笨蛋卻拼命往裡頭衝。」）我們還是會不時地進行套利交易，有時候還可能會採取大手筆的操作，但只有在我們認為成功機會很大的時候，才會去做。

3　拆穿標準教條的假面具[注18]

　　由於前面討論到套利這項活動，所以也應該稍微討論一下「效率市場理論」（efficient market theory, EMT）這個議題，這個教條在1970年代的學術界形成一股風潮，幾乎成了一種聖誡。基本上，這個理論的意思是說，股票分析是一件沒有益處的事，因為所有相關的公開資料，都會被適當地反映到股價上，換句話說，市場永遠知道所有事情。因此，教授效率市場理論的教授們將會宣稱，利用射飛鏢的方式隨意由證券版上挑選出幾支股票組成一個投資組合，和由最聰明、最辛勤工作的證券分析師所精心挑選出來的投資組合相比，兩者的投資報酬率不會有什麼差別。令人訝異的是，不僅學術界支持這項理論，連許多投資專家和企業經理人也都擁戴這個理論，這些人認為通常市場具有效率，這樣的觀察的確是正確的，但更進一步地推論，市場永遠具有效率，卻是錯誤的。兩者的差異可說有如天壤之別。

注18：以短線符號分開：1988年；1988年；1993年；1986年；1991年；1987年。

　　我認為，利用葛拉漢－紐曼公司、巴菲特合夥，以及波克夏三家公司所累積的六十三年套利經驗，可以證明效率市場理論有多麼的愚蠢。（還有很多其他的證據可以證明。）當我在葛格拉漢－紐曼公司工作時，曾經針對該公司自 1926 年創辦，到 1956 年為止這段期間，在套利交易上的獲利做了研究，發現未從事融資的套利交易，每年平均報酬率是 20%。1956 年以後，我開始採用葛拉漢的套利法則，先是在巴菲特合夥有限公司，然後在波克夏，雖然我沒有仔細計算，但經驗告訴我，由 1956 年到 1988 年這段期間，我的平均報酬率超過20%。（當然了，我所處的大環境要比葛拉漢那時有利得多：他經歷了 1929 年到 1932 年[譯注 14]那段時光。

　　對於檢視一個投資組合的績效來說，我們的所有條件都明顯地符合公平測試的標準：(1)在六十三年的經驗裡，這三家公司交易了數以百計的證券；(2)統計的結果並未受到少數好運特例的影響；(3)我們不需要挖掘一些鮮為人知的事情，或是去深入探討產品或管理階層的性質，我們只針對相當公開的事件做反應；以及(4)我們在套利交易上的部位很明確，這不是根據事後結果所做的解釋。

　　在這六十三年間，市場的年報酬率還不到10%，這還包括股利在內。也就是說，如果將所有收益再投資，1,000 美

譯注14：1929 年美國股市大崩盤，經濟蕭條尾隨而至，道瓊指數一直到 1932 年才正式觸底。

元的原始投資金額，最後可以成長到 40 萬 5,000 美元。不過，如過投資報酬率是 20%，這筆金額將成長到 9,700 萬美元，我們認為這樣的差異具有統計上的意義。可想而知，這種結果也會引起一般人的好奇心。

　　然而，效率市場理論的支持者對這類反證卻似乎從來不感到興趣，不過，這些人現在已經不像以前那樣常常談論這個理論。但就我所知，還沒有人承認自己過去是錯的，即是他曾經教錯過數以千計的學生。效率市場理論目前仍是許多商學院投資課程的重點所在，很顯然地，不是只有神學者才會因害怕破除神職的神秘性而拒絕改變自己的說法。

　　那些對效率市場理論深信不疑的學生，以及易受騙的投資專家所接收到的錯誤投資觀念，對我們和其他信奉葛拉漢教誨的人來說，自然是件天大的好事。不管在財務上、智力上、或體能上任一種競賽，如果你的競爭對手被教導說，再怎麼嘗試也是毫無用處的，這對你可說是一個絕大的優勢。從自私的觀點來看，深信葛拉漢教誨的人士或許應該繼續支持效率市場理論，好讓這個教條能夠永遠流傳下去。

　　儘管如此，我仍要提出一項警告。最近從事套利交易看起來似乎是再容易不過了，但是套利交易卻不是一種可以保證每年有 20% 報酬率的投資方式，它甚至無法保證會有任何報酬率。大家都知道，市場通常都頗具效率：在這六十三年裡，我們抓住了每一個套利的機會，同時也放棄許多其他的可能項目，因為這些項目的交易價格似乎都已經很合理了。（譯注：所以沒有套利的機會。）

投資人不能光靠某種特定的投資範疇或投資風格，從股票中賺取高獲利。只有藉由審慎地評估事實，並持續地執行有紀律的投資行為，投資人才能夠賺取高獲利。將套利交易當作一種投資策略，本質上不會比用射飛鏢的方式來挑選投資組合更高明。

———

當我們持有某個由傑出經營團隊所管理的績優事業股票時，我們比較偏好永遠持有這些股票。有些人會在公司營運情況良好的時候，急著賣出股票獲利了結，而當公司營運令人失望的時候，卻又死抱著持股不放，我們的做法和這類的投資人正好相反。彼得・林區（Peter Lynch）^{譯注15}將這種做法比喻為，修剪花朵，卻替雜草澆水。

———

我們一直相信，拋棄你本身了解而且前途也很看好的事業，是一種愚蠢的做法，因為這樣的投資機會實在是太難被取代的。

有趣的是，當企業經理人在考慮本業時，他們完全可以了解這一點：如果子公司具有非常好的經濟遠景，不管價格多少，母公司大概都不會賣出這家子公司。母公司的最高執

譯注15：前富達麥哲倫基金操盤人，投資績效卓著，著有《征服股海》（*Beating the Street*）等書。

行長會說：「我爲什麼要拋棄手中的王牌呢？」然而當這位
最高執行長在考慮個人的投資組合時，他卻會隨意地、甚至
衝動地，聽從股票營業員的膚淺建議，一直換股操作。在這
些建議中，最糟糕的一句話大概是：「沒有人會因爲獲利了
結而破產。」你能夠想像，會有哪一位最高執行長用這樣的
理由，說服董事會賣出旗下的明星子公司嗎？我們認爲，經
營事業的道理也適用於股票投資上──投資人應該用像事業
主一樣的心情，抱牢手中的績優股票。

　　我在前面曾經提過，如果在 1919 年投資 40 美元買進可
口可樂股票，可能產生多少的回饋。[注 19] 1983 年《財星雜誌》
（*Fortune*）刊登了一篇有關該公司的精彩報導，當時可樂已
經推出超過五十年了，這種飲料也已成爲代表美國文化的象
徵之一。作者在這篇報導的第二段寫道：「每年總有好幾
次，會有位認眞的重量級投資人仔細研究可口可樂的績效記
錄，並對該公司的表現深表敬意，但是他的結論往往是十分
懊悔，因爲他太晚看到這些記錄了。而他也擔心，市場即將

注 19：1993 年信中有下列一段文字：

　　我還要提出一件過去的教訓：可口可樂公司在 1919 年以每股 40
美元價格公開掛牌上市。1920 年底，市場對該公司的未來展望重新
評估，結果導致該公司股價重挫到每股只剩 19.5 美元，降幅高達
50%。到 1993 年底，同樣是當年所投資的可口可樂股票，如果投資
人將每年發放的股利全數轉投資進去，此時的價值卻高達 210 萬美
元。正如葛拉漢所説：「在短期間內，市場是一個投票計數器──
只要你有錢，你不需要智力或是穩定的情緒，就可以登記投票，但
是長期來説，股市則是一個平衡稱量器。」

面臨飽和，或者會有新競爭者出現。」

的確，在1938年和1993年都有競爭者出現。但值得注意的是，可口可樂在1938年賣出2億700萬箱飲料（將當時以加侖計數的銷售量，換算成現在每箱192盎司計算出來的結果），而當時可口可樂就已經是飲料市場的主導廠商，然而到了1993年，該公司大約賣出了107億箱飲料，實質銷售數量成長將近50倍。對投資人來說，投資可口可樂的美好時光並沒有在1938年宣告結束：雖然在1919年投資40美元購買一股可口可樂，到1938年底，該筆投資會增值為3,277美元（股利全數再投資進去），但如果在1938年投資40美元購買該公司股票，到1993年底這筆投資卻會成長為2萬5,000元。

我不得不再次提起上述《財星雜誌》文章中的一句話：「很難有公司可以跟可口可樂的規模相抗衡，而且像可口可樂一樣，持續銷售一項從未改變過的產品長達十年之久。」如今又經過了五十五年，可口可樂多少擴增了他們的產品線，但是用這句話來形容可口可樂目前的情形，還是非常貼切。

曼格和我很早就體認到，在某項投資的生命周期裡，要做出上百個明智的決定是非常困難。當波克夏的資本大幅增長，而足以顯著影響我們投資結果的投資案也明顯地減少，此時做正確的判斷就顯得格外重要。因此，我們決定採取一種策略：我們只需聰明、但又不要太聰明，幾次就可以了。事實上，我們現在每年只需要有一個好的主意就可以了。

（曼格說今年輪到我了。）

　　我們所採取的策略不必遵循分散投資的標準教條，因此很多所謂的專家會說，這種投資策略的風險一定比傳統投資策略的風險大。我們並不同意這種說法，我們相信，集中型投資組合如果能夠（事實上也應該能夠）提升投資人對被投資事業的關注，以及投資人在投資前對該事業的信心水準，如此或許可以**降低**投資的風險。在進一步討論之前，我們先對風險做定義，套用字典上的解釋是「遭受損失或傷害的可能性。」

　　只是學術界通常將投資的「風險」做不同的定義，他們主張風險應該是某一種股票或投資組合的相對波動性（relative volatility），也就是個別標的的波動性和整體市場的波動性做比較。這些學者引用大量的數據以及統計學方法，精確地計算出某一種股票的貝它值，也就是該股股價過去的相對波動性，然後根據這項計算，建構出一些奧秘的投資及資金分配理論。這些人急於想找尋一個單一的統計數值來衡量風險，但是他們忘了一項重要的基本原理：「差不多」正確，比「明確」的錯誤要好得多。

　　對事業主來說——我們認為股票持有人就是企業的事業主，學術界對風險的定義完全不符合事實，而且幾乎已經到了荒謬的地步。舉例來說，根據貝它值的理論，如果一檔股票的股價跌幅遠超過整個股市，就像我們在 1973 年買下《華盛頓郵報》一樣，該檔股票在低價位時的風險，會比它在高價位時來得大。如果有人願意大幅降價出售一整個公司

給你，對你而言，這樣的理論合理嗎？

事實上，投資人樂於見到波動性的存在。葛拉漢在他的著作《智慧型股票投資人》第8章中說明了原因。葛拉漢就是在該文中首次引介「市場先生」登場。市場先生是一位沒有主見的傢伙，只要你願意，他每天都會出現在你面前，隨時準備收購你手中的股票，或是將他手上的股票賣給你，只要他越慌張，投資人可能獲得的投資機會就越有利。這是千真萬確的事，因為劇烈震盪的股市意味著，即使是一家穩健的企業，有時候也會出現不合理的低股價。由於投資人有絕對的自由選擇忽視股市情況，或是利用市場中的愚蠢現象獲利，因此，當市場出現這種低股價現象時，不應被認為會增加投資人的風險。

在評估股票的風險時，死忠支持貝它值的投資人會不屑於去檢視該公司所生產的產品、其競爭者的動態、或是該公司動用了多少融資金額，他甚至可能連該公司的名稱是什麼都不想知道，這類投資人重視的只是該公司過去的股價記錄。相反地，我們可以完全不在意該公司過去的股價；我們關心的，是任何有助於我們了解該公司事業的資訊。因此，在我們買了某種股票之後，如果該股票在股市中一、兩年內都沒有任何交易的話，我們也不會感到不安。雖然我們擁有See's及布朗兩家公司100%的股權，但並不需要藉由觀察這兩家公司每天股價的表現，來確定我們的投資結果。既然如此，對於我們只擁有7%股權的可口可樂，我們有什麼理由需要知道它每天的股價是多少呢？

　　在我們看來，投資人真正需要評估的風險，是由投資上所獲取的稅後總收益（包括出售投資所得到的收益），在經過一段時間持有後，是否至少能產生相當於原始投入金額的購買力，再加上合理的利息報酬。雖然這樣的風險無法像工程學一樣精確地計算出來，但在某些狀況下，仍然可以在相當的準確程度下，判斷這個風險的高低。影響這種風險評估的主要因素包括：

(1)能否準確評估企業的長期經濟體質；

(2)能否準確評估管理階層的能力，包括帶領企業發揮全部潛能及正確運用現金流量的能力；

(3)是否可以信任管理階層會將企業的收益回歸給股東，而不是納為己有；

(4)該企業的收購價格是多少；

(5)可能面臨的賦稅及通貨膨脹程度是多少，因為這將決定投資人總投資收益的購買能力有多少。

　　許多分析師可能會認為上述的因素實在太難界定了，因為投資人無法從任何資料庫中找到這些答案。雖然要將這些因素作精確的量化處理是一件困難的事，但並不是不可能，而上述各考慮因素的重要性更是不容置疑。正如大法官史都華（Justice Stewart）對猥褻刊物的看法一樣，要定義猥褻是一件很困難的事，但是「我看了，就會知道。」（I know it when I see it），同樣地，並不需要引用複雜的公式或參考過去的股價，投資人只要運用相同但卻很有用的方式，也可以**看出**某項投資的內在風險。

　　可口可樂和吉列兩家公司的長期事業風險，比任何電腦公司或零售企業都要低。要下這樣的結論難道很困難嗎？可口可樂在飲料產品上的銷售量占全球的44%，吉列在刮鬍刀片的市場占有率（以金額計）高達60%以上。撇去由箭牌公司（Wrigley）主導的口香糖市場不說，我還沒有看過在哪一個重要的產業中，有哪一家居於領導地位的企業可以這樣長期享有全球性的主導優勢。

　　而且，近幾年來，可口可樂和吉列的全球市場占有率還在提高。由於這兩種品牌的知名度、產品特性、以及其產銷管道的實力，使這兩家公司有龐大的競爭優勢，並能夠在其經濟碉堡外建構起一條防禦的護城河。相對地，一般企業卻必須在沒有防護網的情形下，每天在市場上競爭。正如林區所說，生產商品類產品的公司，應該在它們的股票上附加警告標籤：「競爭可能有害人類的財富。」（Competition may prove hazardous to human wealth.）

　　只要稍微注意一下商業界的情形，一般人都可以看出可口可樂和吉列所具有的競爭力。然而其股票的貝它值，卻和許多不太具競爭優勢、甚至完全不具任何競爭優勢的小型企業一樣。我們是不是應該下結論說，由於這個數值的高度相似性，因此在評定事業風險時，可口可樂和吉列所具有的競爭優勢完全沒有任何意義呢？或者說，擁有某企業的部分股權（也就是該公司的股票），和該公司事業營運的長期內在風險無關呢？我們認為上述兩種看法都不合理，而將貝它值視同投資風險更沒有道理。

由於信奉貝它值的理論派人士缺乏判斷風險的機制，所以他們無法分辨生產類似玩具石頭或呼拉圈這種單一產品的玩具公司，以及生產大富翁遊戲（Monopoly）和芭比娃娃的玩具公司，它們之間的內在風險有何不同。但是，只要對消費者行爲及形成長期競爭優勢或劣勢的因素能了解，一般投資人都能分辨出其中風險的差異。顯然所有投資人都會犯錯，但只要注意少數幾個容易了解的投資案，一位稍具智慧、留心投資資訊、而且也夠用功的投資人，就能夠在相當準確的程度下，合理地判斷出投資風險的高低。

當然啦，就很多產業而言，曼格和我沒有辦法斷定我們面對的是生產玩具石頭或是芭比娃娃的公司。況且，即使我們花費數年時間用心鑽研這些產業，也沒有辦法回答這樣的問題。有時候，我們本身在知識上的缺失會干擾到理解能力，有時候產業的特質本身就是一種障礙，比如說，如果一家企業從事的是進步神速的科技產業，該企業的長期經濟展望實在很不容易被準確地評估出來。在三十年前，我們難道能夠預見電視機製造業或電腦工業會演變成什麼樣子嗎？當然不能。（大部分熱切投入這些產業的投資人和企業經理人也無法做到這一點。）既然這樣，曼格和我憑什麼可以認爲我們現在能夠預測出其他發展快速產業的未來前景呢？所以，我們決定堅守那些簡單的投資案。當你的眼前已經有一根針時，爲什麼還要去大海撈針呢？

當然了，有些投資策略，例如我們過去幾年來在套利上的努力，需要廣泛的分散投資。如果某一件交易存在著極高

的風險，那同時投資在許多互相獨立的投資案，整體投資風險應該就可以降低。如果你相信把所有可能性都納入考量之後，你的收益將會大於損失，而且也能夠把握數個性質類似、但卻不相關的投資機會，你便可以自信地從事一項帶有風險的投資項目——極可能產生損失或傷害的投資。大部分的創投公司（venture capitalists）都採取這樣的策略。如果你選擇這樣的投資方式，應該仿效輪盤賭場的作法：由於這個遊戲是靠機率決定勝負，你會樂於見到場子裡下注活絡，但卻應該拒絕接受單一而且鉅額的賭注。

如果一位投資人對某種產業的經濟特質並不了解，但卻相信自己應該長期持有該公司的股票，在這種情形下，大量地分散投資也是必要的。這樣的投資人應該持有許多不同企業的股票，並幫自己預留空間以便未來可以再買進其他股票。舉例來說，一位對投資一無所知的人，如果定期地投資指數型基金（index fund），其投資結果事實上可能比大部分投資專家更好。這聽起來有些矛盾，但是當一個笨人承認自己笨的時候，他就變得不笨了。

就另一方面來說，如果你對投資有所認識，也有能力了解產業的經濟特質；如果你能夠找出5家到10家擁有重要長期競爭優勢、而且股價合理的企業，那麼傳統的分散投資法對你而言就沒有意義，這樣的做法只會不利於你的投資結果，而且還會提高投資風險。我完全無法了解為什麼會有投資人要把資金投資在他心目中排名第二十名的投資機會，而不將這些錢投資到前幾名的投資機會上—那些是他最了解、

風險最低、而且獲利潛力最大的產業。套具魏絲特（Mae West）譯注16的話：「擁有很多好東西可是一件好事。」

———

　　我們要提到一點，我們準備永久持有下列三家企業的股權，這些也是我們的主要投資項目：首都市企業／ABC電視公司（Capital Cities/ABC, Inc.）、蓋可公司、以及華盛頓郵報企業。即使這幾家公司的股價顯出過高，我們也不預備賣出這些股票：如果有人出價要向我們購買See's公司或水牛城新聞報企業（Buffalo Evening News），即使對方出的價格高於我們認為的合理價位，我們也不會出售這些事業。

　　對於一向著重交易活動的企業界來說，這樣的態度顯得有些過時。現代的企業經理人將其經營的事業視為一種「投資組合」──也就是說，視華爾街的偏好、企業的營運條件，或是新的企業「觀念」而定，這些事業都是可以被「重組」（restructuring）。（只是此處的重組定義很狹隘：它指的是將不喜歡的事業丟掉，而不是將那些原先決定收購事業的高級主管和董事予以免職。「痛惡所犯之罪，但愛犯罪之人」這樣的神學教誨，除了被救世軍（Salvation Army）這種慈善團體所信奉之外，在《財星雜誌》全球500大企業裡也一樣受到歡迎。）

　　投資經理人的表現就更為亢奮了：和這些經理人在交易

譯注16：美國早期的女演員。

期間內的熱切行動相比，回教徒的宗教舞蹈實在顯得沈靜多了。的確，「法人投資機構」（institutional investor）這個說法，越來越像矛盾修飾法（oxymoron）即所謂自相矛盾的名詞，就像巨大的小蝦（jumbo shrimp）、淑女型泥漿摔跤選手（lady mudwrestler）、價廉的律師（inexpensive lawyer）等等。

雖然美國企業界與金融界熱烈地追求交易活動，但我們還是堅持「至死不離」的策略，曼格和我只對這樣的策略感到安心。這種策略可以為我們帶來合理的報酬，也能夠讓波克夏及旗下企業的經理人心無旁騖地管理他們的事業。

──────

我們這種不動如山的做法反映出一種觀點：股市有如一個資金重分配的中心，金錢將由好動的人手中轉移到有耐心的人手中。（言猶在耳，我認為由最近的幾個事件看來，原已聲名狼藉的沈靜富人又再度遭人責難：這些人的財富能夠一直維持不變或不斷增長，而許多躁進的有錢階級：像是激進的不動產業者、企業購併者、石油探勘業者等等，他們的財富卻在逐漸消失中。）

……

我們不斷地尋找具有明確、持久及獲利能力良好等經濟特質，且是由稱職及以事業主為導向的經營團隊所領導的大型企業，但光這樣並不保證投資結果一定成功。我們還必須在合理的價位買進，而且讓符合我們評估結果的企業，能在

經營上確有表現，只有找尋超級巨星這樣的投資方式，才能眞正爲我們帶來成功。由於曼格和我不夠聰明，而且考慮到我們經手的資金規模相當龐大，因此不能靠巧妙地買進、賣出企業的普通股來達到好的投資成果；而且也不認爲其他人可以靠不斷地換股操作來達到長期的投資成效。我們認爲，將那些熱中於買賣股票的法人機構冠上「投資人」的稱謂，就好像是稱呼一位不斷擁有一夜情的人是浪漫情人一樣。

舉例來說，如果我的投資機會只限於奧瑪哈的一些私人企業。首先，我會試著評估每一家企業的長期經濟特徵；其次，會評估這些企業經理人的特質；再來，會試著以合理的價格收購其中最好的事業，當然我並不想要擁有城裡每一家企業的股權。既然這樣，爲什麼在投資公開市場、面對更多的上市公司時，波克夏要採取不同的策略呢？而且，找尋績優企業及傑出經理人是件非常困難的事，那我們爲什麼又要放棄已經被公認爲傑出的投資標的呢？（我實在很想說「眞正的貨色。」[the real thing]）我們的座右銘是：「如果第一次就成功，那就別再試了。」

凱因斯個人在投資上的績效與在學術上的成就同樣出色。他在 1934 年 8 月 15 日曾經寫了一封信給他的同事史考特（F.C. Scott）：「隨著時間過去，我越來越相信一點：正確的投資方式，應該是將大筆資金投注到自己認爲有所了解的企業，以及自己完全信任的經營團隊上。至於認爲將資金分配在很多自己不甚了解、而且也不特別具有信心的企業上，這樣可以降低投資風險，是一種錯誤的看法。……一個

人的知識或經驗都是有限的，不管是在什麼時候，我都不認
為應該對兩、三家以上的企業抱持完全的信心。」

━━━━━━━

1987年股票市場充滿了興奮之情，但實際上漲幅卻不
大：道瓊工業指數上漲了2.3%，但是各位當然都知道，股
市事實上是經歷了一段有如雲霄飛車般的震盪起伏之後，才
出現這樣的小幅成長。在這段期間內，市場先生的表現極為
驚慌失措，到了10月，他突然嚴重地發病了。

會發生這樣的混亂結果，大都要拜那些管理數十億美元
資金的「專業」投資人所賜。這些盛名遠播的資金經理人不
去分析企業的未來展望，反而去臆測其他資金經理人未來幾
天內的動向將會如何，對他們來說，股票只是遊戲中的籌
碼，就像大富翁遊戲一樣。

「投資組合保險」（portfolio insurance）這種策略，可說
是因這些經理人的態度所造成的極端結果。這是一種資金管
理策略，在1986年至1987年間極度受到各主要投資顧問的
歡迎。這種策略的作法說穿了，其實就是小型投機客所採取
的停損（stop-loss），重新換上另一種新穎的標籤罷了，當股
價持續下跌的時候，投資人就應該不斷放空投資組合中的部
分股票，或是與其等值的指數期貨。根據這種策略原則，其
他一切都已經無關緊要：當股價下跌到一定幅度時，投資人
就應該自動下達大量的賣出指令。根據布雷迪報告（Brady
Report），1987年10月中旬，約有價值600億美元到900億

美元的股票即是處於這種一觸即發的微妙情勢中。

如果各位認為投資顧問的職責就是負責投資，你可能會對前述的投資技巧感到不可思議。當某人買下一座農場後，如果他附近的土地被以較低的價格賣出去，這個人是不是應該吩咐他的仲介商開始逐批出售他剛買下來的農場呢？如果某天早上9點半的時候，有一間跟你家類似的房子被以較前一天更低的價格賣出去，是不是只要有人在9點31分向你出價，你就應該把房子賣給他呢？

不過，對於持有像福特汽車或奇異電器（General Electric, GE）等企業股票的退休基金或大學基金而言，投資組合保險的投資策略正是建議他們採取有如前述的操作方式。根據這個理論，當這些企業的市場評價越低時，投資人就應該越大量拋售這些企業的股票。而依照這樣的邏輯推論，一旦股價大幅反彈，法人機構（這可不是我編造出來的）就應該將這些股票買回來。由於這些管理巨額資金的經理人採取這種如愛麗絲夢遊仙境般的作法，市場有時候會偏離正軌也就不足為奇了。

不過，在觀察最近發生的一些事件之後，許多股市評論家卻下了一個錯誤的結論：他們很喜歡說，由於市場受到主力投資人無理性行為的影響，因此散戶投資人很難有機會獲利，這樣的結論實在是大錯特錯：其實不管是主力或散戶，只要投資人堅守自己的投資組構（investment knitting），這樣的市場情勢對任何投資人來說都是理想的投資環境。由於資金經理人利用大量的資金從事非理性的投機行為，反而會讓

股市出現波動，如此一來，真正的投資人可以有更好的機會採取智慧型的投資舉動。只有當投資人因財務上或心理上的壓力，被迫必須在不適當的時機賣出股票時，這樣的波動才會具有傷害性。

4 「價值」投資：多此一說[注20]

我們不認為收購一家企業而擁有控制權，與買進有價證券兩者之間存在任何本質上的差異。……在每一個個案中，我們都盡量去買進具有優良長期經濟特質的企業，我們的目標是要找尋價格合理的績優企業，而不是廉價的普通企業。曼格和我都了解，沒有雞蛋做不了蛋糕，我們沒有辦法完成不可能的事情。

（請注意一點，各位的董事長永遠是一點就通，只用了二十年的時間就了解收購績優事業的重要性。在這二十年期間，我都在找尋「廉價品」，不幸的是，我還真的找到了一些。我所受到的懲罰，就是在農具製造業、三流的百貨公司、以及新英格蘭區的紡織業上，學到了慘痛的經濟教訓。）

當然了，曼格和我可能會誤判某家企業的經濟特質。如果發生這種情形，不管該企業是我們所能掌控的子公司，或是有價證券的投資對象，我們都會遭遇到麻煩，雖然在後面

注20：以短線符號分開：1987年；1992年；1985年。

的種情形中通常比較好脫身。（誤判企業的確是有可能的
事：有一個歐洲記者被派到美國來採訪卡內基（Andrew
Carnegie）^{譯注 17}，在他做完訪問之後，他打電報給主編
說：「我的天哪，你絕對不會相信，經營圖書館居然可以賺
這麼多錢。」）

　　不管是收購一家我們可以擁有控制權的企業，或只是買
進股票，我們不僅要盡力去買進績優的企業，而且還必須是
由優質、具才幹、而且我們也喜歡的經理人所經營的企業。
如果我們在選擇經理人時犯了錯誤，那在我們擁有控制權的
子公司情況下會比較有利，因爲我們有權力可以直接進行變
革。然而，這樣的好處卻是說得容易，做得難：更換管理階
層就像改變結婚狀態一樣痛苦、耗時、又帶有風險。不管如
何，就我們所持有的三種可買賣但決定永久持有的有價證券
而言，前述的情形只是一種假設的情況；因爲有墨菲（Tom
Murphy）與波克（Dan Burke）在經營首都市企業、史奈德
（Bill Snyder）與辛普森（Lou Simpson）在管理蓋可、以及
葛拉漢和西蒙斯（Dick Simmons）在掌管華盛頓郵報，我們
的處境再好也不過了。

　　我認爲在某家企業擁有控制權具有兩項優點：首先，當
我們擁有某家企業的控制權時，就有權決定資金的分配方
式，而如果我們只擁有少部分股權，大概不可能有這樣的決

譯注 17：1835-1919 年，美國大富豪及慈善家。創辦了無數的慈善
機構，包括位於紐約市的卡內基表演廳（The Carnegie Hall）等等。

定權。這一點可能很重要，因為許多企業的領導人並不十分了解資金分配這項議題，而這種能力不足的情形並不令人感到驚訝。企業領導人之所以能夠晉升到今日的地位，大部分是因為他們在行銷、生產、工程、行政等方面有傑出的表現，有時也會是因為他們具有高明的政治手腕。

　　一旦這些人成為企業的最高執行長，面臨的卻是全新的職責。他們必須決定如何分配資金，這是他們從未經手過的工作，也是一項不容易征服的挑戰。說的誇張一些，這就像在說天才音樂家的最終挑戰不是在卡內基音樂廳演奏，而是被任命為聯邦儲備會（Federal Reserve）^{譯注18}主席一樣。

　　許多最高執行長缺乏執行資金分配的能力，這種事情非同小可：如果一個人已經擔任某家企業的最高執行長超過十年以上，而該企業每年保留的盈餘約等於企業淨值的10%，那麼這位最高執行長於在位期間所能運用的資金，將會相當於該企業營運資金的6成。

　　如果最高執行長了解自己在資金分配上的能力不足，通常會向手下的幕僚人員、管理顧問、或是投資銀行等尋求協助。（並不是所有的最高執行長都會這樣做）曼格和我經常看到這種「協助」所產生的結果：大體來說，這種協助通常無法解決資金分配的問題，反而會讓問題更形惡化。

　　到頭來，美國企業界便充斥著種種不明智的資金運用情形。（這也是為什麼各位聽到那麼多企業「重組」案例的原

譯注18：相當於美國的中央銀行。

因。）不過，波克夏一直都很幸運。在我們未擁有控制權的主要投資企業中，資金分配的方式通常都很得當，而且某些企業的資金分配決定可以說是非常高明。

　　和單純投資有價證券相比，投資一家企業並擁有控制權的第二項優點，則是賦稅上的考量。做為企業的投資者，波克夏因為持有某些企業的部分股權而產生了可觀的賦稅成本，但是對於持有80%以上股權的企業來說，這個賦稅負擔則是不存在的。我們一直都背負著這樣的賦稅負擔，而且由於稅法的修正，我們〔1986年〕在賦稅上的負擔更是顯著地加重。基於這個原因，我們由持股比例高達80%以上的子公司所獲得的投資結果，可能會比在持股比例較低時好一半以上。

　　有時候，投資有價證券的一項重大好處，將足以彌補其他的缺點：績優企業的股價偶而會出現超低的水準——遠低於以協議收購方式轉移企業控制權的收購價格，在這種情形下，我們就有機會買進這些企業的部分股權。舉例來說，我們在1973年以每股5.63美元價格買進我們目前持有的華盛頓郵報股票，該公司在1987年每股稅後盈餘為10.3美元；同樣地，我們持有的蓋可股票是在1976年、1979年與1980年以每股平均6.67美元價格買進，而該公司去年每股稅後盈餘為9.01美元。就這些個案而言，市場先生表現得實在很夠朋友。

　　自從我們於1977年年報中提出下列看法以來，我們投資股票的策略一直沒有太大的改變：「我們在選擇買進某些企業的股票時，和完全收購一家企業的態度並無差異。我們希望收購的對象是：(1)我們有所了解；(2)具有樂觀的長期展望；(3)由誠實且稱職的經理人經營；(4)能夠以非常吸引人的價格出售給我們。」到目前為止我們只做了一項改變：由於市場條件的變化與波克夏目前的規模，我們將原先「吸引人的價格」改為「非常吸引人的價格」。

　　但是各位會問：要如何決定某個價格夠不夠吸引人呢？在回答這個問題時，大多數分析師會認為必須在「價值」投資法與「成長」投資法當中擇一而為，但一般認為這正好是相反的分析模式。事實上，許多投資專家認為，將這兩者混為一談像是在玩一種智力上的男女變裝遊戲。

　　我們認為這是一種模糊性的看法（我必須承認，在許多年前也曾經有過相同的看法）。在我們看來，這兩種分析模式事實上同出一轍：成長永遠是價值計算中的一部分，它是一項重要性可大可小的變數，可能帶來正面或負面的影響。

　　此外，我們認為「價值投資」是一種多餘的說法。投資所指的，不就是一種尋求足以補償原始投資金額價值的過程嗎？明知道付出去的價格高於某檔股票的價值，卻故意去買進該檔股票—期望能以更高的價格很快地將這檔股票再賣出去，這樣的做法應該稱之為投機（這並不是違法或不道德的

行為，我們也不認爲這是在財務上自肥的作法）。

　　不管適不適當，「價值投資」這個名詞廣被使用。一般來說，它指的是買進擁有某些特質的股票，像是低股價帳面價值比、低本益比、或是高股利收益率（dividend yield）等等。不幸的是，就算某檔股票具有以上所有特點，投資人也無法由這些特質來判斷自己的投資是否值得，或能否真的產生價值。同樣地，相反的特質——高股價帳面價值比、高本益比、或是低股利收益率，也並不違反「價值」投資的做法。

　　企業的成長，就其本質而言，並不能真正用來解釋價值。成長的確經常會對價值產生正面的影響，有時候其影響力之大會超乎一般人的想像，但這樣的效果並不可靠。舉例來說，投資人常常將資金投注於國內線的航空業，但是這個產業的成長卻是無利可圖、甚至會虧損累累，對這些投資人來說，如果當初歐維爾的飛機沒能在小鷹市的小飛機場起飛 譯注19，這樣的結果可能還會好一些，這個產業越成長，股東的災難就越大。

　　只有當企業的額外投資能夠獲取誘人的回報時，換句話說，每多投資一塊錢來資助企業成長，必須能夠讓長期的市場價值至少增加一塊錢，企業的成長才會對投資人有利。對於一個投資報酬率偏低的產業，投注額外資金以達成企業成

譯注19 ：1903 年歐維爾・萊特（Orville Wright，發明飛機的萊特兄弟中的弟弟）在北卡羅萊納州的小鷹市（Kitty Hawk）成功駕駛第一架飛機起飛。

長的作法，反而會傷害股東。

威廉斯（John Burr Williams）在五十多年以前寫下《投資價值之原理》（*The Theory of Investment Value*）一書。他在書中提出計算價值的公式，在此摘要如下：「**決定任何股票、債券、或企業當前價值的因素，是在其資產剩餘的壽命中，預期可以產生的現金流入（cash inflows）及現金流出（cash outflows），再用適當的利率折現（discounted）之後的價值。**」各位請注意，不管是計算股票或債券的價值都是用相同的公式。即使如此，這兩者之間還是有一項重要、但卻很難處理的差異存在：債券會配發票息（coupon），而且也有到期日（maturity date），這兩者會影響到未來的現金流量；而就股票來說，投資分析師必須自己預估未來的「利息」會有多少。而且企業管理階層的好壞很少會影響到該企業債券的利息高低，唯一可能的情形是，管理階層的無能或欺詐情況，嚴重到讓企業不得不延後發放利息。相對地，管理階層的表現卻會對股票的「利息」產生直接且重大的影響。

經由現金流量折現模型計算出來最便宜的投資方案，就是投資人應該採用的投資方案——不管該企業是否成長、其獲利是穩定或有波動性、其股票帳面價值比和本益比偏高或偏低。雖然利用這種公式計算出來的股票價值往往比債券來得低，但未必是必然的結果：當計算出來的結果顯示債券是比較具吸引力的投資方案，投資人就應該購買債券。

撇去價格問題不談，最好的投資對象，是一個可以在長時間內投資大量額外資金來賺取高報酬率的企業；最糟糕的

投資對象，則是那些必須，或是將會採用相反政策的企業，也就是說，不斷地花費大筆資金，但獲得的報酬率卻非常低。不幸的是，第一類型的企業很難找到，大多數擁有高報酬率的企業並不需要用到太多的資金，如果這些企業將大部分盈餘以股利的方式發放出去，或是利用盈餘將企業的股票大量買回來，它們的股東通常會因而受惠。

　　雖然這樣的計算公式並不難，但即使是既具有經驗又富才智的分析師，在預估未來的「利息」時也可能會出錯。波克夏採取兩種方式來處理這個問題，首先，我們盡力做到只去注意那些我們自認有所了解的企業，也就是說，這些企業必須具備簡單明瞭且穩定的特質。如果一個企業的屬性複雜，或是不斷在改變，由於我們自認不夠聰明，因此無法預估其未來的現金流量。不過，我們倒是不在意這樣的缺點。對大多數人來說，在投資中最重要的事，不是他們知道的東西有多少，而是他們應該如何實際地看待自己不了解的事情，只要避免犯大錯，投資人事實上並不需要做對很多事情。

　　同樣重要的是，在決定收購價格時，我們也堅持要有一定的安全距離。如果在經過計算之後，我們發現某個普通股股票的價值只是略高過其股價，就不會有興趣購買這樣的股票。我們認為，葛拉漢大力提倡的安全距離原則正是成功投資的基石所在。

　　……

　　……智慧型股票投資人在次級市場（secondary market）

的表現，會比購買新承銷的股票時來得好……原因在於每種新上市股票的定價方式各有不同。由於有時候會受到大眾愚蠢行為的主導，次級市場常常會出現一種「清算」價格（clearing price）。不管這樣的價格有多不合理，這就是投資人需要或希望出售手中股票或債券時所能夠獲得的價格；不管在任何時候，市場上總是會有一些這樣的投資人存在。在許多情形之中，某些股票甚至會以相當於、甚至低於其企業價值一半的價格被拋售出去。

就另一方面來說，新上市股票的承銷市場受到具控制權股東與企業本身所掌控。這些人通常會挑選股票上市的時機，如果股市大盤的表現不佳，他們甚至可以決定不讓股票上市。不管是採取公開或是議價的方式承銷股票，這些人都不會提出低廉的價格，這也是可以理解的事。因此在股票承銷時，各位很難發現有機會可以用相當於企業價值一半的價格買到股票。事實上，當普通股在股市公開承銷時，往往是股東覺得股市的價格偏高，因此他們才會想要出售手中的持股。（當然，這些股東的說法稍微不同，他們會辯稱自己拒絕在股價低於公司的價值時拋售自己的股票。）

———

年初時，波克夏以每股 172.5 美元的價格，買下了 300 萬股首都市企業／ABC 電視公司（簡稱首都企業）的股票，這也是該公司在 1985 年 3 月初時的股價。多年以來，我一直公開談論首都企業管理階層的表現：我認為他們是全美

國所有公開上市公司中最優秀的管理團隊。墨菲跟波克不僅
是傑出的經理人，也是各位在選擇女婿時的最佳人選，跟這
樣的人才共事，實在是件光榮的事，而且也很有樂趣。各位
如果認識他們兩位，就會了解我的意思。

　　由於我們購買了首都企業的股票，該公司因而能夠完成
價值35億美元的 ABC 新聞公司（American Broadcasting
Companies）收購案。對首都企業而言，ABC 新聞公司是一
項重要的事業，但它在未來幾年內卻不會有太令人興奮的表
現。對這一點我們完全不在意：我們很有耐心。（不管你有
多能幹或多努力，有些事就是需要時間：就算讓9個女人同
時懷孕，也沒有辦法在一個月內就把小孩生下來。）

　　為了證明我們對該企業具有信心，我們採行一項很不尋
常的協議：身為最高執行長，墨菲（或是波克）將有很長的
一段時間代替我們執行投票的權利，這樣的安排是由曼格和
我提出來的，我們同時也設定了許多條件，限制出售手中的
持股。這些限制條件的目的，是要確定在未獲得管理階層的
同意前，我們不得將手中的持股出售給其他更大的股東（或
是任何有野心想成為大股東的人）。我們在許多年以前，也
曾經對蓋可公司及華盛頓郵報公司做過類似的安排。

　　由於鉅量的持股往往能夠爭取到較優惠的價格，或許有
人認為我們自行設限的作法，在財務上可能會傷害到波克
夏，但我們的看法正好相反。我們認為這樣的安排，正足以
提升這些企業以及波克夏本身的經濟前景。由於有這樣的安
排，一流的經理人可以全心全力經營自己的本業，並為股東

創造最高的長期價值，與其要經理人不斷分心去注意是否有其它投資人對自己的企業虎視眈眈，我們的安排顯然要好的多了。（當然了，有些經理人將自身的利益置於企業或股東的利益之上，這樣的經理人應該遭到撤換——但是，在做投資決定時，我們應盡力避免這樣的管理團隊。）

今天，由於具投票權的股權大量分散在眾多股東的手中，企業難免會呈現某種不穩定的狀態。不管任何時候，都可能有新的大股東出現，這些人口中說的雖然冠冕堂皇，卻往往別有用心。藉由限制我們手中的巨額持股（這也是我們經常採取的作法），能夠為這些企業帶來某種穩定性，如果我們不這麼做的話，這樣的穩定性很可能會消失。這樣的確定性，加上優良的經理人以及穩健的事業，一定能夠培育出豐碩的財務果實，這就是我們所安排的經濟遠景。

人性也是同樣重要的考量因素。因為我們手中持有數量龐大的股票，而且不希望我們所欣賞的企業經理人—他們非常歡迎我們投資他們的企業，由於擔心出現令人措手不及的情形，而夜夜失眠。我已經向他們表示，不會有令他們驚訝的情況發生，對於這些協議，波克夏和我絕對是說到做到。也就是說，這些經理人已經有了波克夏的承諾，即使我個人在波克夏的生涯提前結束（我認為一個人的壽命如果無法超越三位數的話，就可以稱之為提前結束），他們也無須擔心。

我們是用全價買下我們手中的首都企業股票，這也反映出最近幾年各界對媒體股及媒體產權的高度狂熱，（在某些

搶購產權的案例中，這樣的熱潮可說已經達到瘋狂的地步。）媒體業可不是一個可以講價的產業。不過，由於我們在首都企業上的投資，我們同時可以擁有優良產權及傑出的人才，我們也很樂意有這樣的參與機會。

當然了，有些人可能會問，既然各位的董事長曾在1978年到1980年間，由於靈光一現，以每股43美元的價格將波克夏所持有的首都企業股票全部賣掉，波克夏為什麼現在還要以每股172.5美元的價格收購相同的股票呢？由於預料到會出現這樣的問題，我在1985年時花費了大部分時間想要提出一個漂亮的解釋來替自己解套，請各位稍安勿躁。

5 智慧型投資[注21]

我們認為按兵不動是一種明智的作法。不論是我們或大部分的企業經理人，都不會因為預期聯邦儲備會將微幅調整重貼現率（discount rate），或是某些大牌分析師改變了對股市大盤的看法，就瘋狂地買進或賣出獲利極高子公司的股票。既然這樣，如果我們持有少數股權的投資對象是一家績優企業，我們的作法為什麼要有所不同呢？投資上市公司股票的成功秘訣，和收購子公司的成功秘訣相去不遠。不管是哪一種情形，你需要注意的是以合理的價格收購體質健全、而且由稱職、誠實的管理團隊所經營的企業。爾後，就只需

注21： 1996 年。

要隨時注意這些特質是否繼續存在就可以了。

　　如果執行得當的話，採取這種投資策略的投資人會發現，雖然自己只持有少數幾家企業的股票，但這些持股往往占了手中投資組合的絕大部分。同樣地，如果投資人可以投資某些大學籃球明星選手未來收入20%的權益，那麼他也有可以獲得相同的報酬率。由於這些大學籃球明星選手當中，會有一些人進入美國職籃（NBA）打球，投資人由這些選手所獲得的利益，很快就會成為總收入的主要來源。如果說投資人手中最成功的投資案，其收益占了整體投資報酬的絕大部分，此時投資人就應該出售這項投資案，這就好像公牛隊要將喬丹（Michael Jordan）交易到其他球隊去一樣，原因只是因為他對公牛隊太重要了。

　　當各位在研究波克夏對子公司及股票的投資時會發現，我們比較偏好的，是不太可能出現重大改變的企業和產業。理由很簡單：不管從事哪一種投資，我們所尋求的，是那些我們深信在十年、二十年後還能擁有強勁競爭力的事業。競爭環境急速改變的產業或許能夠提供高獲利機會，但卻缺乏我們所尋求的確定性。

　　我必須強調一點，身為美國公民，曼格和我都樂於接受改變：新鮮的點子、新穎的產品、創新的製程等，都是促使國民生活水準得以提升的原動力，這些改變顯然都是好事。不過，身為投資人，對於動盪不安的產業所抱持的態度，就和我們對太空探險的看法一樣—對於這樣的努力我們表示讚賞，但寧願不去參與這種冒險行動。

很明顯地，所有事業都會經歷某種程度的改變。今天的
See's 企業，和我們在 1972 年買下該公司時，許多方面都變
得不一樣了，該公司現在提供不一樣的糖果產品、採用不同
的製造設備，並經由不一樣的銷售管道來銷售產品。但是，
現在的人還是在買 See's 的盒裝巧克力糖，這些消費者購買
我們產品的原因，和 1920 年代 See's 集團初期成長階段時幾
乎沒有什麼差別。而且，在未來二十年甚至五十年內，消費
者購買巧克力糖的原因大概也不會改變。

在投資股票的時候，我們尋求的也是一種可預測性。舉
可口可樂來說：可口可樂產品所引發的狂熱及想像空間，是
在古崔塔（Roberto Goizueta）在位時期開始的，古崔塔的表
現爲他的企業股東帶來了極高的價值。藉由寇恩（Don
Keough）及艾維斯特（Doug Ivester）兩人的協助，古崔塔
將可口可樂公司由上至下徹底改頭換面。但是該企業的基本
特質——可口可樂得以享有主導競爭優勢及驚人經濟體質的
主要原因，卻從未改變。

我前一陣子還在研究 1896 年可口可樂的年度決算報告
（各位還會覺得自己看報告的速度太慢了嗎？）。雖然可口可
樂在當時已經是飲料市場的霸主，事實上該公司才創立十年
而已。但是，可口可樂當時已經爲百年後的發展前景勾勒好
一套藍圖。該公司在 1896 年的銷售金額是 14 萬 8,000 美元，
其總裁坎德勒（Asa Candler）表示：「我們要讓全世界知
道，可口可樂是一種可以促進人體健康，並能替所有人帶來
好心情的優良產品，我們努力的腳步並未稍有延緩。」雖然

「健康」的說法可能稍嫌誇張，但是讓我感到欣慰的是，可口可樂到今天仍然依循坎德勒的中心思想行事——這已經是一百年後的事了。坎德勒還說：「從沒有過一項產品或類似的事物，能夠受到大眾如此狂熱的歡迎。」我相信古崔塔現在也會做相同的表示。附帶一提，當時可樂糖漿的年銷售量是 11 萬 6,492 加侖，1996 年的銷售量則是 32 億加侖。

我不得不再引述坎德勒的另一句話：「大約由今（1896）年的 3 月 1 日起，我們雇用了十名巡迴銷售員，經由這些人員的努力，並透過與總公司維持有系統的聯絡方式，我們的銷售地區幾乎涵蓋了全美國。」這就是我心目中理想的銷售團隊。

像可口可樂及吉列這樣的公司可以說是千里馬。對於這些公司在十年或二十年後在飲料或刮鬍刀方面的銷售數量，產業分析師的預測數字可能稍有不同。我們在這裡談論千里馬的用意，並不表示這些公司未來不需要在製造、經銷、包裝及產品創新等方面繼續努力。不過，沒有一個敏銳的觀察家（即使是這兩家公司的主要競爭對手也不例外，如果他們是很誠實地在做評估），會懷疑這兩家公司是否有能力在一段合理的投資期間內，繼續在全球市場維持霸主地位。事實上，這兩家公司的市場主導地位可能還會更加鞏固。過去十年來，這兩家公司原有的廣大市場占有率更大幅提升，所有跡象都顯示，未來十年內這兩家公司將繼續維持這種傲人的表現。

顯然地，相較於可口可樂及吉列這樣的公司，高科技或

正值萌芽期的產業，其成長率無疑會較高，但是我寧願選擇可以確定獲得一個令人滿意的結果，也不願意只是有希望可以獲得一個極佳的結果。

當然了，即使曼格和我耗盡一生的時間，也只能找出少數幾匹千里馬。但光有領導能力並不能夠確保成效：多年以前，雖然通用汽車、IBM、以及席爾斯（Sears），似乎長期處於不敗之地，但在此之前，這些公司也都曾經歷過不少的衝擊。由於某些產業或經營項目本身所擁有的特性，使得這些企業的經理人得以享有絕對的優勢，並形成一種「最具規模者生存」的產業法則，但是大部分產業的情形並非如此。因此，只要有一匹千里馬被人發掘，就會出現十幾個想要濫竽充數的模仿者，這些公司目前很可能可以日行千里，只是路遙知馬力，這些模仿者終究會現出原形。由於曼格和我都了解千里馬的形成要素，我們知道永遠無法找到許多匹千里馬，因此，除了已經擁有的幾匹千里馬之外，我們還在投資組合中加入幾個高潛力新星。

當然了，即使你買的是最好的企業，付出的價格還是有可能過高。這種高價的風險偶而會出現，而在我們看來，現在購買任何股票，包括千里馬在內，都帶有極大的高價風險。如果想在過度熱絡的市場中投資，投資人需要了解一件事：即使你買的是績優企業，也很可能得等待一段很長的時間，該企業的價值才能夠跟得上你原先付出的價格。

如果一家績優企業的管理階層，因為忙於收購表現普通或是不良的企業，而未能專注其本業經營，就會產生更嚴重

的問題。當這種情形發生時，投資人所承受的痛苦往往持續很長一段時間。不幸的是，這正是數年前發生在可口可樂和吉列的情形。（各位相信嗎？幾十年前，可口可樂曾經從事過養蝦業，而吉列曾經涉足過石油探勘業。）當曼格和我考慮是否應該投資某些似乎很優良的企業時，我們最擔心的，就是這些企業的經營重心失去焦點。某些企業經理人會因為自滿或感覺無趣，而無法專注在本業上，因而導致企業價值停滯不前，這樣的例子我們看多了。不過，可口可樂或吉列絕不會重蹈覆轍——不管是在目前或在未來的管理團隊帶領之下，都不會有這樣的情形發生。

* * * * *

針對各位的投資，我想再提出一些我的看法。不管是法人機構或個人，大多數投資人會發現，最好的股票投資方式，是投資手續費最低的指數型基金。採用這種方式所賺取的投資報酬，一定會比大部分投資專家所能提供的淨報酬收益（扣除手續費等費用）來得高。

不過，如果你決定自行挑選自己的投資組合，有幾件事是必須注意的。智慧型投資方式並不複雜，但這並不表示這是件容易的事。投資人需要做的事情，是正確地評估幾檔股票，請注意，我所說的是幾檔股票：你不必是一位對所有公司都有所了解的專家，甚至不需要了解很多公司，只需要就你能力所及來對企業進行評估。而且能力有多強並不重要，不過，了解自身能力的極限在哪裡，卻是極為重要的事。

　　你不需要了解貝它係數、效率市場、現代投資理論、股票選擇權的定價方式，或是新興市場在哪裡，還是可以獲致成功的投資結果。事實上，如果你對這些東西完全都不了解，這樣還可能對你比較有利。不過，大部分商學研究所流行的看法卻不是這樣，這是必然的情形，因為這些學校的財務課程正是受這些議題所主導。但是，我們認為修習投資學的學生只需要確實學好兩門課程：如何評估一家企業，以及如何看待市場價格。

　　身為投資人，各位的目標很單純，就是以合理的價格買進一家容易了解企業的部分股權，而且該企業的盈餘數字在五年、十年、甚至二十年後必須大幅提升。在經過一段時間之後，你一定會發現只有少數幾家企業符合這些要求，因此，當你發現一檔符合條件的股票時，就應該大量買進。同時你應該堅持你的標準：如果你不願意繼續持有某檔股票長達十年的時間，那大概也撐不了十分鐘，如果你的投資組合中所有企業的總盈餘能夠持續增長，那麼該投資組合的市價也會跟著增值。

　　雖然很少有人能體認到，但這正是波克夏為股東賺取利益的方式：過去幾年來，我們企業的完整盈餘大幅地增長，股價也相對地上揚，如果沒有這些盈餘上的收益，波克夏企業的價值也不會有太大的成長。

6　雪茄屁股及體制性阻力[注22]

　　套句班屈利（Robert Benchley）[譯註20]的話：「就像要一條狗去教一位小男孩忠誠、有毅力、和先轉三個圈再躺下來。」一樣，這就是經驗的缺點。然而，檢視過去所犯的錯誤，卻有助於避免新的錯誤發生。因此，讓我們很快地回顧一下過去的二十五年。

　　● 當然啦，我的第一個錯誤，就是買下波克夏的控制權。雖然我了解波克夏當時的事業，紡織製造業並沒有前途，但由於波克夏的售價看起來相當便宜，我還是將它買下來。在我早期的生涯裡，這種買進股票的方式一直都有很合理的報酬，不過當波克夏在1965年出現在我眼前時，我開始警覺到這並不是一種理想的策略。

　　如果你以某個相當低廉的價格買進某家公司的股票，即使該公司的長期經濟遠景相當不看好，它通常還是會出現一些出人意表的表現，而你也會有機會可以先獲利了結。這種投資方式稱之為「雪茄屁股式」（cigar butt）的投資方法。雖然掉落在地上的雪茄屁股只能讓人再抽一口煙，但由於它幾乎不需要花費什麼錢來購買，這剩下的最後一口煙幾乎是完全賺到的。

注22　：1989 年。
譯註23　：1889-1945 年，美國幽默作家、劇評家及演員。

　　除非你想要清算該企業變現，否則這種收購企業的方式實在一點也不高明。首先，你原來可能以為自己撈到一個很便宜的價格，但到頭來可能一點好處也得不到。一家經營困難的企業，往往解決一個問題之後，馬上又出現另一個問題──廚房裡永遠不會只有一隻蟑螂；其次，由於該企業的盈餘偏低，縱使你一開始取得某些優勢，但很快就會被消耗殆盡。舉例來說，如果你以 800 萬美元的價格買下一家企業，又很快地以 1,000 萬美元的價格將該企業轉售出去，或是將之解散取得 1,000 萬美元的金額，你就可以賺到很高的報酬。但是，如果你是在十年後才以 1,000 萬美元的價格將該企業轉售出去，而在這十年內，該企業每年的盈餘和配息只占你收購成本的極少部分，在這種情形下，這項投資案就很不盡理想了。時間是績優事業的朋友，但卻是普通事業的敵人。

　　各位很可能會認為這樣的做法是理所當然，但我卻是付出了代價才學到這個教訓─事實上，我是經歷好幾次的經驗，才參透這個道理。在我買下波克夏後不久，我又透過一家名為多樣化零售企業（Diversified Retailing）的公司，買下了位於巴爾的摩的 HK 百貨公司（Hochschild, Kohn），多樣化零售企業後來併入波克夏企業。我支付的價格遠低於該百貨公司的帳面價值，該企業擁有一流的管理人才，而且這項交易還附帶有一些好處──未認列的不動產資產，以及因採用後進先出（LIFO）的庫存計價方式而產生的鉅量緩衝金額。這樣的公司我怎麼可能錯過呢？然而……，三年之後，

我很幸運地以相當於原始收購的價格將這家企業轉手賣給他人，在結束跟這家百貨公司的關係之後，我一直有一種感覺，就像一首鄉村歌曲的歌詞一樣：「我老婆和我最要好的朋友私奔了，可是我還是很想念我的好朋友。」

我還可以再告訴各位其他有關撿便宜貨的親身經驗，不過，我想各位對這個問題已經了解得夠清楚了：與其以一個低廉的價格去買進一家普通的企業，還不如以一個合理的價格買進一家績優的企業。曼格很早就了解這個道理，我則學得比較慢。現在，當我們要收購企業或投資股票時，所尋找的都是由一流管理人才所經營的一流企業。

● 這又直接牽涉到另外一項相關的議題：要先有良駒，騎師才能夠有所發揮。波克夏的紡織事業跟 HK 百貨公司都是由一流且誠實的經理人在經營。如果這些經理人所經營的是經濟體質健全的事業，他們一定可以有非常好的表現。但是，如果他們身處流沙當中，永遠不會有任何發展。[注23]

我曾經說過很多次，當一個傑出的管理團隊要去經營一家有不良經濟特質的企業時，不會改變的通常是該企業的經濟特質。我真希望自己沒有創造出那麼多的壞例子，我的行為就像魏絲特所說的一樣：「我就是白雪公主，只是我迷迷糊糊的。」

● 另一個相關的教訓是：越輕鬆才越容易成功。曼格和我花了二十五年時間在收購許多企業，並監督它們的經營成

注23 ：請參閱第 1 章第 3 節有關關廠的焦慮一文。

效，但是我們還沒有學會如何解決複雜的商業問題。我們學
到的是如何去避免這樣的問題，我們之所以能有今天的成功
局面，完全是因為將心力花在找出能夠解決的問題上，而不
是因為有能力去解決極為困難的問題。

這樣的體認可能有些不公平，但是不論是經營事業或從
事投資活動，與其想要解決困難的問題，不如專心研究一些
簡單明瞭的個案，通常會有較高的獲利。有時候，你還是必
須解決一些困難的問題，就像當初我們決定在水牛城發行周
日報的時候一樣。有時候，當一家非常優良的企業遭遇到一
項極重大、但是可以解決的問題時，這同時也是一個絕佳的
投資機會，這正是很久以前發生在美國運通及蓋可的情形。
不過，大體來講，我們在避免問題發生的表現上，要比真正
去解決這些問題的成效好得多。

● 最讓我感到訝異的一項發現是：存在於企業中，一種
稱之為「體制性阻力」（institutional imperative）的無形強大
力量。當我還在商學研究所唸書時，完全不知道有這種阻力
存在，當我剛踏入社會之後，也不是馬上就了解到有這股力
量。我當時的看法是，正直、聰明且有經驗的經理人，自然
會做出理性的商業決定。但隨著時間過去，我漸漸了解到事
實並非如此。相反地，當體制性阻力出現的時候，理性往往
必須退讓。

舉例來說：(1)就像受牛頓第一運動定律（慣性定律）一
樣，一個組織往往會拒絕改變其現有的行進方向；(2)就像為
了要用盡員工可用的時間，而增加工作量一樣，企業會為了

花光可用的資金而進行某些企畫案或收購案；(3)只要領導人提出一項企畫案，不管這個案子有多麼愚蠢，他手下的幕僚人員馬上會提出詳細的投資報酬率以及策略性的研究報告，來支持這項企畫案；(4)不管是在企業擴張、企業收購、主管酬勞等任何議題上，同業的做法都會照單全收地被模仿。

將企業導引到這些方向的，既不是貪婪之心也不是愚昧無知，而是存在於體制中的一股動力，而這股力量往往不為人所知。由於我忽視這種阻力所具有的力量，因此犯了許多錯誤，也付出昂貴的代價，我努力要做好波克夏企業的組織及經營，希望能將這種阻力的影響降到最低。而且，曼格和我都盡量只投資在那些注意到這個問題的公司上面。

● 在犯過一些其他的錯誤之後，我學到一件事：只跟你喜歡、信任且欣賞的人共事。我曾經說過，光只有這樣的策略並不能保證成功：即使是由你心目中理想的女婿人選那樣好的管理人才來經營，二流的紡織企業或百貨公司也不會因此就能成功。不過，如果能夠雇用這樣的經理人來管理一個經濟體質健全的企業，該企業的事業主或投資人，是可能創造出奇蹟的。相反地，我們不願意跟不受我們欣賞的企業經理人為伍，不管他們的企業遠景有多麼吸引人，跟不好的人打交道，我們從來沒有成功過。

● 在我所犯過最嚴重的錯誤中，有一些錯誤是一般人所不知道的。這都是一些我有所了解，但卻沒有去收購的股票及企業。如果某個投資機會超過你的理解能力之外，沒能把握住這個機會並不算是一種罪過；但是，我曾經有機會可以

完成幾件鉅額的收購案，而且我也完全了解這些投資案的內容，但是我卻錯失了這些投資良機。對於波克夏的股東來說，包括我自己在內，這種猶豫不決態度的代價實在很高。

● 我們一直採取保守的財務政策，這樣的作法似乎是種錯誤，但我認為並非如此。現在回想起來，如果我們以前大幅提高波克夏的槓桿比例到一個仍算合理的水準，可能獲得的報酬率會比我們實際獲得的23.8％的平均報酬率更高。即使在 1965 年，我們也可能會相信提高槓桿比例會為我們創造出好結果的機率可能高達99％。同樣地，我們可能認為只有 1％ 的機率，會因為某些出人意表的內、外在因素，產生常見的債務問題，導致某些令人感到焦慮的短暫現象，甚或出現違約的情形。

只是我們並不喜歡這種99：1的機率，而且永遠也不會喜歡。我們認為，只要有一絲一毫的機率可能出現令人感到焦慮或是不名譽的情形，即使有很大的機會可以獲致額外的報酬，也是無法彌補的。如果你的作法很合理，你一定會有很好的投資結果，而在大部分的情況下，提高槓桿比例都會加快事情演變的腳步。曼格和我行事向來都很從容：我們認為過程比結果更為重要，雖然我們也學會了接受這些結果。

7　垃圾債券[注24]

慵懶昏睡是我們投資風格的基石：在我們所持有的6種企業股票中，有5種股票在今年我們完全沒有買賣任何一張

股票，唯一的例外是富國銀行（Wells Fargo）的股票。這是
一家經營績效十分優異、報酬率也極高的銀行，我們增加持
股比例，到略低於10％的水準，這是我們在毋須經過聯邦儲
備會的同意下，所能持有股權的最高極限。我們所持有的六
分之一股票是在1989年買進的，其餘則是在1990年買進。

　　銀行業並不是我們最喜愛的產業。如果資產與股東權益
的比例是20：1（在這個產業中，這是很常見的比率），即
使在處置一小部分的資產時犯了小錯，股東權益也可能受到
極大的損害。而在許多大型的銀行，犯錯反而是一種常規。
其中很多錯誤是導因於經理人的失職，我們去年討論「體制
性阻力」時，也曾經談論過這種失職行為：企業高級主管會
不經意地仿效同業的行為，不管這種做法有多麼愚蠢。在放
款的時候，許多銀行採取的是像旅鼠般跟隨領導人的做法，
如今這些人也面臨了和旅鼠同樣的命運。^{譯注21}

　　由於20：1的高槓桿比例，會放大企業在經營上的優點
和缺點。因此，即使有某些營運不佳的銀行，其股價非常便
宜，我們一點也不感到興趣。相反地，我們唯一感到有興趣
的，是以合理的價格收購績優銀行的股票。

　　我們認為富國銀行的瑞查特（Carl Reichardt）與海曾
（Paul Hazen）兩人，是該產業中最優秀的經理人才。就許多
方面而言，他們兩人的表現和另外一組管理團隊很類似，即

注24：以短線符號分開：1990年；1990年曼格所著之致衛斯克財
務公司（Wesco Financial Corp oration）股東的信，獲許翻印。
　譯注21：請參閱導論中有關旅鼠之注解。

首都市企業／ABC電視公司的墨菲與波克。首先，這兩組
團隊的整體表現，比其個人分開表現的總和來得強，因為他
們都了解、信任並欣賞對方；其次，對於屬下稱職的經理人
員，這兩組人都採取高薪的獎勵政策，但也同時避免雇用太
多冗員；再者，不管企業的獲利表現正常，或是處於壓力之
下，這兩組人都積極地處理企業的成本問題；最後，這兩組
團隊都堅持做自己了解的事情，並依自己的能力而非自我意
識來辦事。（IBM的華生（Thomas J.Wastson Sr.）也是採取
這種做法：「我並不是天才，」他說：「我只在某些方面有
些小聰明，但是我也只做這些事情而已。」）

　　由於1990年銀行股的行情非常混亂，我們因而得以在
一年內買進一些富國銀行的股票。股市會出現混亂的情形，
其實是有道理的：這些一度享有聲譽的銀行業者，不斷做出
錯誤的放款決定，而這些決定每個月都會被公布出來。隨著
鉅額損失一再地浮現（這些損失通常都是在管理階層保證一
切都沒有問題之後馬上爆發出來），投資大眾很自然地認為
所有銀行業者都不再值得信任。由於投資人大量拋售銀行
股，我們才得以用2億9,000萬美元買進富國銀行10%股
權，而且這個價格低於該企業稅後盈餘的5倍，或稅前盈餘
的3倍。

　　富國銀行是一家規模很大的銀行，總資產高達560億美
元，其股東權益報酬率一直都維持在20%，資產報酬率也有
1.25%。我們買下富國銀行10%股權的金額，就好比用
100%買下一家具有相同財務特質、總值50億美元的銀行一

樣。但假如我們真的買下這樣的一家銀行，必須付出的價格，將會是我們用來買下富國銀行10%股權2億9,000萬美元金額的2倍。而且，以溢價買下這樣一家銀行還存在另外一項問題：我們找不到像瑞查特這樣的經營人才。最近幾年來，富國銀行的高級主管一直是其他同業積極挖角的對象，不過，從來沒有人能夠挖得動他們。

當然了，買進銀行股或是任何企業的股票，並不是一種沒有風險的投資。位於加州的銀行面臨大地震的特定風險，因為大地震可能會對這些銀行的借款戶造成重大的損失，進而危及到這些銀行；第二種風險是銀行業本身既有的風險——對於所有槓桿比例過高的企業而言，即使經營相當優秀，如果面臨景氣緊縮或出現嚴重的金融危機，企業營運還是可能會受到影響；最後，當時股市最擔心的事情，是西岸房地產業因為過度開發，產值可能大幅下滑，對這些房地產業者提供融資的銀行也會出現巨額虧損。由於富國銀行的營業項目之一是提供房地產業融資，一般人都認為富國銀行特別容易受到這些不利因素的影響。

這些可能性都不能被排除。不過，前兩項情況發生的可能性並不高，而且即使房地產價值出現某種程度的下滑，也不會對經營得當的企業造成太大的影響。大家不妨考慮以下的數字：富國銀行近幾年在攤提3億多美元的呆帳損失之後，每年稅前盈餘大約超過10億美元。假如在1991年，該銀行放款總金額480億美元當中的十分之一（不只限於房地產業的放款部分）出現問題，再假設因為這些呆帳而產生的

損失（包括自行放棄的利息收入）高達放款本金的30%，即使如此，富國銀行還是可以達到損益兩平。

即使出現這樣的情形（我們認為這種可能性很低），我們也不會太在意。事實上，即使某件收購案或資本投資案在一年內無法產生任何報酬，只要預期以後波克夏能夠由於股東權益的成長而賺取到20%的報酬率，我們也會很樂意從事這樣的投資。然而，由於投資人深怕加州房地產業會遭遇到類似新英格蘭地區房地產業的危機，導致富國銀行在1990年時股價在幾個月內下跌了50%。雖然我們在此之前曾經以市價買進該銀行的部分股票，但還是很樂意見到股價如此慘跌，因為如此一來，我們就有機會能夠以超低的價格買進更多股票。

如果一位投資人準備在投資上終其一生都站在買方，對於市場的漲跌波動就應該採取相同的因應態度。然而，許多投資人的表現卻很不合邏輯：當股價上漲時，他們會變得過度樂觀；當股價下跌時，卻又顯得鬱鬱寡歡。然而，對於食品價格的變動，這些人的反應卻不一樣：由於了解自己永遠都需要購買食品，所以他們很樂意見到食品價格下跌，並痛惡價格上揚。（只有販賣食品的人才會不喜歡價格下跌。）我們對於水牛城新聞報的態度也是一樣，我們很樂意見到新聞用紙的價格下跌——雖然在這種情形下，我們手中庫存的新聞用紙價值也會縮水，但是因為我們知道，我們永遠都需要採購新聞用紙。

我們在處理波克夏的投資案時，也是採取相同的思考模

式。只要我還活著（或是更久的時間，如果波克夏的董事都
參加我所安排的降靈會），我們每年都會收購一些企業，或
是買進某些企業的股票。由於我們抱持這樣的心態，所以股
價下跌對我們有利，價格上揚反而有害。

造成低股價的最常見原因是悲觀的看法，有時候這是一
種普遍性的看法，有時候這種看法只存在於特定的企業或產
業。我們很希望在這樣的環境中進行交易，這倒不是因為我
們喜歡悲觀的看法，而是因為我們非常樂見由於悲觀而引爆
的股價下滑。對於理性的投資人而言，樂觀的態度才是敵
人。

不過，這並不表示說因為某家企業或某檔股票不受青
睞，投資人就應該買進：故意反潮流的作風和盲從的作法一
樣不智，投資人需要的是思考而不是民意調查。不幸的是，
羅素（Bertrand Russell）對於生命所做的整體觀察，在金融
世界裡竟然如此適用：「大部分人寧願死也不願意動腦筋思
考，許多人真的這樣做。」

*****

去年中我們將投資組合作了一些重大的改變，其中一項
是大幅增加我們手中持有的納貝斯克公司債券，我們是在
1989年底開始買進這些有價證券。1990年底，我們在這些
證券上的投資金額為4億4,000萬美元，這個金額與其當時
的市值相當接近。（雖然如此，這些證券目前的市值大約已
經上漲了超過1億5,000萬美元以上。）

　　對波克夏而言，銀行業是很罕有的投資對象，購買債信低於投資等級的債券也是一樣。但由於很少有好的投資機會能夠引起波克夏的興趣，且其規模大到足以影響到波克夏的整體投資績效，因此，只要我們對某項投資案有所了解，而且相信該投資案的價值與價格差異過大，就會考慮各種類型的投資案。（伍迪‧艾倫在另外一部電影中曾說到保持開明心態的好處：「我真不懂，為什麼沒有更多人變成雙性戀者呢？這樣一來，你在星期六晚上找到約會對象的機率就可以提高為2倍啊！」）

　　我們過去曾經投資一些債信低於投資等級的債券，而報酬率也都很好。不過這些都是所謂的「墮落天使」（fallen angels），這些債券的債信原先都符合投資等級，但由於發行債券的企業在不景氣時出現困難，因而遭到降級的厄運。

　　1980年代，投資界出現了一種特別「墮落」的債券──就是所謂的「垃圾債券」（junk bonds），垃圾債券在發行時，其債信就已經遠低於投資等級的標準。經過1980年代十年的演變，新發行的垃圾債券其債信變得越來越「垃圾」了，最後終於出現大家早已預見的結果：垃圾債券終於名符其實。即使在經濟不景氣衝擊出現之前的1990年，由於企業接連出現危機，使得金融界呈現一片愁雲慘霧的景況。

　　擁戴舉債作法的信徒們曾經保證過不會出現這樣的崩盤慘況：他們說過，鉅額的債務會促使企業經理人專心一意，就如同在方向盤上架了一把短刀，駕駛人在開車時就會顯得格外戒慎恐懼。我們承認，這把短刀的確會讓駕駛人在開車

時特別謹慎，但是，如果這輛車子不慎碰到路上的坑洞或是
水窪，卻可能造成不必要的意外傷亡情形。商業界的道路上
佈滿了障礙：一個要求駕駛人閃避掉所有障礙物的計畫，只
會帶來災難。

在《智慧型股票投資人》的最後一章，葛拉漢針對短刀
理論提出強烈的反駁：「有人向我們提出一項挑戰，要求我
們只能以三個英文單字來形容正確的投資秘訣，我們的回答
是：Margin of Safety，安全邊際原則。」在讀過這句話的四
十二年後，我仍然認為葛拉漢的回答完全正確，由於投資人
未能注意到這項簡單的道理，從 1990 年初起，他們開始遭
逢重大的損失。

當舉債熱潮達到高峰時，許多企業的資本結構就是導致
企業失敗的保證：在某些個案中，由於企業舉債規模過於龐
大，即使這些企業的營運十分良好，也無法產生足夠的資金
來償還這些債務。多年以前，有一個明顯的早夭案例，那是
一件電視公司收購案，該電視公司位於坦帕市，是一間頗為
成熟的電視公司，但是其債務總額過高，光利息支出就超過
該公司的總營收，即使該公司不需要支付所有員工的薪資、
電視節目製作費，或是其他服務項目的費用，僅僅是處於這
種資本結構下，除非該電視公司的營收能夠出現爆炸性的成
長，否則一定會步上破產的命運。（當時有許多存貸機構
（savings and loan associations）購買了這件收購案的融資債
券，如今這些存貸機構已經都不存在了，身為納稅人，各位
正在收拾這些爛攤子。）

　　以現在的角度來看，以上情形幾乎都是不可能發生的。不過，當這些錯誤發生的時候，支持短刀理論的投資銀行界仍然指出，根據「學術界」的研究，過去幾年來，債信等級低的債券所支付的高利息收入，將可以彌補其違約所產生的損失。因此，銷售這些債券的經紀商會說，和完全由高債信債券所組成的投資組合比較，持有由各種垃圾債券所組成的分散投資組合能獲得更高的淨投資報酬。（各位要注意一點，金融界習慣以過去的表現來做為「證明」：但是，如果參考歷史可以令人致富，榮登富比士雜誌前 400 名富豪的人士大概都會是圖書館員。）

　　銷售這些垃圾債券的經紀商犯了一個邏輯上的錯誤，這種錯誤連一個初學統計學的學生都看得出來。這些經紀商的假設是：這些新發行的垃圾債券和那些不幸淪落為「墮落天使」的低等級債券，兩者所處的大環境都一樣，因此，後者違約的紀錄，可以用來預測前者違約的可能性。（這種錯誤與另外一種情形很類似，在飲用瓊斯鎮特有的 Kool-Aid 飲料之前，先去察看該飲料的一般致死率。）

　　大家想也知道，這兩種證券所處的環境在許多重要層面上都不相同。首先，「墮落天使」的經理人幾乎都希望將自己債券的債信重新恢復到符合投資等級，而且都朝這個方向努力，但是發行垃圾債券的企業通常屬於另一種族群。這些企業的作法很像吸食海洛因的毒癮犯，他們不去想辦法改進債臺高築的窘境，反而採取挖東牆補西牆的作法。除此之外，管理「墮落天使」的企業經理人大都認為應該對股東抱

持一種委任的關係，相較起來，發行垃圾債券的財務狂人往往不太具有這樣的認知。

華爾街毫不太在意這些差別。華爾街對於某種觀念的支持程度，通常和該觀念的正確性無關，而是和這種觀念所能創造的收入多少有關。這正是那些經濟商毫不在意的賣出了成千上萬的垃圾債券，給那些不願意思考的投資人的原因，而這兩種類型的人永遠都會存在。

即使垃圾債券目前的價格跌到只剩其發行價格的一小部分，垃圾債券仍然是一種地雷證券。正如我們去年所說的，我們從來沒有購買過新發行的垃圾債券。（完全沒有例外的情形）不過，由於這個投資標的的走勢目前正處於紛亂不已的局面，因此我們倒是願意考慮一下。

拿納貝斯克個案來看，我們認為該公司的債信比一般大眾想像的要好，而我們所獲得的收益以及潛在的資本利得，將足以彌補該投資案內含的風險（雖然的確有風險存在）。納貝斯克企業一直都能以優惠的價格出售資產，大量增加股東權益的價值，而且一般說來，該公司營運的情形也算良好。

不過，在做過仔細的研究之後，我們發現大部分債信等級偏低的債券還是不夠具有吸引力。華爾街於1980年代所闖的禍，比我們想像中更糟：許多重要的企業因而損失慘重。不過，隨著垃圾債券市場走勢漸趨明朗，我們還是會繼續尋找可能的投資機會。

如果我們將衛斯克公司（Wesco）與米爾肯兩人的作法加以比較，會是一件很有意思的事。前者特意採取一種不分散投資的作法，以便讓自己更具技巧地處理每一項交易案，後者多年以來都提倡運用某種特殊方式來銷售垃圾債券。米爾肯的方式受到許多財務學教授的支持，其主要的內容為：(1)如果投資人能因為持續性的波動風險（投資結果的震盪幅度極大）而獲得額外的收益，這樣的市場價格就會具有效率；(2)因此，就機率上而言（也就是說，該證券所保證的高利率足以彌補其可能違約的高風險性），新發行的垃圾債券承銷價格都是合理的，該價格同時也提供了某些額外的收益，以補償可能附帶的波動性風險；(3)因此，如果某個存貸機構（或是其他投資機構）分散其投資內容，像是未經審慎思考即大量買進米爾肯新發行的每一種垃圾債券，該金融機構一定可以獲得高於平均的投資報酬率，就像賭場老闆擁有莊家的優勢一般。許多金融機構的領導人奉米爾肯的理論為圭臬，並以收購米爾肯「債券」的實際舉動來證明對他的支持，但是這個理論最後卻為這些金融機構帶來極大的傷害。根據大量分散投資的理論買進這種垃圾債券的方法，其產生的報酬同樣令人失望，這種情況與理論所預期的結果正好相反。為了維持個人的形象不墜，米爾肯不得不採取某些作法，這也是我們可以理解的事。但是，為什麼會有人願意相信，只為了賺5%的佣金，米爾肯會願意讓購買他債券的投

資人像賭城的莊家一樣享有優勢呢？我們認為原因如下：會去投資這些債券的投資人及投資顧問都不夠聰明，其中有許多人都受過財務學教授的影響，由於這些教授過度提倡自己支持的財務理論（效率市場理論和現代投資組合理論），他們因而忽略了一些可能會對危機情況提出警告的理論模式。這是一種專家常犯的錯誤……

8 零息債券[注25]

　　波克夏曾經發行過本金9億260萬美元的零息次級可轉換公司債券（Zero-Coupon Convertible Subordinated Debentures），這些證券已經在紐約證券交易所掛牌交易。承銷業務由所羅門兄弟企業負責，他們的整體承銷作業簡直無懈可擊。

　　當然了，大部分債券都會定期支付利息給債券持有人，通常是每半年配息一次。相反地，零息債券在到期之前並不支付任何利息；由於收購價格會比債券到期時的本金低了許多，投資人因此可由其中的價差而賺取收益。該債券的實際利率是根據原始承銷價、到期本金、以及發行日至到期日的期限三個因素來決定。

　　就我們的例子而言，我們的債券是以相當於到期本金44.314%的金額來發行，到期日是十五年後。對投資人而

注25 ： 1989 年。

言，這相當於每年5.5%的複利，每半年計息一次。由於我們只能收到相當於本金44.31%的金額，總收益只有4億美元（扣除大約950萬美元的承銷費用）。

　　這些債券的面額是1萬美元，每一張債券都可轉換為0.4515股波克夏的股票。由於該債券的售價是4,431美元，如果將該債券轉換為波克夏的股票，轉換價格約為每股9,815美元，這個價格比當時波克夏的股價要高出15%。波克夏有權在1992年9月28日以後的任何時間內贖回這些債券，贖回價格為該債券的累計價值（原始承銷價格加上每年5.5%的複利，每半年計息一次），另外，在兩個特定的日期，也就是1994年以及1999年的9月28日，債券持有人有權要求波克夏以該債券當時的累計價格贖回這些債券。

　　雖然我們無須實際支付利息費用，但波克夏仍然有權將每年累計的利息費用拿來抵稅。由於賦稅降低的緣故，我們實際上可以有多餘的現金流量流入公司，這是一項十分重要的優點。由於存在一些無法了解的變數，我們無法確實計算出這些債券的真正利息成本，但不管發生什麼情形，這個利率絕對遠低於5.5%。這樣的結果同時也符合稅法要求的平衡性：即使這些債券的持有人並沒有真正收到5.5%的現金利息，這些納稅人每年還是必須支付這部分的稅金。

　　不管是波克夏發行的債券，或是其他企業在去年間發行的同類型債券（尤其是樓羅斯企業（Loews）及摩托羅拉公司），這兩者在數量上都無法跟近幾年內大量發行的零息債券相抗衡。曼格和我一直都很勇於批評這些債券，以後也還

是會抱持相同的態度，這些債券往往被用來蓄意欺騙投資人，並對投資大眾造成極大的傷害。有關這一點，我會在稍後再做解釋。不過在我們繼續討論這個議題之前，讓我們重回伊甸園裡，也就是當夏娃還沒有咬下那口蘋果之前的時代。

如果你和我的年紀一樣，第一次購買的零息債券，是二次大戰期間由美國政府所發行的 E 系列儲蓄債券，這是有史以來銷售量最大的債券。（戰爭過後，每兩個美國家庭當中，就有一戶人家持有這樣的債券。）當然啦，沒有人會稱這些公債為零息債券，我懷疑那時候可能還沒有這個名詞，但是，這個 E 系列公債事實上就是一種零息債券。

這些債券的最小面額只有 18.75 美元。只要花這麼一點錢，投資人可以在十年後向美國政府取回價值 25 美元的債務，投資人實際獲得的報酬率為每年 2.9% 的複利。就當時而言，這個報酬率相當具有吸引力，因為比一般政府公債的利息要高，而且，只要承受一些利息損失，投資人隨時可以將這些公債脫手兌現，因此也不需承受市場波動的風險。

1970 年代，美國財政部推出第二種零息公債，這些公債同樣也是良質的投資機會。普通公債的一個主要問題在於，雖然這些公債支付一項固定的利率，比方說是 10%，但投資人並無法確定自己確實能夠賺取到複利 10% 的報酬。想要達到這樣的投資報酬率，投資人必須將每半年所收到利息，以同樣 10% 的利率做轉投資。如果在利息發放日的當期利率只有 6% 或 7%，投資人就無法在持有債券的期間內，賺取到

原先所宣稱的利率。對退休基金（pension funds）或是其他持有長期債務的投資人而言，這種「轉投資風險」（reinvestment risk）會構成一項嚴重的問題。儲蓄債券或許可以解決這樣的風險問題，但這種債券的發行對象僅限於一般投資人，而且發行面額也都很小。這些債券的主力投資人所需要的，是鉅量的「約當儲蓄債券」（Savings Bond Equivalents）。

　　就在這個時候，出現了一群聰明且有用的投資銀行業者（我很高興地向各位報告，這是由所羅門兄弟企業所主導的）。這些業者發明了一種投資工具，讓投資人得以將政府公債本身與公債所附帶的半年期票息券（coupon）兩者分開處理。每一張票息券一旦自公債上撕離開來，本身就可被視為是一種儲蓄債券，因為這些票息券所代表的意義，同樣是一筆在未來到期的債務。舉例來說，如果你將一張 2010 年到期的美國政府公債上的 40 張半年票息券全部撕下來，你就等於擁有 40 張零息債券一樣，這些債券的到期日有 6 個月到二十年不等。這些債券還可以和其他具有相同到期日的債券重新包裝，在市場上行銷。如果所有債券的現行利率都是 10% 的話，不管到期日為何，6 個月期債券的售價就會是其到期價值的 95.24%，而二十年期債券的售價則會是其到期金額的 14.20%。因此，不管購買的債券什麼時候到期，或是持有的時間有多久，投資人都可以確保有複利 10% 的報酬率。最近幾年來，將政府公債與其票息券分開銷售的作法非常盛行。這是因為長期投資人，包括退休基金及個人退休投

資戶（譯注：Individual Retirement Account, IRA）等，都體認到這些高債信的零息債券正好符合他們的需求。

只是，正如華爾街常見的情節一樣，由聰明人帶頭做的事情，笨人最後才趕來盲從。最近幾年來，越來越多債信不良的企業大量發行零息債券（以及與其具有相同功能的以債代息型債券（pay-in-kind bonds, PIK），這些所謂的 PIK 債券並不發放現金利息，而是每半年另外發放相同的 PIK 債券做為利息）。對這些企業來說，零息債券（或 PIK 債券）具有一項極大的優勢：由於發行這些債券的企業無需承諾支付任何現金，它們完全沒有違約的可能性。如果低度開發國家政府在 1970 年代沒有發行其他公債，而只發行長期的零息債券，或許可以締造出完美無缺的債信記錄。

支持這種投資作法的人，以及意欲對風險性極高的交易案提供融資的投資銀行業者，都沒有忘卻這種投資運作的原理——如果你在很久的一段時間內都不需要支付任何金錢，你就會有很久的一段時間不用去擔心違約的問題。但是貸款業者卻是在經過一段時間之後才接受這樣的看法：多年以後，當融資收購的熱潮開始盛行之初，買方只能夠在合理的條件下取得融資，而這些企業經保守預估所計算出來的現金流量。也就是營運收益加上折舊及攤銷費用，再減去常態化（normalized）之後的資本化支出，也還足以用來支付利息費用以及逐漸減輕的債務。

過後，由於收購玩家變得越來越大膽，企業收購案的價格之高，已經到了所有可用的現金流量都必須用來支付利息

費用的程度。如此一來，根本就沒有多餘的資金可以用來降低債務的本金。事實上，對於債務本金的處理方式，舉債者往往都採取郝思嘉「明天再想辦法」的態度，而新一代的貸款業者也都接受這樣的看法，這些業者同時也是最先買進垃圾債券的投資機構。到此地步，債務已經變成一種不需償還的東西，而可以靠以債養債的方式應付過去。這不禁令人想起一則刊登在《紐約客》（*New Yorker*）雜誌上的漫畫，漫畫中借款人起身向貸款銀行行員握手致意，並滿心感激地脫口說出：「我真不知道要怎麼報答你（I don't know how I'll ever repay you.」（譯注：雙關語，我真不知道有沒有辦法還你錢。）

借款人很快就發現，即使這種新融資方式的標準頗為寬鬆，他們還是無法忍受被這種融資標準所束縛。而為了吸引貸款業者繼續為他們越來越愚蠢的投資案提供融資，這些借款者提出一項十分可惡的作法；他們建議採用「EBDIT」的數字，也就是扣除折舊、利息及賦稅三項費用之前的盈餘（Earnings Before Depreciation, Interest and Taxes），作為衡量一家企業支付利息能力的標準。在這個降級後的標準之下，由於折舊費用不需要任何當期的現金支出，因此貸款人往往忽略不將折舊計入費用項目之中。

這顯然是一種掩人耳目的作法。在95%的美國企業當中，長期而言資本支出相當於所攤提的折舊費用總和，因此折舊費用當作支出項目，就像是勞工成本或水電費用一樣的真實。即使一位中學輟學生也知道，他必須要有收入才能貸

款買一部車，而且，他的收入不但得支付利息及車子的花費，同時還得考慮到車子的折舊費用。如果他到銀行去辦理貸款時，一開口就談起「EBDIT」這件事，一定會把銀行行員笑死。

當然了，一家企業可以在某個月不花費任何資金，就像人類可以一天甚至一個星期都不吃東西一樣。但是，如果這種作法成為一種習慣，而省略掉的部分又不加以補救回來，企業體質就會開始虛弱，最後導致滅亡。而且，和有規律的飲食方式相較起來，這種「一會兒吃、一會兒又不吃」的餵食政策會產生一個比較不健康的個體，不管對企業或是人體都是一樣。身為企業人士，曼格和我很樂意見到我們的競爭者籌措不到用來支付資本支出的資金。

各位可能會認為，擺脫折舊這個主要的費用項目，以便將一個不好的交易案，包裝成為一個好的交易案的作法，可能已經算是華爾街絕學的極限。各位如果真的這麼想，那你們一定沒有注意到華爾街這幾年來的發展，大力倡導企業收購案的人們需要找到某些理由，替那些越來越高價的收購案做辯護。不然的話，他們就會面臨一種風險（老天保佑），這些收購案可能會落入其他「更有創意」人士手中。

因此，這些支持者以及投資銀行業者紛紛宣稱，「EBDIT」應該只能被用來衡量企業支付現金利息的能力，也就是說，在針對某項交易案進行財務考量的時候，零息債券及 PIK 債券的孳息部分應該加以省略。如果採用這種作法，不僅可以將折舊費用省略不計，連大部分的利息費用也

可以用類似的方式處理。可悲的是，許多專業投資經理人竟然也支持這種不合理的作法；當然了，只有在處理客戶的資金時，這些經理人才會採取這樣的態度，對於自己的錢，他們可是小心的很。（稱呼這些經理人爲「專業人士」實在是太恭維他們了，這些人事實上應該被稱爲推波助瀾者。）

在這種新標準之下，如果某企業的稅前盈餘爲 1 億美元，而其負債的當期利息爲 9,000 萬美元，這個企業可能另外發行年息高達 6,000 萬美元的零息債券或 PIK 債券來償付當期的利息，至於新發行的債券利息是以複利累計，但是在好幾年之後才需要支付。由於這種債券的利息都很高，因此在債券發行後的第二年，應支付的現金利息可能會高達 9,000 萬美元再加上 6,900 萬美元的累計利息，而且這個數字還會隨著複利計息方式不斷地增加。採取這樣高利率的以債養債方式，在前幾年還是很少見的作法，但現在卻很快地成爲各大主要投資銀行的集資模式。

當這些企業發行這些債券的時候，投資銀行展現了他們幽默的一面：這些投資銀行能夠針對一些他們先前幾乎從來沒聽過的企業，估計其五年甚至十年後的損益表和資產負債表。如果各位有機會看到這些財務資料，我建議各位也幽默一下：各位不妨要求這些投資銀行業者，提供他們在前幾年所製作的年度預算表，然後將這些預算表拿來和事實發生的情況加以對照。

高伯瑞（Ken Galbraith）[譯注 22] 曾經寫過一本充滿機智又發人深省的書：《股市大崩盤》（*The Great Crash*），並且

在該書中創造了一個新的經濟詞彙：「bezzle」，意思是指尚未為人發現的盜用金額。這項財務學上的新發明具有一項奇妙的特質：盜用資金者隨著盜用金額的增加而越來越富有，但資金遭盜用之人卻不感到自己越來越貧窮。

高伯瑞教授一針見血地指出，前述這項金額應當列入全國財富的計算當中，如此一來，我們才能夠了解全民心目中全國財富的數字應該是多少。按照這樣的推論，如果某個社會希望自己覺得十分富裕，那就應當鼓勵全民去盜用他人的資金，並且盡量不去揭發這種犯罪行為，如此一來，即使不花費一分一毫力氣從事具有生產性的工作，這個社會的「財富」依然會增加。

和真實社會當中的零息債券相較起來，這種盜用他人資金的荒謬劇實在不算什麼。在零息債券的安排下，當事人一方面可以感覺到自己有收益落袋，另一方面卻不須經歷支出的痛苦。在我們舉出的例子當中，一個每年只能夠有 1 億美元盈餘的公司（因此也只有能力支付這麼多利息），卻神奇地為其債券持有人創造出 1 億 5,000 萬美元的「盈餘」。只要這些債券的主要投資人願意戴上彼得潘的翅膀，並且一再相信這樣的說法，這個公司就可以利用零息債券來毫無止境地產生收益。

華爾街對這項新發明的支持程度，就像村夫愚婦見到輪子或耕具時一樣的興奮。好不容易終於出現了這樣的財務工

譯注 22 ：1908 年-，美國經濟學家、外交家。

具，從此之後，華爾街的專家們在決定交易案價格時，就可以不用去顧慮企業的實際獲利能力。很顯然地，華爾街因此出現了更多的交易案。不合理的價格永遠都可以吸引賣方的注意。就如同安魯（Jesse Unruh，編注：美國加州著名政治人物）可能會說的一樣，交易活動是孕育財務發展的生命之泉。

對於支持者和投資銀行業者來說，零息債券或 PIK 債券還具有另外一項優點：那就是，愚行與失敗之間的時限可以予以延長，這個優點十分重要。如果在必須處理所有成本之前有足夠的時間，而且在投資人察覺到自己的投資已經受到傷害之前，促銷這些債券的經紀商可以再創造出一系列的愚蠢交易案──並且還能夠賺取一大筆的手續費。

到頭來，不論是古代傳說的鍊金術或是現代的財務鍊金術終究都無法成功。即使是在會計上或資本結構上動手腳，一個體質不佳的企業也沒有辦法轉變成為優良的企業。宣稱懂得財務鍊金術的人或許可能致富，但是，原因通常不是因為企業的營運成果改善，而是投資人太好騙了。

我們還要說明一點，不管零息債券或 PIK 債券有多少缺點，很多這類型的債券是不會違約的。事實上，我們手中就持有一些這類的債券，而且如果債券市場下跌到一定的程度，我們還計畫要購買更多的債券。（不過，我們從不考慮購買新發行的低債信債券。）沒有一項金融工具本身就是邪惡的，只是某些金融工具比較容易被人用於不法之途。

對於不法作為的大獎，應該由那些無法支付當期利息，

而發行零息債券的企業所獲得。我們對投資人的建議是：如果有投資銀行業者向你提起EBDIT這件事，或是有人向你提出一種資本結構，在這種資本結構之下，當期現金流量在扣除資產性支出之後，並不需要考慮到所有應付或累進的利息，千萬別花錢投資，你可以將局勢轉變一下：向促銷這種零息債券的業者及其高貴的同夥建議，要求他們接受無息的手續費，並等到這些債券到期全額贖回後，再收取他們應得的費用。你看看他們對這樣的一筆交易還會有多少興趣。

我們對投資銀行業者的批評或許有些嚴苛。但是曼格和我（以老的不能再老的方式）認為，這些人應當扮演好守護投資人資金的角色，以避免零息債券的促銷業者過度沈迷於這種做法。畢竟，一直以來，這些促銷業者在接受金錢時所做的判斷與發揮的自制力，和酗酒的人在面對酒精時的態度沒有兩樣。因此，銀行業者至少應當像一個負責任的酒保一樣，在必要時候，即使少賺一杯酒的錢，也不應當讓酒客喝醉酒開車上路。但不幸的是，近幾年來有許多主要的投資機構都認為，酒保的職業道德規範實在令人難以忍受，不過最近華爾街上這類做法的數量已經減少許多。

我要提出一點令人失望的補充說明：零息債券這種荒謬事情的成本，並不僅由直接參與的當事人來負擔。有些存貸機構曾動用接受「聯邦存貸保險公司」（譯注：Federal Savings and Loan Insurance Corporation, FSLIC）保障的存戶存款大量收購這些零息債券。由於極力希望讓自己顯現出足夠的盈餘，這些買主宣稱從這些債券上獲得極高的利息收

入，並將之認列在財務報表上，但事實上他們並未收到這些
利息收入。許多存貸機構現在都遭遇到重大的問題，如果這
些存貸機構所承辦的債信不佳貸款案沒有發生問題的話，這
些存貸機構的事業主就可以從中獲利。許多終將變成呆帳的
貸款案，最後還是會由納稅人來收拾。套句梅森（Jackie
Mason，編注：美國喜劇演員）的話來說，在這些存貸機構
中，經理人才是真正的搶匪。

9　**優先股股票**[注26]

　　我們只願意跟我們喜歡、欣賞及信任的人共事。所羅門
的古特夫路德（John Gutfreund）、吉列的小麥克勒（Colman
Mockler Jr.）、美國航空（USAir）的柯隆尼（Ed Coladny）、
以及冠軍企業（Champion）的席格勒（Andy Sigler）等人都
符合我們的標準。

　　相對地，這些人也都對我們抱持信任的態度。他們堅持
波克夏手中持有的優先股股票應當具有未受限的投票權，而
且可以完全轉換成普通股股票。這樣的安排在企業財務中非
常罕見。事實上，這項堅持所表明的是，他們相信波克夏是
智慧型的事業主，而且我們考慮的是未來而不是現在，正如
我們相信他們都是智慧型的企業經理人，考慮到的包括明天

注26：以短線符號分開：1989 年；1994 年；1996 年；1990 年；
1995 年。

以及今天。

　　如果產業的經濟特質阻礙了我們所投資企業的表現，我們所商議的優先股股票結構或許只能給我們帶來普通的投資報酬，但是，如果這些企業的表現和一般美國企業的表現相去不遠的話，這樣的股票結構卻可以為我們帶來極高的獲利。我們相信，在小麥克勒的管理之下，吉列公司一定會有超標準的投資回報，而除非產業的條件惡劣，其他三人也一定可以達到這樣的標準。

　　幾乎在所有的情況下，我們都認為可以由這些優先股股票中取回我們的投資金額以及股利收益。不過，如果我們只得到這些，還是令人感到失望。這是因為我們放棄了選擇的彈性，因而不得不放棄在十年內必定會出現的其他重要投資機會。在這樣的情況下，我們所能夠獲取的只是優先股股票的收益，所以原本我們對一般的優先股股票是沒有任何興趣的。如果波克夏想由手中所持有的四家企業的優先股股票中賺取令人滿意的收益，唯一能做的事，就是想辦法讓這些企業的普通股股票都表現出色。

　　如果想要產生這樣的結果，就必須要有好的管理，而且產業條件至少也要維持在能夠令人忍受的程度，但是我們相信，波克夏所做的投資也會對整體情況有所助益。由於我們收購了這些投資企業的優先股股票，這些企業未來的股東也會因而受益，因為每一家企業現在都擁有波克夏這位重要、穩定、且專注的法人股東，而透過波克夏的投資，波克夏的董事長及副董事長都間接地投入大筆的個人資金到這些企業

之上。在面對投資對象的時候，曼格和我都採取支持、分析、以及客觀的態度。我們了解，一起共事的都是一些資深的最高執行長，這些人對於各自負責的企業具有絕對的命令權，但在某些情況下，他們卻希望能夠有機會和一位與其產業完全沒有關連，或是完全沒有參與過該企業過去決策的人士共事，來考驗自身的能力。

我們也許會發現有一個經濟前景十分看好、但卻不爲人知的企業，並可以藉由投資該企業而獲利，但是前述的可轉換優先股股票並不能爲我們帶來這樣的投資報酬；或當我們以自己最喜愛的方式運用資金，就是買下一個具有良好管理團隊的績優企業80%或更多的股權，這種投資所產生的回報，也是優先股股票所無法比擬的。這兩種投資機會都很少有，而能跟我們目前及未來的資源規模相匹配者更是罕見。

總結來說，曼格和我都認爲，我們由優先股股票上所賺取的投資報酬，必須要合理地高於大多數固定收益投資組合的報酬，而經由這些持股，我們還可以在這些被投資企業的營運上扮演一個既愉快又有建設性的角色。

在做決定的時候可能會出錯。不過，只有在某項決定明顯有錯的時候，我們才會頒發「最佳錯誤獎」給自己。如果用這個標準來衡量，1994年可算是競爭金牌獎最爲激烈的一年。我在這裡要向各位說明一點，接下來要談論的一些錯誤都是由曼格開始的。但是，每次只要我用這種說法來解

釋，我的鼻子就開始變長。^{譯注23}

金牌獎提名人有……

1993年下半年的時候，我在63美元的價位賣出1,000萬股首都企業的股票，1994年底時，該股股價是85.25美元。（如果各位懶得自己動手計算，這其中的損失是2億2,250萬美元。）當我們在1986年以17.25美元買下這些股票時，我曾經告訴各位，在1978年到1980年間，我曾以4.3美元的價位出清我們所持有的首都企業股票，我還說過不知道應該如何替我以前的作法自圓其說。現在，我又重蹈覆轍，成了一名累犯。或許是該替我自己找個監護人的時候了。

首都企業這個決定雖然很離譜，但還不算是最糟糕的個案。我所犯過的最嚴重錯誤發生在五年前，而在1994年時徹底嚐到苦果：我們花了3億5,800萬美元買進了一些美國航空公司的優先股股票，在9月該公司卻停止發放股利……這件投資案是一項「不應該發生的錯誤」，也就是說，我既不是被迫投資，也沒有受到他人的誤導。這是一個在分析時偷懶的例子，發生的原因可能是因為我們購買的是一個優先（senior）的證券，或是因為我們過於自傲。不管原因為何，這都是一項重大的錯誤。

在我們購買美國航空的股票之前，我根本沒有注意到一些會對該公司造成困擾的問題，尤其是這家航空公司的高成

譯注23：像木偶奇遇記裡的小男主角皮諾丘一樣，只要一說謊，鼻子就會變長。

本很難加以降低。在早幾年的時候，這些攸關存亡的成本問題尚不足以產生太大的問題。由於有法律上的保障，當時航空業者可以免受競爭的壓力，而航空公司也可以忍受高額的成本，因為他們可以藉由調漲機票價格的方式，將這些成本轉嫁出去。

當政府放寬限制之後，整個航空業的景況並沒有出現立即的改變：由於低成本的航空公司載客量極為有限，高票價的航空公司仍然能夠大致維持其現有的票價結構。在那段期間，由於航空業的長期性問題只是像癌細胞般移轉，尚未全面發病，使得這些無以為繼的高成本問題積病極深。

隨著低成本的航空公司不斷擴增載客量，加上這些公司採取低票價政策，保守的高成本航空公司不得不降價跟進。由於有資金的挹注（比如像波克夏對美國航空的投資），這些航空公司得以延後面臨事實窘境的時間點，但是到了最後，經濟的基本原理還是發揮作用：在一個未受規範的商品產業中，一家公司必須降低其成本以達到足以競爭的程度，否則就會面臨滅亡的厄運。對各位的董事長來說，這項原理應該是再清楚也不過了，但是我卻沒能看透這個道理。

美國航空公司當時的最高執行長是休菲爾德（Seth Schofield），他一直努力想要改善該公司長期以來的成本問題，但是到目前為止，都沒有辦法做到這一點。部分原因是因為他所面對的是一種不穩定的情況，這是由於某些主要的航空公司取得勞方退讓的承諾，而其他航空公司則因為提出破產申請的法律程序，而能夠在重新出發的基礎上取得成本

優勢。（西南航空公司（Southwest Airlines）最高執行長凱
勒賀（Herb Kelleher）曾經說過：「對於航空公司而言，破
產法庭簡直就像個健身治療中心。」）此外，由於這些航空
公司的員工與資方簽有勞工契約，因此他們的薪水往往高於
就業市場的水準。只要這些員工能夠持續領到薪水，他們將
會反對調降他們的薪水，這樣的結果並不令人感到意外。

　　雖然面臨這樣艱困的環境，美國航空或許還是有可能降
低成本，以維持其企業的長期競爭力。但是，沒有人能夠確
定該公司是否真的能夠達成這項目標。

　　因此，我們在 1994 年底時，將美國航空的認列投資金
額調降為 8,950 萬美元，為原始投資金額的 25%。這樣的評
價結果反映出兩點可能性：(1)我們所持有的優先股股票，其
價值可能可以完全或大部分恢復到原來的水準；(2)但也可能
變得一文不值。不管結果為何，我們會特別注意一項重要的
投資原則：你不一定要回溯失敗的過程，才能扭轉局勢。

　　我們調降美國航空的認列投資金額，這在會計上的影響
頗為複雜。我們在資產負債表上所認列的股票，都是以其估
計的市場價值加以計價。因此，在去年第三季結束時，我們
持有的美國航空優先股股票價值為 8,950 萬美元，相當於成
本的 25%。換句話說，在我們當時的淨值中，我們在美國航
空的投資價值，遠低於我們 3 億 5,800 萬美元的原始成本。

　　我們在第四季時做了一項結論：我們認為美國航空公司
價值滑落的情形，並非是會計用語所形容的「暫時性現
象」，因此，我們必須再度調降在該公司的認列投資金額，

並且在損益表上認列 2 億 6,850 萬美元的損失，這項金額並沒有產生其他的影響。也就是說，我們的淨值並沒有因此而減少，因為這個調降的事實早已經被反映過了。

美國航空即將舉行股東年會，曼格和我將不會尋求連任該公司董事的職位。不過，如果休菲爾德願意同我們諮商，我們非常樂意竭盡所能來提供協助。

———

布蘭森（Richard Branson）是維京大西洋航空公司（Virgin Atlantic Airways）的老闆，也是一名富翁。有人曾經向他請教如何成為一位百萬富翁，他回答說：「這實在沒什麼。你先要成為一位億萬富翁，然後再買下一家航空公司就可以了。」由於不同意布蘭森的看法，各位的董事長決定要測試一下這個看法是否正確，他於是花費了 3 億 5,800 萬元買下了美國航空的優先股股票，這些股票的股利率定為 9.25%。

我當時非常欣賞美國航空的最高執行長柯隆尼，到現在還是一樣地欣賞他。但是，我對美國航空的分析卻是既膚淺又錯誤。由於該公司在營運上的獲利記錄一直很好，加上持有優先股似乎可以獲得某些保障，我因此受到了誤導，忽略掉最重要的一點：由於法規鬆綁，航空業將成為競爭激烈的產業，美國航空的營業收入也會逐漸受到影響，然而該公司的成本結構卻依舊停留在過去有法規保障獲利的時代一樣。不管該航空公司過去的記錄有多麼輝煌，這些成本問題如果

不加以解決的話，終將引發一場大災難。（再一次指出，如果歷史能夠提供所有答案的話，榮登富士比雜誌前400大富豪的，大概都會是圖書館員。）

不過，如果美國航空想要將其成本合理化的話，就必須大力改善其勞工契約，大部分航空公司都覺得這是非常難以達成的任務，就像是可能破產的威脅，或眞正破產的情形一樣。美國航空也不例外。就在我們買進該公司的優先股股票之後，該公司在成本與營收間不平衡的問題旋即爆發開來。在1990年到1994年間，美國航空的累計虧損爲24億美元。由於這樣的虧損金額，該公司普通股股本的帳面價值完全被沖銷殆盡。

在這段期間的大部分時候，該公司還是發放優先股股利給我們，但是到了1994年，該公司卻停止發放股利。稍後，由於情況十分不樂觀，於是我們調降在美國航空的投資認列金額75%，只剩下8,950萬美元。其後，在1995年的大部分時間裡，我提議將我們的持股以票面價格50%的價位轉售出去。還好，我並沒有成功。

雖然我在美國航空這一件投資案中犯了許多錯誤，但倒是做對了一件事情：在我們決定買進這些優先股股票時，我在買進契約中加入了一項特別條款：如果該公司積欠我們任何滯付款，可以要求加計「懲罰性股利」，就是銀行基本放款利率（prime rate）再加5%。也就是說，當我們有兩年沒有收到9.25%的股利時，這些積欠款是以13.25%到14%的複利率在計息。

由於有這項懲罰性條款，美國航空想盡辦法要盡快付清積欠我們的款項。美國航空在 1996 年下半年轉虧為盈，並且開始付款給我們，該公司支付了 4,790 萬美元給我們。我們非常感謝美國航空當時的最高執行長沃夫（Stephen Wolf），由於他的督促，該公司才會有獲利的表現，我們也才能夠收到這一筆錢。由於航空業的景氣樂觀，美國航空最近的表現也因而沾光不少，只是這樣的榮景可能只是一種循環性現象，該公司還是必須解決基本的成本問題。

不管如何，我們由美國航空公開上市證券的價格來判斷，我們所持有的優先股股票的市價，可能已經回復到面值，也就是 3 億 5,800 萬美元左右。此外，我們在過去這幾年來總共賺取了 2 億 4,050 萬美元的股利（包括 1997 年收到的 3,000 萬美元）。

1996 年初，在所有累計的股利還未付清之前，我曾經再次想要出清手中的持股，這次的價格訂在 3 億 3,500 萬美元左右。各位很幸運：我又再次失敗了。

我的朋友曾經問過我：「你這麼有錢，為什麼卻不聰明呢？」在看過我在美國航空這件投資案上的差勁表現之後，各位可以發現他的話的確有道理。

我們在前幾次的年度報告中曾經提到持有一些可轉換的優先股股票，我們現在仍然持有這些股票：7 億美元的所羅門企業股票、6 億美元的吉列公司股票、3 億 5,800 萬美元的

美國航空股票,以及3億美元的冠軍企業股票。我們手中的
吉列優先股將於4月1日轉換為1,200萬股普通股股票。在考
慮利率、債信品質、以及相關股票的股價等因素之後,我們
在1990年底,評估出手中持有的所羅門企業及冠軍企業兩
公司持股的價值,約略相當於我們的原始投資金額,吉列持
股市價則高於原始投資金額,而美國航空持股價格則遠低於
原始投資金額。

　　各位的董事長在收購美國航空股票的時候,對時機的掌
握真是恰到好處:我幾乎是在該公司開始發生嚴重問題的同
時買下該公司的股票。(並沒有人逼迫我這麼做,依照網球
的說法,我所犯的是「非受迫性的失誤」(unforced error)。)
造成這些問題的原因有二:第一,是因為航空業的產業環境
不良;另外一個原因,則是由於該公司在與匹德蒙企業
(Piedmont)合併之後曾經遭遇過一些困難。我早就該料想
到會有第二種情形,因為在合併過後,幾乎所有的航空公司
在營運上都會出現混亂的現象。

　　柯隆尼與休菲爾德兩人很快就解決了第二個問題:該公
司現在的服務品質已經廣受好評。然而,航空產業本身的問
題卻嚴重得多。自從我們買下該公司股票之後,由於某些航
空公司採取神風特攻隊(kamikaze)的方式大幅降價,航空
業的經濟體質不斷以驚人的速度在退化當中。這樣的定價方
式給所有航空公司帶來了困擾,而這也說明了一項事實:在
一個銷售商品的產業中,跟你最笨的競爭者比較起來,你實
在聰明不到哪裡去。

　　不過，除非航空業在未來幾年內遭遇到極為不幸的厄運，我們在美國航空上所做的投資應該還是有利可圖。為了立即解決當前的紛擾困境，柯隆尼跟休菲爾德在營運上做了重大的改變。即使如此，這項投資在目前的情況下還是沒有剛開始時來得安穩。

　　我們所持有的可轉換優先股股票，可算是一種蠻單純的證券，然而我還是必須向各位提出一項警告，如果鑑古可以知今，各位可能會偶而看到一些不正確，或是可能會產生誤導的財務報告。舉例來說，在去年的時候，有幾位新聞界人士曾經計算過我們所持有的全部優先股股票的價值：他們認為這些優先股股票的價值，跟它們在轉換成普通股後的價值相等。也就是說，照他們的算法來看，如果我們將手中的所羅門企業優先股，以每股38美元的價格轉換成普通股，而如果這檔普通股的市價是22.8美元的話，那麼我們持有的這些優先股股票的價值，只約等於其面額的60%。但是，這樣的邏輯推理犯了一個小小的錯誤。如果真的要採用這樣的計算方式，那你就必須同意一點：一個可轉換優先股股票的所有價值，是該股票所具有的可轉換權利，那麼所羅門企業的不可轉換優先股股票，豈不是不管其利率水準或贖回條件為何，都是完全沒有任何價值的。

　　各位要注意一點，我們持有的大部分可轉換優先股股票，其價值都是由其固定收益的特質而來。也就是說，這些股票的價值不可能低於那些不可轉換的優先股股票，而且由於這些股票具有可轉換的權利，它們的價值或許可能更高。

波克夏在1987年到1991年間，買進了5筆可轉換優先股股票，現在似乎是討論這些股票現況的好時機。

在上述每一個投資個案中，我們都可以選擇將這些股票視爲固定收益型證券，或是將之轉換爲普通股股票。一開始的時候，這些股票對我們的價值大部分是來自其固定收益的性質；至於這些股票所附帶的可轉換權利，則是一種額外的好處。

我們投資了3億美元的資金買進了美國運通的「Percs」股票……這些股票是另一種形式的普通股股票，其固定收益的特質只占原始價值的一小部分。在我們買進這些股票的三年後，這些股票即自動被轉換成普通股股票。相對地，〔我們所持有的其他優先股股票〕，只有在我們決定要轉換的時候，才會被轉換爲普通股股票。

當我們買進可轉換證券的時候，我曾經告訴過各位一件事：我們希望能由這些證券身上賺取一定的稅後報酬，而且這個報酬必須高於其他中期、固定收益型證券所能產生的投資報酬。我們所獲得的結果超越了這個期望，但這完全是來自於其中一支證券的表現。我還告訴過各位，這些證券「所可能帶給我們的報酬，不可能像一個具有優異經濟展望的企業一樣。」不幸的是，這樣的預言竟然成眞。最後，我還說過：「幾乎在所有的情況下，我們都認爲能夠由這些優先股股票上取回我們的投資本金以及股利。」我眞想收回這句

話。邱吉爾曾經說過：「我從未因食言而消化不良。」不過，我對於波克夏不可能在這些優先股股票上虧錢的斷言，卻著實讓我的胃感到不自在，而這也是我應得的報應。

在我們持有的優先股股票中，吉列的股票是表現最好的，我從一開始就告訴各位，這是一家非常績優的企業。諷刺的是，我所犯過的最大錯誤，也是跟這件投資案有關，不過，這個錯誤從未曾反映在我們的財務報表上。

我們在 1989 年時以 6 億美元買進吉列公司的優先股股票，這些優先股股票可以轉換成該公司 4,800 萬股普通股股票（在經過分割調整之後）。如果這 6 億美元可以用在另一個投資機會上，我或許會直接買進該公司 6,000 萬股普通股股票。當時該普通股市價大約是每股 10.5 美元，如果我們真的買下這麼多股票，由於這會是一項附帶有重要限制的重大股權轉移案（placement），或許至少可以獲得 5% 的折扣。我無法確定絕對會有這種情形發生，但是，吉列的管理階層也很可能會樂於見到波克夏選擇投資他們的普通股。

但是，由於我實在太聰明了，以至於沒有那麼做。在不到兩年的時間內，我們賺取了一些額外的股利收益（優先股股利與普通股股利之間的差異）。就在這個時候，該公司宣布要盡快贖回這些股票，這是很適當的決定。而如果我早先是協議商談買進普通股而不是優先股，那麼我們在 1995 年底就可以多賺得 6 億 2,500 萬美元，當然要扣除大約 7,000 萬美元的額外股利收入。

拿冠軍企業的優先股股票來說，由於該公司有權可以用

收購金額115%的價格贖回這些股票，因此，我們不得不在去年8月時採取行動；如果可能的話，我們寧願再拖延一段時間。我們在該公司宣布贖回這些股票之前，就已將之全數轉換成普通股股票，並將這些股票以合理的折扣價賣回給該公司。

曼格和我對造紙業從來都沒有信心——事實上，在我從事投資的五十四年裡，我甚至不記得曾經擁有過任何造紙公司的股票，因此，我們在8月時必須做的決定，是應該在公開市場中賣出冠軍企業的股票，還是將這些股票賣回給冠軍企業……我們由投資該公司所賺取的資本利得還算可以，在這六年的投資期間裡，稅後報酬率大約是19%。但是，在我們持股的期間內，這些優先股股票卻帶給我們極高的稅後股利收益。（許多新聞報導過份誇大產物保險公司由投資事業中所賺取的稅後股利收益。這些報導沒有考慮到1987年時稅法通過修正，新稅法的規定大幅降低了保險業者由投資股利中可運用的減免額度。請參閱第5章第8節的討論）

我們持有的第一帝國銀行（First Empire）優先股股票，將在1996年3月1日被贖回，這是贖回條件當中所規定的最早期限。對於持有營運良好的銀行股票，我們感到很放心。我們決定將這些優先股轉換成普通股，並繼續持有。第一帝國銀行的最高執行長是衛墨斯（Bob Wilmers），他是一位傑出的銀行業者，我們非常樂意與他共事。

我們另外還持有兩支優先股股票。雖然所羅門優先股的表現比其他固定收益型證券要好，但這兩支優先股股票的表

現還是令人感到失望。不過，曼格和我花在處理所羅門股票的時間，遠比該股票對波克夏整體的經濟影響力要高出甚多。我從未夢想過自己會因為買進一支固定收益型證券，就會想在 60 歲時再換個新工作——也就是轉任所羅門企業的臨時董事長。

我們在 1987 年買進所羅門的優先股股票，之後不久，我曾經寫道，我「對於投資銀行業的經營方針或未來獲利能力都不甚了解。」，就算是最客氣的評論家也會同意，我已經證明了這句話是對的。

到目前為止，所羅門優先股股票所附帶的可轉換權利對我們並沒有任何價值可言。況且，自從我敲定這項優先股股票收購案之後，道瓊工業指數（Dow Jones Industrials）已經上漲了 1 倍，而且證券經紀業者的表現也同樣出色。這也表示，由於我認為可轉換的權利具有價值，而決定買進所羅門優先股股票這項決定，實在不怎麼高明。即使在某些極困難的情形下，這些優先股還是一直能夠像固定收益型證券一樣為我們創造收益，這 9% 的利率現在看來也還算頗具吸引力。

除非這些優先股股票被轉換成普通股，否則依照其發行條件，該公司可以在 1995 年到 1999 年間每年的 10 月 31 日贖回 20% 的股票。在我們原始投資價值為 7 億美元的股票當中，1 億 4,000 萬美元的股票已照預定時程被贖回。（某些新聞報導將這項贖回行動報導成出售案，但是當一個優先證券到期時，該證券是被發行公司贖回，而並不是被持有人賣

回給發行公司。）雖然我們沒有將去年到期的優先股股票轉
換成普通股,但還有4次可以轉換的機會,而且我也相信,
我們還是非常有希望可以從這些轉換權利中找到一些價值。

第 3 章

普通股股票

在投資的世界裡，偶而總是會爆發恐懼及貪婪這兩種傳染性極強的疾病，這兩種流行病出現的時機無法預知，由這兩種因素所導致的市場失衡現象，其持久性及嚴重程度也同樣難以預測。因此，我們從來不去猜測這種現象什麼時候會出現或消失。我們的目標較為謹慎：在別人顯得貪婪的時候，我們會懂得戒慎恐懼，而只有在別人擔憂的時候，我們才會顯現出貪婪的一面。

當我寫下這些話的時候，華爾街並沒有出現過度恐懼的心態。相反地，華爾街上充斥著過於樂觀的看法，為什麼不呢？但不幸的是，股票的表現不可能永遠比企業本業的表現來得出色。

事實上，由於必須負擔高額的交易手續費及投資管理費用，股東的投資成果，必定會比其所擁有公司的表現來得差。如果整體而言，美國企業每年股東權益的獲利率是12%的話，投資人的實際獲利一定會比這個數字低許多。雖然市場的多頭氣勢可能會暫時遮掩了數學法則的真理，但終究不能違反這些法則。[注 27]

1 交易之惡：交易成本 [注 28]

再過幾個月之後，波克夏的股票很可能會在紐約證劵交

易所（New York Stock Exchange）正式掛牌上市。由於紐約證交所理事會（Board of Governors）通過一項有關股票上市的新規定，且已將這項法案提交美國證券交易委員會（Securities Exchange Committee, SEC）審核，我們的股票才得以在紐約股市上市。如果該項法案能夠通過審查，我們就會申請股票上市，而且相信這件申請案一定能夠獲准通過。

到目前爲止，證交所要求新上市公司必須至少擁有2,000名以上的股東，而且每位股東必須至少持有100股股票。這項規定的目的，是要確保在紐約證交所掛牌交易的公司保有廣大的股東群，進一步達到維持市場秩序的目的。這項要求持股數至少爲100股的最低標準，正好是目前紐約證交所所有普通股股票的交易單位（round lot）。

由於波克夏（在1988年時）在外流通的股票數量有限（114萬6,642股），持有100股波克夏股票以上的股東人數，並不符合證交所規定的標準。但是，持有10股波克夏股票其實就可以算是一項重大的投資案。事實上，比起其他100股在紐約證交所掛牌股票的價值來說，10股波克夏股票的總值要高出更多。因此，證交所同意讓波克夏的股票以10股爲單位進行交易。

證交所的這項新規定改變了原先要求企業至少要有2,000名股東才得以上市的標準。原先衡量的標準，是以至

注27：前三段引言出自1986年年報。
注28：1988年8月5日致波克夏股東的信，1988年再版。

少持有100股股票的標準來計算，而新法的規定卻是以至少持有一個交易單位數量的股票來計算。波克夏輕而易舉地通過這項新規定的標準。

對於公司股票有希望掛牌上市，波克夏的副董事長曼格與我都感到十分高興，因為我們相信這樣的結果會嘉惠股東。我們採用兩種標準來衡量哪一種市場交易的情況對波克夏的股票最為有利。首先，我們希望股票能夠持續以一個符合內在企業價值的合理價格進行交易。如果真的能夠做到這樣，每一位股東在持股期間內的投資結果，都會相等於波克夏本身的經營成果。

然而，這樣的結果不會自動出現。許多股票的股價在過低或過高兩種極端情形之間搖擺不定，當這種情形發生時，事業主在持股期間所受到的獎勵或懲罰，和同一時間內該企業的表現幾乎沒有關連可言。我們希望能避免這種反覆無常的結果，我們的目標，是希望事業合夥人能夠因為波克夏經營成功而獲利，而不是因其他股東做出不智的舉動而獲利。

當現有及未來的事業主都是理性的投資人時，一家企業的股票才能夠持續維持在合理的價位。我們所有的政策及溝通工作，都是為了要吸引以企業為導向的長期事業主，同時要過濾掉那些以市場為導向的短線投資人。到目前為止，我們的努力一直都很成功，而波克夏股票的成交價格也都一直維持在接近其內在企業價值的極小波動範圍之內。我們不認為股票在紐約證交所掛牌上市這件事，會對波克夏維持穩定且合理股價的能力產生任何影響：由於我們的股東素質優

良，不管股市如何演變，我們都會有好的表現。

但是我們卻相信一點：股票掛牌上市有助於降低股東的交易成本，這一點非常重要。雖然我們希望能夠吸引長期型的投資人，同時也希望能夠降低這些股東在買賣股票時所產生的成本費用。長期來講，我們股東整體的稅後投資報酬，將會相當於波克夏所創造的企業利益，減去市場交易的成本費用——證券經紀商的佣金以及交易商所賺取的價差。整體而言，我們相信申請股票上市有助於大幅降低這些費用。

……熱門股股票的交易成本很高，這些成本通常可以高達一家上市公司盈餘的10%以上。雖然這項成本是因為個人的投資決定，要將股票換手而產生，但這些成本對股東而言事實上是一項沈重的賦稅，而且課稅的對象是金融界而不是政府。由於我們所採取的企業政策及各位股東的投資態度，使我們得以降低波克夏股東的這項「賦稅」負擔，同時也相信我們股東的這項負擔，是所有大型上市公司中最輕的。如果我們的股票能夠在紐約證交所上市，由於交易商的價差範圍更為縮小，波克夏股東的交易成本應當可以降得更低。

根據紐約證交所的規定，我們必須至少要有兩位獨立董事（independent director）。各位在5月時推選出來的董事會成員裡，只有小蔡斯（Malcolm Chace, Jr.）符合「獨立」這項標準。

雖然我們還缺少一位符合證交所標準所規定的董事，這卻為我們帶來了好的結果。曼格和我很高興地向各位宣布，PKS（Peter Kiewit Sons's, Inc.）企業的最高執行長小史考特

（Walter Scott, Jr.）已經成爲波克夏董事會的成員之一。PKS
企業是我們這個時代中最成功的企業之一。該公司是一個由
員工所擁有的企業，其長期財務紀錄之佳，我就不用再多說
了，以免引起各位股東不安的情緒。該企業創辦人基衛特
（Pete Kiewit）終其一生採取唯才是任的作風經營PKS企
業，在這樣的企業傳統下，基衛特延聘了小史考特，並決定
在其身後交棒給他。小史考特天生就具有事業主的思考模
式，對於波克夏董事的職務，他一定會勝任愉快。

　　最後一點：各位應該十分了解，我們並不是爲了想提高
波克夏股票的價值，才要申請在紐約證交所掛牌上市。我們
希望，在相似的經濟環境下，波克夏股票在紐約證交所的股
價，會大致相當於其在店頭市場（over-the-counter）的股
價。各位不應該因爲波克夏股票即將在紐約證交所上市這個
事實，而想要去買賣波克夏的股票，這件事對各位的影響只
限於以下這項事實：各位在買賣股票時的成本會因此而降
低。

2　吸引你想要的投資人[注29]

　　波克夏的股票於1988年11月28日正式在紐約證交所掛
牌上市……我要澄清在〔上述〕信中沒有談論到的一件事：
雖然我們的股票在紐約股市是以10股爲交易單位，但是任

注29　：1988年。

何人也都可以買賣至少一股或以上數量的股票。

正如〔上述〕信中所解釋的一樣，我們之所要申請股票上市，是希望能降低股票的交易成本，我們也相信這個目標已經在逐漸達成當中。通常來說，紐約股市的買賣價差，一直都比店頭市場的買賣價差小得多。

韓德森兄弟企業（Henderson Brothers, Inc., HBI）是專門從事買賣波克夏股票的專業商（specialist），也是紐約證交所現存歷史最久的專業商。該公司的創辦人的是威廉‧湯瑪士‧韓德森（William Thomas Henderson），在1861年9月8日，以500美元的代價，獲得一席紐約證交所專業商的席位。（這種席位最近的喊價是62萬5,000美元）HBI經手的股票有83種，在現有的54間專業商中排名第二。當我們獲知波克夏股票被指定由HBI公司負責時，我們感到十分高興，而且對該公司的表現一直很滿意。麥奎爾（Jim Maguire）是HBI的董事會主席，他本人並親自管理波克夏股票交易的相關事宜，有他在，我們就可以高枕無憂了。

和大部分上市公司比較起來，我們的目標或許有兩點顯著的差異。首先，我們不想將波克夏股票的成交價拉升到最高；相反地，我們希望波克夏的股價能以極接近其內在企業價值（我們希望這個價值能夠以合理，或者，最好是不合理的速率持續成長）的價位進行交易，曼格和我都不希望看到波克夏股價被過度高估或是低估。對許多股東而言，這兩種極端情形為他們所帶來的投資回報，將會顯著地偏離波克夏本業的營運結果。如果我們的股價能夠持續地正確反映出波

克夏的企業價值，每一位股東在持股期間所獲得的投資報酬，將會約略相等於同時期內波克夏的營運成果。

其次，我們希望波克夏股票的交易量很低。假設我們經營的是一家私人企業，而僅有的幾位事業合夥人也都不太管事，如果這些合夥人或取代他們的人一直希望離開這個合夥事業，我們將會感到很失望的。雖然我們經營的是一家上市公司，但也會有相同的感覺。

我們的目標是要吸引長期的事業主。希望這些事業主在買進我們股票的時候，心中並沒有預存賣出這些股票的價格目標或是時間表；相反地，我們希望他們永遠持有我們的股票。有些企業的最高執行長希望見到自己的股票交易熱絡，這是我們所不能了解的事情，因為如果要達到這樣的情況，就必須持續有許多事業主選擇離開該公司。有哪些組織或單位的領導人，不管是學校、俱樂部、教會等等，在看到會員離開時會高聲歡呼的？（不過，如果這些組織經紀商的收入，是依照會員的周轉率而定，那麼至少就會有一個人支持交易活動。就像下面這種態度一樣：「基督教有好一陣子沒有什麼進展了；或許我們下星期應該改信佛教。」）

當然，有些時候波克夏股東會有需要、或是想要賣出波克夏的股票，而我們也希望買方能夠用合理的價格買下這些股票。因此，藉由企業政策、營運表現以及溝通工作，我們希望能夠吸引到新的股東，並希望他們能夠了解我們的營運狀況以及投資時程，而且像我們一樣來評估我們的表現。如果我們一直都能夠吸引到這樣的股東，同樣重要的是，不要

去吸引那些抱有不切實際期望的短線投資人的注意，波克夏
的股價應該可以持續維持在接近我們企業價值的合理價位。
注30

3 股利政策[注31]

　　企業通常會向股東報告股利政策，但很少會向他們提出
相關的解釋。企業往往會提出這樣的說法：「我們的目標，
是要發放盈餘的40%到50%，而我們所發放的股利，至少
也希望能隨著消費者物價指數（Consumer Price Index, CPI）
同步成長。」有關股利政策的解釋就只有這些，企業不會提
出分析說明，來解釋為什麼某些特定的股利政策會對該公司
的事業主最為有利。然而，資金分配對於企業及投資管理而
言都是極為重要的議題，由於這個緣故，我們認為經理人及
事業主都應該認真思考，在哪種情況之下企業應該保留盈
餘，而在哪些情形下，企業則應當將盈餘發放給股東。

注30 ：（下列文字出自1989年年報：）
　　在經手波克夏股票交易一年後，（HBI）的麥奎爾持續維持傑出
的表現。在我們的股票上市以前，股票交易商的買賣價差往往至少
是股票市價的3%。由於麥奎爾的努力，我們的股票價差一直維持在
50點以下，相當於目前市價的1%。由於這項成本的降低，買賣波
克夏股票的投資人因而獲利不少。
　　由於我們對麥奎爾及HBI的表現、以及股票在紐約證交所上市
的經驗感到很滿意，我曾在紐約證交所刊登的一系列廣告上做過相
同的表示。通常來說，我並不喜歡為事物作見證，但在這件事情
上，我很樂意公開表揚紐約證交所。
注31 ：1984年。

　　首先要注意的一點，並不是所有盈餘都是在相同情況下創造出來的。在許多產業中，尤其是那些資產／獲利比率（asset／profit ratios）很高的產業，通貨膨脹會吃掉部分甚至所有公布的盈餘。如果一個企業想要維持其經濟實力，相當於通膨部分的盈餘——讓我們將之命名為「限制性」（restricted）盈餘，就不能以股利方式發放出去。如果將這些盈餘發放出去，該企業必定會至少失去下列一項領域上的優勢：維持單位銷售量的能力、長期競爭優勢，或者財務實力。不管一家企業的配息率（payout ratio）有多保守，如果該企業持續把限制性盈餘以股利形式發放出去，而又缺乏股東的資金挹注，這個企業終究會步上滅亡的命運。

　　對股東而言，限制性盈餘通常不會是沒有價值的，但是這些數字往往必須用很高的利率來折現計算。事實上這些數字是根據企業本身的情況而定，不管該企業的經濟潛力有多差。（十年以前，聯合愛迪生（Consolidated Edison）企業所做的，正好可以用來說明這種「不管投資報酬率有多差，一律保留盈餘」的作法。當時，由於主要受到一項懲罰性法規的影響，該公司股票成交價曾經低到只有帳面價值的四分之一：也就是說，每當該公司保留一塊錢盈餘轉投資到本業上，這一塊錢只能夠轉換成 0.25 元的市價。雖然如此，該企業還是保留大部分盈餘，不發放給股東。同時，該公司在紐約州各地的建築及維修工地豎立了許多標誌，上面寫著該公司的標語：「我們必須再努力（Dig We Must）」；（譯注：雙關語，我們必須再挖掘）。

我們不需要再討論限制型盈餘這個話題。讓我們將注意力轉移到過度受重視的不受限制盈餘上頭。同樣地，這些盈餘可能被保留或發放出去。當我們在做這樣的決定時，管理階層必須判斷的是，哪一種決定對企業的事業主而言較爲合理。

這樣的衡量標準並非放諸四海皆準。基於某些理由，有些企業經理人喜歡保留這些不受限制、且可供發放給股東的盈餘——以便可以擴張這些經理人所統治的企業版圖，或是大幅增進這些經理人在財務上的安逸程度等等。但是我們認爲，保留盈餘的目的只有一個，只有在具有合理展望的時候，最好是有歷史證據，或是對未來的詳細分析做支持——**公司所保留的每一塊錢盈餘，至少可以爲事業主創造出一塊錢的市場價值**，在這樣的前提下，不受限制盈餘才應當被保留。而唯有在保留的資金所創造出來的額外盈餘，至少要等於或高於投資人在一般情形下所能獲得的盈餘，前述的要求才能夠達成。

爲了解釋前述的道理，讓我們來做個假設：有一位投資人擁有一種無風險、利率爲10%的永久性債券（perpetual bond），該債券同時具有一項非常特殊的性質，債券持有人每年都可以選擇收取10%的現金利息，或是將之轉投資到具有相同條件、但利率高於10%的其他債券上，也就是說，這些其他的債券也都是永久性的債券，而債券持有人同樣可以選擇收取現金利息或將之再做轉投資。如果在某一年中，長期性無風險債券的一般利率水準是5%，這位投資人就不應

該領取現金股利，因爲他可以將利息再投資到這個利率10%
的債券上，這樣的投資報酬率會比較高。在這種情況下，投
資人如果想要求現，就應當將這些利息轉投資到其他的債券
上，然後馬上賣出這些債券。和直接領取現金利息的作法相
比，轉投資債券再賣出的作法反而能得到更多的現金。如果
所有持有債券的投資人都很理性的話，即使有些投資人需要
靠現金過活，也沒有人會在利率只有5%的時候選擇領取現
金利息。

　　不過，如果一般利率水準是15%的話，沒有一位理性的
投資人會願意將錢投資在利率只有10%的債券上。相反地，
即是投資人不需要任何現金，他們還是會選擇領取現金利
息。如果採取相反的作法——將利息轉投資到債券上，投資
人手上就會抱著更多的債券，而這些債券的市值卻遠低於他
們原先所能領取到的現金。如果投資人想要持有利率爲10%
的債券，他們可以用領取到的現金直接在市場上購買這樣的
債券，而且這些債券的市價一定會有很高的折扣。

　　對於企業的事業主而言，在考慮是否應該保留或發放未
限制盈餘時，類似前述的分析方法是很合適的思考模式。當
然了，此一分析工作更爲艱困，而且也可能會出錯，因爲盈
餘轉投資的報酬率持續變動，不像債券利率一樣是一個固定
的數字。事業主必須預測在未來的中程階段裡，這項報酬率
的平均值會是多少，不過，一旦事業主決定了一個預估數
值，剩下來的分析工作就會簡單得多：如果轉投資可以獲致
高報酬率，盈餘就應當加以保留，而如果轉投資的預期報酬

率可能偏低,這些盈餘就應當發放出去。

在決定子公司是否應當將盈餘發放給母公司的時候,許多企業的經理人都會採取前述的思考模式;在此情形之下,這些企業經理人的表現和智慧型的事業主沒有兩樣,但是,母公司本身的股利發放政策就完全是兩回事了。在後面這種情況下,經理人往往無法設身處地為股東著想。

在這種分裂式的作法之下,如果一家企業擁有多家子公司,而其中子公司A運用額外資金的預期報酬率為5%,子公司B運用額外資金的預期報酬率是15%的話,母公司的最高執行長就會要求子公司A將全部可供發放的盈餘全數發放給母公司,以便母公司可以將這些資金投資到子公司B。最高執行長所接受到的商學教育一定會促使他做這樣的決定。但是,如果他自己運用額外資金的長期投資報酬率紀錄只有5%,而市場的利率水準卻是10%,他對母公司股東的股利政策,很可能僅是跟隨過去經驗或是產業普遍採取的模式。除此之外,他會要求子公司的經理人提出詳盡的報告,解釋他們為什麼需要保留盈餘,而不將這些盈餘分配給母公司。但是,最高執行長卻很少提供類似的分析說明給整體企業的事業主。

在決定是否應該讓企業經理人保留盈餘的時候,股東不應該只比較近幾年來的額外投資盈餘和投資金額的規模,因為這樣的比較結果可能會受到某項核心事業表現的影響。在通貨膨脹期間,如果一家企業的核心事業具有十分優異的經濟特質,該企業只需要投資很少的額外資金在企業本身,就

可以獲得很高的報酬率（就像去年在無形資產部分所做的討論一樣）。注32 根據定義，績優企業本來就可以產生大量的剩餘現金，除非這些公司是處於產品銷售數量高成長階段。如果一家公司將大部分資金投入在報酬率偏低的投資機會上，但由於投入核心事業的額外資金還是能夠獲得優異的報酬，因此該公司盈餘轉投資的整體報酬率可能依然相當出色。這種情形很像美國職業高爾夫球賽：即使所有業餘選手的表現都是糟糕透頂，但由於隊中職業選手的球技高超，該球隊的最好成績還是值得受人尊重。

　　許多企業在股東權益及額外資金的投資上都能夠持續創造優異的報酬，但事實上，這些企業也曾經將部分的保留盈餘投資在不具經濟效益的投資機會上，而且這些投資案甚至可以說是一種災難。不過，由於這些企業的核心事業表現太優異了，使得這些企業的獲利年年都在成長，因此，即使其他部分的資金分配決策一再犯錯，這些錯誤也往往能因此獲得掩飾（這通常牽涉到以高價去收購一家只具有普通經濟優勢的企業）。這些失職的經理人有時候會報告自己從前一次錯誤中所學習到的教訓。然後，會再去尋找下一次錯誤的教訓。（他們似乎滿腦子都在想失敗這件事。）

　　在這些個案裡，如果企業只把保留盈餘用來擴充獲利率高的事業，而將其餘的盈餘發放給股東，或是用來買回企業

注32 ：請參閱第 5 章第 3 節有關經濟無形資產與會計無形資產的討論文章。

本身的股票（這樣的做法可以增加股東在績優事業上的股份，而且還能夠讓他們避免投資在積弱不振的事業），那麼股東的獲利會比較好。如果高獲利企業的經理人，持續將企業創造出來的大部分現金，投資在其他低獲利的投資機會上，不管該企業的整體獲利率有多高，這些經理人都應當為這些資金的分配決定負起責任。

有時候每一季的股利政策會因為盈餘或投資機會的不同而有所變動，我們在此處所做的討論，並不是要為這樣的股利政策做辯護。上市公司股東偏好穩定且可預期的股利政策，這是可以理解的事情。因此，股利的發放應當反映出盈餘及額外資金報酬率兩者的長期展望。既然企業的長期展望很少變動，股利政策也不應當太常改變。但是長期下來，經理人所保留的可分配盈餘，應當要能夠賺取到相當的報酬，如果盈餘的保留決策是不智的，繼續留任這些企業經理人很可能也是不智的。

▄ *4* 股票分割與交易量[注33]

常常有人問我們，為什麼波克夏不進行股票分割？這種問題背後往往假設股票分割對股東而言是一件好事，我們不同意這樣的看法。讓我告訴各位我們反對的原因。

我們的目標之一，是要讓波克夏的股票以大致符合其內

注33 ： 1983 年。

在企業價值的價位進行交易。（請注意我說的是「大致符合」，而不是「相等」：如果一般而言，績優公司的股價都遠低於其價值，波克夏股票的價格很可能也會是這樣。）股價合理與否的決定關鍵，是先要有理性的股東，不管是現在或未來都一樣。

如果一家企業的事業主，以及／或是有興趣購買該企業股票的投資人，常常會做出不理性或是情緒化的決定，可能讓該公司的股票偶而會出現極不合理的價位。投資人如果具有恐慌性的沮喪性格，往往也會導致恐慌性的超低市場評價，這樣的反常情形可能會有助於我們買賣其他企業的股票。但是我們認為，為了各位股東與我們本身的利益著想，波克夏的股價最好不要出現這樣的情形。

但是一家公司若只要吸引到高素質的股東並不是一件容易的事。雅恩特女士（Mrs. Astor，編注：紐約富裕的社會名流，挑選400名社會菁英組成一個團體，參與各種社會活動）可以挑選她的400名菁英，但是任何人都可以購買任何的股票。一個股東「俱樂部」是沒有辦法針對其新進會員的智力、情緒穩定性、道德標準、或是服裝打扮等條件進行篩選。因此，想要採用優生學的作法來篩選股東似乎是一件不可能的任務。

不過，大體而言，只要我們能夠持續地將我們在企業經營及管理上的想法——**並且不包括其他相互矛盾的**意見，傳達給投資大眾，然後讓投資大眾自行來決定，我們認為一定可以吸引到並保留住高素質的股東。舉例來說，雖然任何人

都可以買票欣賞任何一場表演，但是歌劇音樂會和搖滾演唱會吸引的卻是兩群截然不同的觀眾。

透過我們的政策制訂以及溝通工作，也就是我們的「廣告」，我們希望能夠吸引到了解我們的營運、態度、以及未來展望的投資人。（同樣重要的是，我們也希望能夠勸阻那些不認同我們的投資人，勸阻他們別買進波克夏的股票。）我們希望吸引到的股東，是那些具有事業主心態、並且願意長期投資的投資人。而且，我們還希望這些投資人能將注意力集中在企業經營的成果，而不是股價在市場上的表現。

具有上述特質的投資人可說是少之又少，但我們的股東卻都是這樣的少數民族。我相信波克夏所有股票當中有90%，很可能超過95%以上，是由這樣的投資人所持有，而且這些投資人在五年前同樣持有波克夏的股票，或是其他藍籌股企業的股票。我在想，對那些95%以上持有波克夏股票的股東們而言，他們投資在波克夏股票上的金額，至少是他們投資在第二主要投資項目金額的2倍。就那些至少擁有數千名股東、而且市值超過10億美元的上市公司而言，我們的股東以事業主的心態進行思考及行動的程度，可說是其中的翹楚。想要求具有這些特質的股東們再提升他們的素質，實在不容易。

如果我們將股票進行分割，或是採取其他偏重股價而忽略企業價值的行動，我們將會吸引到一群素質較差的股票買主，而我們將失去的，卻是現有的高素質股東。波克夏目前的市價是每股1,300美元，很少投資人會買不起一股波克夏

的股票。假定有一位投資人想要購買一股波克夏股票,而我們將波克夏的股票以1：100的比例進行分割,好讓這位投資人可以購買100股波克夏股票,這樣會對這位投資人比較有利嗎?對那些同意這種看法,或是因為希望或預期會有股票分割,而有意購買波克夏股票的投資人而言,他們一定會降低我們現有股東的素質。(如果我們將部分思路清晰的現有股東,換成一群易受他人影響的新股東,而這些新股東卻又愛數字勝過價值,並認為擁有9張10元鈔票比擁有1張百元大鈔富有,如此一來,我們真的能夠達到提升股東素質的目的嗎?)如果投資人是因為那些無關乎價值的因素而買進股票,他們也可能會因為無關乎價值的理由而賣出股票。這些投資人在市場上所扮演的角色,將只會加重股價因為那些無關企業基本發展因素的理由,而呈現大幅的震盪。

我們在制訂企業政策的時候,會努力避免吸引那些只注重我們股價短線表現的投資人,並且會盡力吸引那些注重企業價值的長期型、知識性的投資人。正如同各位是在一個充滿理智型投資人的市場中買進波克夏的股票一樣,如果你決定要這麼做的話,同樣有權利在市場中賣出各位所持有的波克夏股票。我們會努力維持這樣的市場生態。

股市的荒謬性之一,是對交易量的重視。利用像「可買賣性」(marketability)以及「流通性」(liquidity)這樣的名詞,經紀商大力讚揚股票周轉率(share turnover)高的企業(如果這些經紀商沒有辦法幫你賺錢,他們也會告訴你一大堆秘密消息)。但是投資人應該了解,對莊家有利的事,對

賭客就不利，一個過熱的股市就像是一名企業的扒手。

舉例來說，假定某一家公司的股東權益報酬率是12%，
而股票每年周轉率高達100%，如果該公司的股票是以帳面
價值的價位進行交易，爲了要擁有轉換所有權的權利，該公
司的事業主每年總共必須支付相當於該公司淨值2%的費
用。這樣的作法對該公司的收益完全沒有好處，而且企業整
體盈餘的六分之一必須用來支付所有權轉移過程中的「摩擦」
成本（frictional cost）。（這樣的計算並不包括選擇權的交
易，這一類交易會使摩擦成本更爲提高。）

這樣的成本費用實在很高。各位能夠想像，如果某個政
府單位決定對企業或投資人的盈餘加徵16.67%的所得稅，
社會大眾會發出那種痛苦的怒吼嗎？經由市場的交易活動，
投資人等於爲自己增加了這樣的賦稅負擔。

對於事業主來說，股市單日成交量高達1億股（用今天
的眼光來看，如果將店頭市場的成交量也一併計入的話，這
樣的單日成交量可說是異常的低），可說是一種詛咒，而不
是一種幸福，因爲這樣的單日成交量所代表的意義，是事業
主必須付出2倍於單日成交量只有5,000萬股時的費用，才
能夠轉移所有權。如果單日成交量爲1億股的情況持續一整
年，而每一筆買進或賣出一股股票的手續費是0.15美元，投
資大眾爲了轉移所有權所付出的交易費總額將高達75億美
元──這個數字約略相當於艾克索石油（Exxon）、通用汽車
（General Motors）、美孚石油（Mobil），和德士古石油
（Texaco）4家企業在1982年的總收益，它們也是財星雜誌

前500大企業（Fortune 500）當中的前4名。

　　這4家企業在1982年底的淨值總和約為750億美元，它們的淨值總和以及純益總和，也都超過財星雜誌前500大企業全部總和的12%。在我們前述的假設之下，僅僅為了滿足自己在財務上「翻轉」的喜好，投資人每年都必須放棄這樣一筆天文數字的資金。除此之外，投資人每年花費超過20億美元的投資管理費用，就是針對轉移所有權提供建議所收取的費用，這相當於5間最大銀行機構的總收益——花旗銀行（Citibank）、美國銀行（Bank America）、大通銀行（Chase Manhattan）、漢諾瓦製造銀行（Manufacturers Hanover）、以及J.P.摩根銀行（J.P. Morgan）。

　　（我們也了解可分配大餅持續擴張的這種說法，這種論調主張，交易活動將有助於增進資金分配的理性程度。我們認為這是一種誤導人的論調，而且整體來說，過於熱絡的股票市場將會不利於理性的資金分配，並且會產生市場規模縮減的效應。亞當·斯密認為，自由市場中的所有非聯合行為，都是由一隻看不見的手在操縱，這股力量會引導經濟體出現最大的成長。我們的看法是，賭場式的股市以及恐慌性的投資管理方式，就像是一隻無形的腳，遲緩了經濟進步的腳步。）

　　讓我們將波克夏的股票與交易過熱的股市做比較。我們股票目前的買賣價差約在30點左右，相當於股價的2%。根據每筆交易量的不同，賣出波克夏股票的投資人所收到的金額，和買進股票的投資人所付出的金額，這兩者之間的差距

大約是在4%（交易量只有幾張股票）到1.5%（在鉅量交易案中，雙方可以以議價方式降低交易商的價差以及經紀商的佣金）之間。由於波克夏股票的買賣大部分都是以鉅量成交，所有交易的平均價差或許還不到2%。

波克夏股票每年真正的周轉率（包括交易商之間的交易以及股票贈與）可能是3%。因此，我們的事業主每年因轉移所有權而付出的費用，大約只有波克夏市值的萬分之六。這樣約略估算出來的金額是90萬美元，這不是個小數字，但卻遠低於平均值。如果將股票分割，這項成本就會增加，我們股東的素質也會降低，而波克夏的股價也較無法符合其內在企業價值。我們看不出來有任何好處可以彌補這些缺失。

5　股東的策略^{注34}

去年波克夏股價跨過了每股1萬美元大關。許多股東向我提起，這樣的高價為他們帶來了一些困擾：他們希望每年都贈與一些股票給別人，但現在卻遇到困難了，因為根據稅法規定，個人年度贈與金額少於1萬美元，和贈與金額高於1萬美元的課稅方式不同。也就是說，低於1萬美元的贈與完全免稅，但如果贈與金額超過1萬美元，捐贈者必須用動用一生中可用之贈與稅及不動產稅之免稅額來抵扣贈與稅稅

金，如果該免稅額額度已經使用完畢，捐贈者就必須支付贈
與稅。

　　對於這個問題，我有三個解決方法。第一種方式對已婚
股東較為有用，只要股東在申報年度贈與稅時，取得配偶的
同意並在稅單上簽名，表示願意將 1 萬美元的免稅額度讓予
股東本人使用，那麼這些股東每年就可以有 2 萬美元贈與免
稅額。

　　第二種方法是，不管股東已婚或未婚，他們都可以用便
宜的價格將股票賣給受贈人。舉例來說，如果波克夏的股票
成交價是每股 1 萬 2,000 美元，而你只希望贈與 1 萬美元，在
這種情況下，你可以用 2,000 美元的價格，賣出一張波克夏
股票給受贈者。（注意：如果你賣給受贈者的價格超過你的
計稅基準，你就需要繳納超出部分的稅金。）

　　最後，你可以和你的受贈者利用波克夏的股票共同組成
一個合夥事業，然後每年將你在該合夥事業中的股份贈與你
的受贈者。你可以任意決定這些股份的價值，如果這些股份
的價值低於 1 萬美元，這樣的贈與就是免稅的。

　　依照慣例，我們要提出一項警告：在採取任何特殊的贈
與行動之前，請先諮詢你自己的稅務專家的意見。

　　我們仍然支持我們在 1983 年年報中有關股票分割的看
法。[注35] 大體而言，由於我們採取了一些與事業主相關的政
策──包括決定不分割股票的政策，因而能夠擁有全美國上

注35：請參閱第 3 章第 4 節有關股票分割與交易量的文章討論。

市企業中素質最高的股東群。我們的股東在思考上及作爲
上，就像是理性的長期投資人，他們對波克夏企業的看法也
跟曼格和我一樣。因此，我們的股票也才得以持續在頗爲符
合內在價值的價位內進行交易。

除此之外，我們也相信，和其他大型上市的股票相比，
我們的股票周轉率顯然要低得多。交易的摩擦成本，對許多
企業的事業主而言，可說是一項主要的賦稅負擔，但在波克
夏則幾乎不存在。（而且波克夏股票專業商麥奎爾的市場成
交技巧，當然有助於降低這些成本。）顯然地，股票分割對
這個情形並不會產生太大的影響。然而，如果我們眞的進行
股票分割，因而吸引到一些新的股東，我們股東的整體素質
也不會獲得提升，反而會稍微下降。

6　波克夏的資本重組[注36]

在年度大會的時候，各位需要對波克夏一項資本重組
（recapitalization）議案進行決議，基於這項提案的內容，波
克夏將會出現兩種形式的股票。如果該項提案獲得通過，我
們現行的股票就將被稱爲A型普通股，另外將發行一種新型
態的普通股，也就是B型普通股。

每一股B型股只擁有一股A型股三十分之一的權利，而
且還附帶下列各項限制：首先，B型股只具有A型股二百分

注36：以短線符號分開：1995年；1996年。

之一的投票權（而不是三十分之一的投票權）；其次，持有 B 型股的股東沒有權利參與波克夏企業的股東指定慈善捐贈計畫。

當這項資本重組計畫完成之後，股東可以選擇在任何時候將一股 A 型股轉換成 30 股 B 型股。但是這樣的轉換權利並不是雙向的，也就是說，B 型股股東不能將他們的持股轉換成 A 型股。

我們預定申請 B 型股在紐約證券交易所掛牌上市，讓這個新股票和我們的 A 型股一同在市場上交易。為了達到符合上市規定的股東人數，同時也為了確保 B 型股可以有穩定的交易市場，波克夏計畫利用公開說明書的集資募股方式，發行 1 億美元的 B 型股。

B 型股的市價最後將由市場來決定。不過，這些股票的價格應該會稍微高於 A 型股股價的三十分之一。

持有 A 型股的股東如果想要從事贈與，他們會發現可以很容易地將一股或二股的 A 型股轉換成 B 型股，再用來贈與給他人。另外，如果對於 B 型股的需求足夠強勁到將 B 型股的價格拉升到 A 型股價格的三十分之一以上，A、B 股之間的套利行為也會發生。

不過，由於 A 型股具有完整的投票權，而且可以讓持股人參與波克夏的慈善捐贈計畫，因此 A 型股將優於 B 型股，而我們也相信，大部分股東會繼續選擇持有 A 型股——曼格和我兩個家族都決定這麼做，但在某些情況下，我們也可能將一些 A 型股轉換成 B 型股，以便做贈與之用。由於我們預

期大部分股東還是會決定持有A型股,因此A型股的市場流動性將會比B型股來得大。

此一資本重組案對波克夏而言有利有弊,但這和發行股票所募得的資金無關,(我們會找到具建設性的方式來運用這些資金)也和B型股上市價格完全無關。當我寫下這一點的時候,波克夏目前股價是每股3萬6,000美元,曼格和我都不認為我們的股價受到低估。因此,雖然我們決定發行一種新型態的股票,但這並不會降低我們現有股票的每股內在價值。讓我們對市場評價這件事提出更大膽的看法:以目前市價來看,曼格和我都不會考慮買進波克夏的股票。

由於發行B型股,波克夏必定會產生一些額外的費用,包括必須處理為數眾多的股東而產生的行政費用。但就另一方面來說,對於希望贈與股票給他人的投資人而言,B型股卻是一種很方便的工具。對於希望見到股票分割的股東而言,他們也等於進行了自助式的股票分割。

不過,我們之所以這麼做,是為了其他的原因,這是因為市場上出現一些手續費昂貴、但售價卻很低廉的單位信託基金(unit trusts),這些基金企圖以仿效波克夏投資模式的方式來進行投資。我們相信業者一定會在市場上大力促銷這些基金,這些投資工具背後的想法了無新意。最近幾年曾經有許多人告訴過我,他們希望能夠創造出一種完全以波克夏為投資對象的投資基金,並以低價來銷售這些基金。但是由於我的反對,提出這種想法的業者才打消他們的念頭,但現在情形卻不同了。

我並不是因為比較偏好大額投資人而非小額投資人，才沒有勸阻這些業者。如果可能的話，曼格和我樂意幫大多數人把1,000美元拉升到3,000美元，這些人會發現這筆收益可以馬上解決他們當前所面臨的問題。

不過，如果要盡快將小額投資金額增加為3倍的數字，我們就必須盡快將我們的市值（market capitalization）由目前的430億美元，增加到1,290億美元（這大約是奇異電器（General Electric）的市值，該公司是全美國評價最高的企業）。我們實在達不到這個目標。平均來說，我們所能做到的最好成果，是讓波克夏的每股內在價值每年提升1倍，而我們很可能也達不到這樣的要求。

事實上，曼格和我並不在乎我們的股東持股數量是多還是少。不管我們的股東持股數量為何，希望所有股東都能了解我們的營運狀況、分享我們的企業目標及長期展望、並且知道限制為何，尤其是因為我們的龐大資本而產生的種種限制。

最近出現的單位信託基金所強調的，只是前述理念的表象而已。負責銷售這些信託基金的經紀商，大都只是要賺取高額的佣金，因此一定會對投資人產生其他的成本負擔，而且為了吸引一無所知的投資大眾所採取的促銷動作，將傾向引用我們過去的投資紀錄，以及波克夏和我個人近幾年來的高知名度，來引誘投資人去購買這些基金。必然的結果將是：一定會有許多投資人感到失望。

藉由發行B型股，雖然這是一種低面額的股票，但絕對

比那些完全以波克夏為投資對象的信託基金要好得多，我們希望能將這些仿效者逐出市場。

但是所有波克夏現在及未來的股東都必須特別注意一點：雖然在過去五年間，波克夏的每股內在價值都能夠以極為優異的速率維持成長，然而我們的股價成長速度更為驚人。換句話說，我們的股價表現比我們企業本身的營運更為出色。

不管是波克夏或其他公司，這樣優異的股價表現不可能永無止境地持續下去。**股價一定會有表現不佳的時候，這是必然的現象。**我們並不樂意見到股價因此而出現波動，雖然這種現象是公開市場的通病。我們比較偏好的，反而是讓波克夏的股價準確地追隨其內在價值的腳步，如果真能這樣，每一位股東在其持股期間所能獲得的投資報酬，將會跟波克夏在同時期內的成長幅度完全一樣。

顯然地，波克夏股票在市場上的表現，絕對不會永遠維持在這樣的理想狀態。但是，只要我們現在以及未來的股東都是智識型的投資人，能夠以事業為導向，並且在做投資決定時不受到高佣金推銷手法的影響，我們一定盡量來達成這個目標。如果我們能夠使這些單位信託基金的行銷手法遭挫，情形就會對我們比較有利──這也正是我們要發行 B 型股的原因。）

────────

我們（在 1996 年）透過所羅門企業進行了兩次大規模

的股票發行作業，兩次的成果都很有意思。第一次是在 5 月間發行了 51 萬 7,500 股的 B 型普通股，募集到的資金淨額為 5 億 6,500 萬美元。我過去曾經向各位說過，由於市場上出現一些單位信託基金，而且這些基金極可能以類似波克夏的基金形式在市場上銷售，為了因應這項威脅，我們才決定發行 B 型股。在業者推銷這些基金的過程中，他們有可能利用我們過去的、但未來絕對無法重複的紀錄，引誘無知的小額投資人購買這些基金，而且還會向這些投資人收取高額的手續費及佣金。

我想，這些信託公司要賣出數十億美元的這類型基金並非難事，我也相信，這些基金在市場上的初期成功經驗，一定會鼓勵其他類似的基金出現。（在證券這個行業裡，凡是可以賣掉的東西就會有人賣。）同時，這些信託基金所募得的資金，也一定會毫無限制地投資在波克夏的股票上，然而，波克夏的股票數量是固定且有限的，可能出現的結果將是：我們的股票將成為投機性的泡沫。至少在某一段時間內，這種股價暴漲的情形會是一種自發性的現象，因為股價暴漲會吸引另一波無知且易受影響的投資人進場投資這些信託基金，導致這些基金進一步搶購更多的波克夏股票。

對決定賣出手中持股的波克夏股東而言，前述結果可能是十分理想的狀況，因為他們可以從這些新買主的錯誤期望中得到不少獲利。但是，一旦回歸現實之後，繼續持股的股東就得承擔不利的結果，因為那時波克夏將出現數以萬計不滿的間接股東（也就是透過信託基金持股的股東），而且企

業的名聲也會受到拖累。

我們發行的 B 型股，有效地遏止這些信託基金的銷售。而且，如果投資人在聽過我們前述的警告之後，仍然決定投資波克夏企業的話，這些 B 型股也提供他們一種低成本的投資方式。為了防止經紀商過於熱切推銷新發行的證券──因為這些新證券正是他們的財源所在，我們規定這些 B 型股的銷售佣金只有 1.5％，在我們見過的所有普通股承銷案當中，這是最低的銷售佣金。除此之外，有些買進新上市股的投資人希望能夠因為新上市的蜜月期，及新上市股的稀有性而賺取短線利益，但由於我們並不限定承銷的數量，因此能夠遏止這種現象發生。

整體而言，我們盡量做到只讓那些打算長期投資的投資人買進 B 型股。一般來說，我們所做的努力還算成功：B 型股剛承銷上市後的成交量──一種概略估計利用公開上市套利機會跑短線（flipping）資金的指標，遠低於其他的新上市股。到最後，我們大約增加了 4 萬名股東，我們相信這些股東都了解他們所擁有的事業，而且也認同我們的長期持股的態度。

在處理這件特殊的交易案中，所羅門企業的表現實在令人擊節讚賞。該公司的投資專員完全了解我們想要達成的目標，並且量身設計這件承銷案的每一項細節，以便讓我們可以達到這些目標。如果我們根據一般的承銷作法來發行股票，所羅門企業應該可以賺到更多的收入，或許可以有 10 倍之多。但是主辦這件承銷案的投資專員，並沒有為了想多

賺錢而忽視我們的特殊要求，相反地，他們會提出一些不利
於所羅門企業財務利益的意見，目的只是爲了讓我們更能確
定地達成目標，費茲傑羅（Terry Fitzgerald）是這件承銷案
的負責人，我們非常感謝他所做的努力。

　　去年底我們決定要發行公司債，這些公司債可以轉換爲
我們所持有的部分所羅門股票。由於有前述的經驗，所以我
們決定再次委託費茲傑羅負責發行事宜，各位對這樣的決定
一定不會感到驚訝。而所羅門企業也再次展現了一流的承銷
功力，幫我們銷售了面值 5 億美元的五年期債券，募集到 4
億 4,710 萬美元資金。每一張面值 1,000 美元的債券，都可轉
換爲 17.65 股的所羅門股票，波克夏並可於三年後以累計的
價值贖回該債券。如果債券持有人不將這些債券轉換成所羅
門的股票，連同原始的承銷折價以及 1% 的票面利率，該債
券至到期日爲止的獲利率爲 3%。但是，這些債券很可能在
到期日以前就被轉換爲所羅門的股票，如果發生這樣的情
形，我們在轉換前這段期間的利息成本將會大約是 1.1%。

　　最近幾年來，曼格和我都被報導成對所有投資銀行的手
續費感到不滿，這完全是不正確的。我們在過去三十年付出
了許多手續費──第一筆費用是我們在 1967 年買下國家保
險公司（National Indemnity）時，付給海德（Charlie Heider）
的手續費，如果手續費與所提供的服務表現相符合的話，我
們非常樂意支付這筆費用。在 1996 年和所羅門合作的這兩
件案子裡，我們獲得的服務完全是物超所值。

第 4 章

合併與收購

在波克夏所有的活動中，曼格和我最喜愛的是收購一間具有優良經濟特質，以及受我們喜歡、信任及欣賞的經營團隊所管理的企業。要找到這樣的收購案並非易事，但是我們還是不斷找尋可能的收購對象，在尋找過程中所採取的態度，就像一般人在找尋另一半一樣：要主動出擊、表現積極，並且保持開放的態度，但是絕對不能急就章。

我曾經見過許多汲汲於收購他人公司的企業經理人，這些經理人顯然是受到青蛙王子童話的影響，由於公主成功地把青蛙變成王子，他們因此大受鼓勵。為了取得親吻那些企業「蟾蜍」的權利，這些經理人付出了極大的代價，並期待能出現神奇的幻變。一開始的失望結果，更加深他們想找尋更多蟾蜍的意願。（「所謂的幻想，」桑塔亞納（Santayana）譯注24 表示，「就是當你已經忘記目標是什麼的時候，仍持續加倍努力。」）到頭來，即使一位經理人再怎麼樂觀，他終究得面對現實。由於環顧四周都是毫無反應的蟾蜍，這些經理人於是宣布要公告一大筆「企業改組」（restructuring）費用。在這個相當於一項重新出發計畫（Head Start program）的案例中，最高執行長獲得了一次教育機會，但付學費的卻是企業的股東。

譯注24：1863-1952年，生於西班牙的美國詩人及哲學家。

當我以前擔任企業經理人的職務時，也曾經和幾個蟾蜍交往過。這些蟾蜍的價格倒是很便宜——我從來就不喜歡玩大的，但是我的結果和其他追求高價位蟾蜍的收購者並沒有什麼兩樣。我吻了這些蟾蜍，得到的回應卻只是蟾蜍的叫聲。

經過幾次失敗經驗之後，我終於想起一位職業高爾夫球選手（像所有跟我打過球的職業球員一樣，這位選手也希望對自己的身份保密）給過我的建議。他說：「熟練不一定能夠生巧，多練習只會養成一種不變的做事方式。」從此之後，我修改了我的策略，並開始以合理的價格收購績優企業，而不是以便宜的價格收購普通的企業。注37

1 不好的動機與高價策略 注38

由波克夏的記錄可知，不管是完全由我們所掌控的企業，或是用投資有價證券的方式買進某企業的少數股權，我們對這兩種投資方式都同樣感到很舒服。我們一直在找尋適當的方式，投注大筆資金在這兩種投資領域上。（不過，我們盡量避免小型的投資計畫——「如果一件事根本不值得做，當然不值得花心血做好它」。）事實上，由於我們的保險事業需要維持一定的流動性，因此必須在有價證券上投注

注37：前四段引言出自 1992 年年報。
注38：以短線符號分開：1981 年；1982 年；1994 年。

大筆的資金。

我們的收購決策，是以獲致最大的實質經濟利益為目標，而不是要將經理人的統治版圖、或是某些會計上的認列數字提升到最大。（如果一個經營團隊過度強調會計表現而忽略經濟實質面，這個企業在這兩方面通常都不會有太大的成就。）

不管我們的作法對我們即將公告的盈餘有任何影響，我們還是寧願以每股X美元的價格收購T企業10%的股權，也不願意以每股2X的價格收購該公司100%的股權。然而大多數企業經理人卻喜歡採取相反的作法，當然他們也不乏足以自圓其說的理由。

不過，我們懷疑在大多數的高溢價收購案中，存在下列三個重要的動機（這些動機通常不會被公開說出來），這些動機可能是單獨存在，也可能同時出現：

⑴不管是企業或其他組織的領導人，這些人通常都充滿了動物性的精神，而且通常偏好較強的活動力以及更多的挑戰。同樣地，波克夏在面對有可能成功的收購案時，企業脈動也會比平常加快。

⑵不管是企業或其他組織，大部分組織都偏重以組織的規模，而非其他的標準，作為衡量自己和其他企業的表現基準，並訂定經理人報酬。（各位可以去問問財星雜誌前500大企業的經理人，他們在名單上的排名為何，幾乎是一成不變的，他們的答案一定是根據營業額所做的排名。事實上，財星雜誌還根據這相同的

500大企業的獲利率高低，另外做了一份排名，但是這些經理人可能完全不知道自己的企業在這份名單上的排名為何。）

(3)很明顯地，許多管理階層還沈醉在小時候的青蛙王子童話裡。在這個故事裡，經詛咒變成蟾蜍的英俊王子，因為美麗公主的輕輕一吻，神奇地恢復了王子的身形。因此，這些經理人很確定自己的「經理人之吻」，可以給目標公司創造同樣的奇蹟。

這樣的樂觀態度是必要的。如果沒有這種樂觀的看法，收購公司的股東為什麼要花2X的收購價格，來買下目標公司的股權，而不是只花X的市價，直接由公開市場中買進該T企業的股票呢？

換句話說，投資人永遠可以直接用蟾蜍的一般市價來購買蟾蜍。相反地，如果投資人願意資助那些寧願付雙倍價錢，以便能親吻蟾蜍的公主，這些公主的親吻動作最好能夠展現真正的魔力。我們看過不少這樣的親吻動作，卻很少看到奇蹟出現。然而，對於自己的「經理人之吻」的未來效益，許多經理人還是保持高度的沈穩跟自信——即使他們企業的後院裡已經擠滿了毫無回應的蟾蜍。不過，為求公平起見，我們必須承認有些收購紀錄的確很輝煌，其中有兩大類型的收購案特別引人注意。

第一種收購案類型，是那些收購了特別能夠適應通貨膨脹環境事業的公司，不管這樣的收購案是經過設計或只是碰巧。像這種有利的收購目標，必須具有兩項特徵：(1)很容易

就能夠調升產品價格（即使產品的需求量不高，而且產能也未獲充分利用），不需要擔心會大幅失去市場占有率或銷售量，以及(2)儘管只投入少許的額外資本，卻能夠在收購事業上產生大量的現金（這種現象往往是因為通貨膨脹所致，而不是因為企業的實質成長。）。近幾十年來，一些能力普通的經理人在考慮可能的收購案時，大多著眼於這兩項要求，而且都有很好的表現。不過，很少有企業兼具這兩項特質，而收購具備這兩種特質事業的競賽，其競爭激烈的程度，幾乎已經到了自我毀滅的地步。

　　第二種類型的收購案，則牽涉到某些超級經理人——這些人可以辨認出哪些蟾蜍可以真的變成王子，而且有能力讓這些蟾蜍變回王子。西北企業（Northwest Industries）的海恩曼（Ben Heineman）、鐵勒丹企業（Teledyne）的辛格頓（Henry Singleton）、國家服務企業（National Service Industries）的賽班（Erwin Zaban）、特別是首都企業的墨菲（他是一位真正能兼顧前述兩大類型收購案的企業經理人，他在收購案中所做的努力都是以第一類型的案例為主，而且，在營運上的超凡能力，使得他也是第二類型收購案中的翹楚），這些人都是獨具慧眼的伯樂。我們由自身以及他人的經驗中了解，要這些高階主管達到這樣的成就，不僅是困難，而且是很少有。（這些主管也了解這一點；近幾年來，這些伯樂只完成了少數幾件收購案，他們同時也發現，企業資金最合理的運用方式，是回購企業已發行的股票。）

　　很不幸地，各位的董事長並不符合第二種類型經理人的

標準。而且，雖然我們了解由於某些經濟因素的影響，所以主要收購案都集中在第一種類型，但是我們在這類型的收購活動卻一直是零星且不洽當的。事實上，我們是說的多，做的少。（我們忽略了諾亞的原則：預估會下大雨沒有用，建造方舟才重要。）

我們偶而會試著以優惠的價格購買一些蟾蜍，也在過去的報告中說明了這些收購案的結果，很明顯的，我們的親吻並沒有任何作用。我們曾經有過一些成功的案例──但是在我們買下這些企業的時候，他們就已經是王子了，至少我們的親吻沒有把他們變成蟾蜍。最後，我們偶而也以蟾蜍似的價格，買下一些明顯可以看出是王子的企業的部分股權。

波克夏與藍籌公司（Blue Chip）考慮在 1983 年合併。如果合併案成功的話，雙方將會根據相同的計價模式，交換彼此公司的股票。波克夏在目前的控股經營地位上，和子公司進行過一次主要的股票發行動作，是在 1978 年與多元零售企業的合併案。

我們在發行股票時會遵循一項簡單的基本原理：除非我們所獲得的內在企業價值，至少會相等於所付出的內在企業價值，否則，就不會發行股票。各位可能會問，為什麼會有人願意發行 1 元的紙鈔，來交換 5 角的紙鈔呢？很不幸的，許多企業經理人都樂意做這樣的事。

這些經理人在為收購案籌集資金時的第一選擇，可能是

利用現金或舉債。但是，最高執行長的野心往往超過了現金及信貸這兩項資金的來源（我當然也不例外）。而且，當最高執行長所持有的股票價格遠低於內在企業價值時，這樣的野心更常顯現出來，真相往往就在此時顯露出來。在這個時候，就像貝拉（Yogi Berra）所說：「光用眼睛看，你就可以觀察到很多東西。」此時股東就可以看得出管理階層真正偏好的目標是什麼——擴張企業版圖，或是維護事業主的財富。

　　之所以必須在這些目標間做選擇，理由很簡單。一般而言，企業的股價往往低於其內在企業價值，但是當一家企業想要以協商的方式，將整個公司賣給他人時，不管是採用哪一種付款方式來計價，該企業一定會希望（而且往往可以），完全收回其內在企業價值。如果是用現金付款，賣方在收到價值上的計算再簡單也不過了；而如果買方是用自己企業的股票來支付該收購案，賣方的計算方法也還算簡單：只要計算所收到股票的市場現金價值就可以了。

　　同時，如果買方的股票市價和其內在價值一致，用股票做為支付收購案的工具也不會有任何問題。

　　但是，假定買方的股票市價只有其內在價值的一半。在這種情況下，就可能會出現令買方不滿的情況：亦即它必須用價值受到嚴重低估的工具，來支付收購案的金額。

　　諷刺的是，如果是買方要把它自己的事業完全賣給他人，它也可以利用商議的方式，要求對方支付相等於其內在企業價值的價格，而它很可能可以得到這樣的價格。但是，

當這位相同的買方出售自身企業的部分股權時——*而這正是以發行股票的方式，為收購案籌措資金的結果*，它所能獲得價格，往往就是市場所決定的股價。

如果買方不考慮這些因素，決定勇往直前的話，他們最後的結果，是必須用被低估的貨幣（市場價值），來全額支付所收購的資產（商議的價值）。事實上，為了獲得一塊錢的價值，收購者卻必須放棄兩塊錢的價值，在這樣的情形之下，以一個合理的價格收購一家績優企業，會變成是一件糟糕的收購案。如果把黃金甚至是白銀，當成鉛塊來交換別的黃金，這可不是件聰明的事。

不過，如果對擴張企業版圖或收購活動的渴望夠強的話，買方的經理人會找出充分的理由，為發行那些足以摧毀企業價值的股票來辯解。友善的投資銀行業者也會向他保證，他的所做所為都是合理的。（別問理髮師你需不需要理髮。）

下列是一些管理階層在決定發行股票時最喜歡採用的理由：

⑴「我們將要收購的企業，未來將會更具價值。」（即將被放棄的企業股權也具有相同的展望；在企業評價的過程中，未來的展望往往不被明說出來。如果為了收購 X 的價值而發行 2X 價值的股票，即使這兩項數字都增長 1 倍，兩者之間不平衡的狀態還是存在。）

⑵「我們必須持續成長。」（有人可能會問啦，這個「我們」指的誰？對目前股東而言，實際情況是，當

更多股票被發行時，所有現存事業的規模都會縮小。如果波克夏爲了某件收購案而決定在明天發行新股票，波克夏將會擁有所有現存的事業，加上新收購的事業，但是各位股東在像是 See's 糖果公司、國家保險公司等非凡企業的持股比例，卻會自動降低。假設(a)你的家族擁有一個占地 120 畝的農場；(b)你的鄰居擁有一個占地 60 畝的相同農場，而你邀請他共組一個合夥農場，雙方各占一半的股權，由你擔任總經理；(c)如此一來，你所管理的農場面積將擴大爲 180 畝，然而你的家族在農場面積及穀物收成上的權益卻永遠減少了 25%。對於那些想要犧牲股東權益來擴張企業版圖的經理人，他們最好考慮到政府單位去服務。）

(3)「我們的股價受到低估，而且我們在這件收購案上，已經盡量減少使用到這些股票——但是，我們必須用股票支付賣方股東 51% 的金額，並用現金支付剩下的 49% 金額，如此一來，某些賣方股東才能夠照他們的希望獲得免稅的交換條件。」（由這個理由可知，買方的確了解減少股票的發行量是一件對自身有利的事，我們很喜歡這一點。但是，如果完全用股票來支付收購案的金額是一種傷害股東的作法，用股票來支付 51% 的收購金額同樣也會傷害到股東。畢竟，如果某個人的草地被一隻西班牙獵犬給弄亂了，他會不高興，換成是隻聖博納犬也一樣。而且，賣方的意願不

應該是決定買方最佳利益的考慮因素——老天保佑，萬一賣方堅持合併的條件之一，是買方必須更換最高執行長，那可怎麼辦呢？）

當企業決定發行股票來進行收購，現有的事業主可以採取三種作法，避免企業價值受到損毀。一種方法是用企業價值交換企業價值（business-value-for-business-value）的方式進行企業合併，波克夏與藍籌公司合併的目的就是如此。**這種合併案希望讓雙方股東得到公平的待遇，並且讓雙方付出與回收的內在企業價值能夠相等**。達特企業（Dart Industries-Kraft）與納貝斯克企業（Nabisco-Standard Brands）的合併案看起來也是屬於這種類型的合併案，但這都屬於例外情形。倒不是因為收購者希望避免這樣的交易案；而是要做到符合這樣的要求並不容易。

如果買方的股票價格等於或高於其企業的內在價值，買方就可以採用第二種方法。在這種情況下，利用股票來支付收購案金額，實際上可能得以提升買方事業主的財富。在1965年到1969年這段期間，許多合併案都是在這種基礎上進行的。而自從1970年起，大部分收購活動卻反其道而行：賣方股東所收到的是一種被過度誇大的付款工具（這些工具的價值通常可以用曖昧的會計或促銷技巧來加以美化），在這些交易案中，他們才是損失財富的輸家。

最近幾年來，很少有大型企業能夠採用第二種方法。由於受到市場的短暫眷顧，某些深具魅力或是被大力推銷的企業股票價格，因而得以維持在等於其內在企業價值甚至更高

的價位上，這些企業是唯一例外的情形。

　　在第三種方式中，收購者利用發行股票完成收購案之後，應該隨即買回等同於新發行數量的股票。在這樣的情形下，原先計畫採用以股換股方式來進行的合併案，事實上卻被轉換成以現金換股票的收購案。像這樣回購股票的舉動，是一種補救損失的作法。常常留意波克夏消息的讀者應該可以猜想到，我們會比較偏好可以提升事業主財富的回購動作，而不是要藉此彌補以前的損失。在美式足球賽中，達陣得分（touchdowns）遠比取回失誤球（fumble）更人過癮。不過，當真失誤的情形真的出現，彌補失誤的動作是很重要的，而我們也衷心建議採取回購股票的補救措施，以便能夠將一個不好的股票交易案，轉變成一件公平的現金交易案。

　　合併案中常用的言詞，往往會將重要的議題變得複雜化，並且會鼓勵經理人採取非理性的行動。例如，每股帳面價值與當期盈餘這兩項數字的「稀釋」（dilution）情形，通常都需在估計上的基礎來進行詳細的計算，而重點通常都是放在後者。由買方的立場來看，如果計算出來的結果是負數（受到稀釋），通常出現的一種解釋是（如果不是由外人提出的，就是由買方內部所提出的），在未來的某個時候，這個數字就會由負變正。（雖然在實際情況中，很多交易案都是失敗的例子，但這些案子在預估情形中永遠都不會失敗──如果最高執行長熱切地渴望敲定某件有希望的收購案，他的下屬及顧問群一定會提供他必要的預估數字，以便可以為任何收購價格做辯護。）如果買方計算出來的數字都是正數──

—也就是說，不會有稀釋的效應，那就不用多說了。

稀釋這項議題受到過度的關注：在大部分商業評價的作業中，當期每股盈餘（或甚至未來幾年的每股盈餘）是一項重要的變數，但絕對不是最重要的考慮因素。

許多合併案雖然不會產生符合前述狹隘定義的稀釋效應，但卻會立即削減買方股東的價值。雖然有些合併案會稀釋當期以及近程的每股盈餘數字，但事實上這些合併案卻是能夠提升價值的交易案。真正重要的考慮因素是，一件合併案是否會對內在企業價值產生稀釋效應，（這樣的判斷牽涉到許多變數）我們相信，計算這方面的稀釋效應才是最重要的工作（但是卻很少有人這麼做）。

第二種言詞上的問題，和交換的定義有關。如果Ａ公司宣布將發行股票以便與Ｂ公司合併，這樣的過程往往被稱之為「Ａ公司收購Ｂ公司」，或是「Ｂ公司賣給了Ａ公司」。如果我們用一個比較繞口但是較為正確的說法來描述這種情形，我們對這個議題的看法就可以變得比較清晰：「出售Ａ公司部分股權以收購Ｂ公司」，或是「Ｂ公司的事業主用其資產交換Ａ公司的部分股權」。在一件交易案中，付出的和收到的同等重要，即使你付出的代價將延後計算，這個道理還是不變。而且在針對某件收購案做計算時，一定要包括其後所發行的普通股或可轉換債券，不管其目的是為了替該交易案融資，或是為了強化資產負債表，都必須考慮在內。（如果企業合併的結果會產生某些重要的影響，必須在合併完成以前就面對這些問題。）

　　企業經理人和董事應該問自己一個問題：賣方要求買方以某些條件出售企業的部分股權，買方是否願意根據這些條件，出售企業100%的股權？如果他們懂得問自己這個問題，那在這方面的想法將大有長進。如果根據這樣的條件出售企業100%股權不是一項明智的決定，他們應該繼續追問，那為什麼在同樣條件下賣出部分股權會是聰明的作法呢？如果企業經理人不斷地犯一些小過錯，這些小過失將會累積成嚴重的錯誤，而不是重大的勝利。（拉斯維加斯就是這麼建立起來的；因為很多人都在從事一些看似小金額，但是對自己不利的資金交易活動，賭城就在這種財富移轉中建立的。）

　　這種考慮「收入與支出」因素的計算方式，在註冊的投資公司中最容易進行。假設有一家X投資公司希望和Y投資公司合併，而該X公司的出售價格是其資產價值的50%，再假設X公司決定發行價值相當於Y公司總資產市價的股票。

　　在這樣的股票交換安排之下，X公司必須放棄其兩塊錢的內在價值，以交換Y公司一塊錢的內在價值。在這種情形下，X公司的股東以及證券交易委員會馬上就會提出反對意見，因為證交會是監督註冊投資公司以公平條件進行合併的主管機關。這樣的交易案根本不會獲准通過。

　　但是製造業、服務業、金融業等產業的價值計算，卻不像投資公司那麼精確。但是，在這些產業中的某些合併案，對買方事業主在價值上的殺傷力，就和前述的假設情況一樣，而且我們也的確看過這樣的案例。如果企業經理人或董

事能夠用相同的標準來衡量買賣雙方的企業，並且用公平的原則來處理交易案，這種削減價值的情況就不會發生。

最後，如果買方發行具有稀釋效應的股票，將會對原來股東造成雙重的打擊，針對這點我們必須提出一些看法。第一個打擊，是因為合併案本身所導致內在企業價值的損失；第二個打擊，是市場向下修正對買方企業的評價，這是很合理的，因為買方公司的價值已經遭到稀釋。如果一個經營團隊喜好發行降低企業價值的股票，另一個經營團隊則對違害事業主利益的行為感到厭惡，而兩個團隊具有同樣的經營能力，現有及未來的事業主都不會願意付出收購後一個經營團隊資產的相同價格，來收購前一個經營團隊手中的資產，這完全是可以理解的事。一旦管理階層對事業主的利益漠不關心，不論他們如何保證這種稀釋價值的作法只是一種特殊的做法，股東將都因為本身持股（和其他股票相較）的價格／價值比率而長期受損。

市場對經理人這種保證的看法，就像餐廳對客戶解釋沙拉裡只有一隻蟲一樣。即使提出解釋的只是一位新進的服務員，也無法避免沙拉需求量（以及其市場價值）的減少，因為正在吃沙拉的客人，以及附近其他尚未點菜的顧客都會受到影響。在其他條件不變的情況下，市場價格相對內在企業價值比例最高的公司，往往是經理人明確表示不願意在違反股東利益下發行股票的公司。

許多經理人在考慮企業併購案時，往往將注意力集中在
該交易案是否會對每股盈餘造成稀釋的效果（對金融機構而
言，則著眼於每股帳面價值）。這種強調的作法具有很大的
危險性……假設一位25歲的企管碩士班新生，決定將自己
的經濟前途，和一位25歲的日薪工人合併。身為一個不事
生產的人，這位企管研究生會發現，這個合併計畫將有助於
提升他的近程收益，（提升幅度非常之大！）但對這位學生
而言，還有什麼比這件交易案更愚蠢的呢？

在企業的交易案中，如果有意出售的企業具有不同的展
望、同時擁有可營運及不可營運的資產、或是具有不同的資
本結構，而有意收購該公司的企業卻只注意到當期盈餘，這
同樣是一件愚蠢的事。波克夏曾經拒絕過許多併購機會，雖
然這些併購案可以提升我們當期及近程的每股盈餘數字，但
卻會降低我們的每股內在企業價值。我們所採取的態度，是
格瑞斯基（Wanye Gretzky）所提出的建議[譯注25]：「站在球
會到的地方，而不是它現在所在的位置。」如果我們採用標
準教條的話，我們的股東就不會多增加了數十億美元的財
富。

不幸的是，大部分大型收購案所展現的，卻是一種嚴重

的不平衡性：對賣方股東而言，這些交易案是個金礦；這些
交易案提升了買方管理階層的收入及身份地位；而對雙方的
投資銀行以及其他專業人士而言，這些交易案也是一大財
源；但是，這些交易案往往會嚴重降低買方股東的財富。會
發生這樣的情形，是因為買方放棄的內在價值通常高過它所
獲得的內在價值。瓦丘維亞企業（Wachovia Corp.）的退休
領導人麥德林（John Medlin）表示，如果一直這麼做的話，
「你就像是用相反的順序在發連環信。」

　　長期下來，企業經理人運用資金的技巧，會對企業本身
的價值帶來重大的影響。根據定義，一個非常優良的企業所
創造出的資金（至少在企業度過了草創期的前幾年時間之
後），必定會遠超過其內部所需求的資金。當然了，這個企
業可以透過發放股利以及買回自身股票的方式，將這些資金
發放給股東。但是通常的情形是，最高執行長會徵詢策略規
劃幕僚、顧問群、或是投資銀行的意見，看看是否可以進行
一、兩項收購案。這就像是在問你的室內設計師，你是否需
要一個價值5萬美元的小地毯一樣。

　　由於某種生物性的偏差，使得收購問題更形複雜：許多
最高執行長之所以能夠爬升到目前的高位，是因為他們具有
極強烈的動物性精神及自我意識。如果某位高階主管也具有
這樣的特質──我們必須承認，有時候這種特質也有其優
點，當他達到事業的頂峰時，這些特質並不會消失。如果他
受到顧問群的鼓勵去進行某項交易，其反應就像是一位受到
父親鼓勵開始展開正常性生活的少年一樣。事實上這位少年

並不需要這樣的鼓勵。

幾年前，有一位擔任最高執行長的朋友（我必須說明我只是在開玩笑而已），在某個場合不經意地道出許多大型交易案的本質。我這位朋友掌管的是一家產物保險公司，當時他正在向董事會解釋為什麼要收購某一家壽險公司。在提出一大堆不具說服力的理由，解釋這項收購案的經濟性及策略性考量因素之後，他突然決定不照本宣科。帶著頑皮的眼神，他直接了當地說：「各位老兄，其他同業都有壽險公司。」

波克夏的經理人會繼續從看來普通的事業中創造傑出的報酬。這些經理人要做的第一件事，是在個別事業領域，尋找有利的資金運用方式，他們會將剩餘的資金交給曼格和我來處理，我們會本著增進每股內在價值的原則，運用這些資金。我們的目標，是收購某個企業的部分或全部股權，而且這個企業必須是我們有所了解的企業，具有良好、可維持的基本經濟特質，並且是由我們喜愛、欣賞及信任的經營團隊所管理。

2　合理的股票回購與反收購 [注39]

我們投資比例最高的一些公司，當它們的股價及價值出現嚴重背離的情況時，都會採取回購自家股票的作法。身為這些企業的股東，我們認為基於兩個重要的原因，這種作法可以產生激勵及獎勵的效果——其中一個原因較為明顯，另

一個原因則比較不容易察覺,也經常不為人所了解。明顯的原因和基本的數字計算有關:當股價嚴重跌破每股內在企業價值時,大量回購自家公司股票馬上可以大幅提高內在企業價值。當企業回購自家股票的時候,通常會發現,要花一塊錢買回兩塊錢的現值(present value)是很容易的。然而,企業收購計畫的成果卻從來就沒有這麼成功過,而且令人失望的是,在大多數案例裡,這些企業花一塊錢所得到的報酬,往往遠低於一塊錢的價值。

回購自家公司股票的另一項好處,比較不容易用精確的標準加以衡量,但是長期下來,這項優點卻具有相同的重要性。當一家企業在其股價遠低於其企業價值時回購自己的股票,管理團隊想要明確展現的,是一種希望提升股東財富的作為,而不是想要擴張管理版圖、但卻跟股東完全無關(甚至會傷害股東)的舉動。有鑑於此,現有股東以及有希望成為股東的投資人,會調高對該企業未來投資報酬的預期。這樣的向上調整,將會促使股價回復到符合內在企業價值的基準,這些股價的表現是完全合乎理性的。如果一家企業的管理階層,明確地展現出以股東利益著想的態度,而另一家企業的管理階層卻完全只顧慮到自身的利益,投資人當然必須花費更多的錢,才能買到前者的股票。(舉個極端的例子來說。如果有一個公司是由維斯可(Robert Vesco)(編注:惡名昭彰的投資騙子,用虛假的財務報表來吸引投資人)在掌

注39:以短線符號分開:1984年;1984年。

管，你願意花多少錢買下該公司的部分股權？）

在前述的說明中，關鍵的字眼是「展現」。如果回購自身股票很明顯地有利於企業股東，但該企業的經理人卻一直地拒絕採取這樣的作法，該經理人所展現的，遠多於他明說的動機。不論從他嘴裡說出來的公關詞語多麼動聽，像是將「股東財富提升到最高」（這是本季裡最受經理人喜愛的理由），或是他經常將這些理由掛在嘴邊，市場都會將這位經理人所掌管的資產作正確的折價考量。這名經理人的心並不遵從嘴巴的指示──不久之後，市場也會變得如此。

───────

我們對回購股票這種作法的支持，僅限於那些和價格／價值有關的購股決定，而不包含與所謂的「反收購」（greenmail）有關的購股行為，我們認為這種行徑十分可憎。在這些交易案當中，買賣雙方藉由掠奪無辜且未獲諮詢的第三者的財富，以順其個人的目的。當事人包括：⑴兼任股東身份的敲詐人，在他才剛剛買下股票之後，馬上就向經理人表明一種「要錢還是要命」的命令；⑵企業內部人員，為了尋求和平，願意立即行動並付出任何代價──只要是由其他人來付出這些代價；以及⑶資金被⑵用來打發⑴的無辜股東。當一切紛擾安定之後，該名短暫停留的剝掠股東會大談「自由企業」的高論，受威脅的管理階層則會高唱「為企業的最大利益著想」的高調，而無辜的股東只能沈默地站在一旁，為這一切付出代價。

3 融資收購[注40]

如果成功的企業收購案是很難達成的任務，對於大部分
從事融資收購（leveraged-buy-out, LBO，又譯爲槓桿收購）
的業者最近在企業收購上所獲致的成功，又要如何解釋呢？
這個問題的答案，大部分來自於所得稅，以及一些其他的簡
單效應。在一個典型的LBO收購案中，當一個大部分由股
東權益所構成的企業，其資本結構改由90%的債務加上10%
的新發行普通股所取代時：

(1)新發行的普通股以及新產生的債務兩者的市值總值，
將會遠大於先前所有已發行的普通股市值，這是因爲
企業在報稅時已不再需要申報現有的稅前盈餘。在許
多個案中，企業以往繳交的所得稅往往比股東的股利
來得多；而且

(2)即使企業付出高額的代價要求現有股東賣出手中持
股，因爲這些股東也會享受到企業所得稅降低以及企
業價值上升的利益。儘管企業付出了高額的代價，但
由於這種增加價值的所得稅效應，在收購案完成之
後，這些新發行的普通股（現在變成有點像條件非常
優厚的投機性認股權證）的價值將會高過其成本甚
多；而且

注40：1990年曼格所著之致衛斯克企業股東的信，獲許翻印。

⑶新的股東隨後會採取下列一些在規劃上及實行上都很
簡單的策略：

　⒜這些股東消除了許多原本就很容易去除的成本
　　（大部分是人事費用）以及績效不彰的單位。如
　　果不消除這兩個部分，在它們的交互作用下，
　　（Ⅰ）即使是一家成功的企業（包括我們自己在
　　內），也會為其中的怠惰和愚昧感到抓狂；而且
　　（Ⅱ）它們會創造出一種人道色彩，主張藉由現
　　在的犧牲以換取長遠的榮景，並以這項長遠的榮
　　景為目前必須忍受的犧牲做辯護；

　⒝以超高的價格賣掉一些事業，有時候是為了某項
　　個體經濟學的原因，將這些事業賣給直接的競爭
　　者，有時候卻是賣給很容易找到、但卻不具競爭
　　性的企業買主，由於後者的企業經理人並非該企
　　業的股東，這樣的買主幾乎願意和競爭者提出一
　　樣的高價；

⑷如此一來，由於前述的所得稅效應以及其他簡單的洗
　牌動作，加上景氣長期處於榮景，股市價格持續上揚
　的情況下，企業財務結構發揮了極度槓桿效應優勢的
　結果，這群新股東就可以在適當的時機獲取利益。

　我們的國家是否希望看到大多數（甚至某些數目）的大
型企業採行極度槓桿式的資本結構，這個議題引發了一些有
趣的社會問題。企業的社會功能之一，是否應該維持強健的
財務結構，以便可以在出現令人措手不及的狀況時，保護其

員工、供應商以及顧客等，讓這些依附企業的生存者，免於受到資本主義隱含的波動風險威脅呢？富蘭克林（Ben Franklin）在《窮光蛋理查的日曆》（*Poor Richard's Almanac*）中展現出一種平民的智慧：「空袋子站不直。」他的話是對的嗎？對整個社會來說，一家債臺高築的積弱企業，是否就像一座結構強度不足的橋樑呢？即使我們承認，就長期的效率而言，融資收購的確可以產生某些好的效應（當然也會有不良的效應），但是我們希望看到多少有能力的企業人士，投入這種被大力主張的企業資本重組活動呢？這種活動會降低企業的所得稅；　挑戰反托拉斯法規的極限；而且　為了應付沈重的債務負擔，企業不得不將精力集中於創造短期現金的活動上。最後，哥倫比亞大學法學院教授陸文斯坦（Lou Lowenstein）曾經說過（大意如此）：「我們真的希望整個企業界，作為重要的社會組織，像豬腩期貨一樣不斷地被買賣嗎？」

　　不管我們如何回答這些社會問題，當前狀況中有三個層面卻是十分清晰的。首先，由於企業所得稅效應所產生的重大利多，融資收購的交易案很容易獲致成功，但這並不表示一般企業的收購案也可以輕易取得成功的結果。其次，由於從事融資收購的業者，普遍地將收購價格提升到極高的價位，在這種不利的狀況下，使得其他有意從事收購活動的公司，包括衛斯可企業在內，不願意再利用最高極限的舉債方式，來達到最大的稅賦優惠。最後，只要法律繼續姑息下去，融資收購業者就不會消失。因為這樣的法律規範，不僅

僅是助長這股風潮的一小股力量，而且可以讓這些業者具有真正的好處。雖然失敗及不名譽的結果會使得融資收購的交易案數量減少，交易案金額也會降低，但是企業所得稅降低的價值將會繼續存在，因此，還是有許多理性的誘因，足以支持這樣的交易活動繼續進行。融資收購的精靈會遭遇到一些阻力，但除非制訂新的法律，它是不會回到瓶子裡去的。

各位還要注意一點，由於稅法的規定、以及這些業者冀望快速重組企業的意願所帶來的實際利益，這些融資收購業者還是會因此競相提出高價。融資收購業者典型的事業組織型態，也提供了另一項競相出價的誘因。由於這些融資收購業者的合夥型態，一般合夥人不需要冒險投資太多自己的資金（如果考慮到其他的手續費用，他們往往不會動用到任何自己的錢），但如果有任何收穫，他們卻可以分到不少。這樣的安排和賽馬場的情報販子很類似。有誰看過情報販子會不希望他的賭客下太多賭注的？

由於衛斯克企業並不從事融資收購活動，因此要進行一家好企業的收購案對我們而言是一個困難的遊戲。近幾年來，這種收購遊戲變得越來越像是在明尼蘇達州的立屆湖上釣大梭魚一樣。我早年的事業合夥人霍斯金曾經在當地和他的印地安嚮導有過這樣的對話：

「有沒有人曾經在這個湖中釣過大梭魚？」

「在明尼蘇達州，從這個湖裡釣到的大梭魚，比在其他湖釣到的大梭魚數量都要多。這個湖就是以出產大梭魚出名的。」

「你在這裡釣了幾年的魚了？」

「十九年。」

「你釣過幾條大梭魚？」

「1條也沒有。」

如果一個經營團隊和我們有相同的看法，大家就不會經常看到企業收購案發生。我們認為，這是因為這種遊戲對任何人而言都很困難，當然，也有可能是只有我們認為這個遊戲很困難，但不管如何，對衛斯克企業的股東而言，結果都是一樣的：市場並未如我們所願，出現足夠有意義的併購活動。但可能可以讓人感到慰藉的是：一些無法補救、且不具任何剩餘價值的大型收購案，很少是由認為收購遊戲和在立屆湖上釣大梭魚一樣的人所發動的。

4 正確的收購政策[注41]

我們在一年中完成了三件收購案，對於這樣的結果我們感到十分欣喜。由於我們常常在寫給股東的信中，質疑大部分企業經理人所從事的收購活動，因此我們的反應似乎是件奇怪的事。各位放心，曼格和我並沒有改變質疑的態度：我們相信，大部分收購案都對買方股東不利。下面這句話通常很適用：「事情很少像它們的外觀一樣，脫脂牛奶常被用來

注41：以短線符號分開：1995年；1991年（後者自1982年起附有類似的文字）。

混充奶油。」特別是賣方和他們的代表提出來的財務預估數字，其娛樂價值永遠大於教育價值。為了製造出樂觀的展望，華爾街可以和政府採取對立的立場。

　　為什麼會有買方願意由賣方提供預估數字呢？這實在讓我感到納悶。曼格和我從來不看這樣的數字。我們心中常常記得一個故事。有個人的馬生病了，他問獸醫說：「你能不能幫幫我？我的馬有時候走得好好的，有時候卻一瘸一瘸的。」獸醫的回答一針見血：「沒問題——當它走得好好時，把它賣了。」在併購的世界裡，那匹馬可能被當成名駒來叫賣。

　　和其他時刻不忘收購的企業一樣，波克夏也無法預見未來。同樣地，我們也面臨相同的基本問題：賣方永遠比買方了解即將被收購的企業，而且會挑選出售的時機——也就是當該企業「走得好好」的時候。

　　即使如此，我們還是具有一些優勢，最大的優勢或許是我們並沒有任何策略性的計畫。因此，沒有必要一定得朝著某個既定的方向前進（這種作法幾乎必然會導致愚蠢的收購價格），相反地，我們只需決定什麼才會對股東有利。我們總會事先在心裡比較我們正在考慮的作法，以及其他可以利用的機會，包括從股票市場買進全世界最優良企業部分股權的方式。這種針對收購以及消極的投資兩種方式做比較的做法，是那些只注意擴張企業版圖的經理人很少會注意到的投資紀律。

　　管理大師杜拉克（Peter Drucker）幾年前接受《時代雜

誌》（*Time Magazine*）記者訪問時，曾經說過：「我告訴你一個秘密：完成交易案比工作更重要。完成交易是一件既刺激又有意思的事，工作卻是件骯髒的事。不管一個人經營什麼樣的事業，他做的都是大量且骯髒的細節工作⋯⋯完成交易案卻是既浪漫又性感。這就是爲什麼市場會出現一些毫無意義的交易案的原因。」杜拉克的話眞是一針見血。

我們在進行收購案時還有另外一項優勢：我們可以用股票付款給賣方，而且這些股票都有極績優的事業作爲擔保。如果某個人或家族想要出售一個優良的事業，卻又希望能夠將個人的賦稅永遠遞延下去，在這種情況下，波克夏的股票就是很好的選擇。事實上，我認爲，1995 年我們以股票完成的兩件收購案，這種考量占了很重要的地位。

除此之外，賣方有時候也會希望將自己的公司置於某個企業集團當中，以便爲自己的經理人提供一個長久、舒適、且有助於提升生產力的工作環境。波克夏的情形非常特殊，我們的經理人都擁有高度的自治權。除此之外，由於我們的股東架構，當我表示，我們收購企業的目的是要繼續持有該項投資時，賣方也一定了解我會實現我的承諾。我們喜歡和那些關心企業及員工前途的股東進行交易。和賣斷事業的股東相較起來，跟這樣的股東進行交易，買方比較不會遭遇到令人不悅的意外情況。

上述說明除了可以用來解釋波克夏的收購風格之外，同時也是一種不甚細緻的推銷手法。如果你擁有或管理一間稅前盈餘達 2,500 萬美元以上的企業，而且該企業同時符合

〔下列的〕各項標準，請打電話通知我。我們討論的內容絕對會受到保密。而且，如果你現在沒有興趣，請將我們的提議放在心中：對於具有良好經濟特質以及擁有傑出經營團隊的企業，我們永遠都有興趣收購。

在爲收購案的討論做下結論之前，我不由得想起去年一位企業主管告訴過我的故事。這位主管是在他服務的績優企業當中逐漸成長，該公司在同業中以優良的領導能力著稱，但其主力產品卻毫不起眼。因此，在數十年前，該公司聘請了一位管理顧問，而這位顧問的建議，自然地是多樣化經營，這在當時可謂是企業經營的主流。（「集中焦點」在當時尚未成爲經營的主流。）不久之後，該公司收購了一些事業，每一件收購案都經過顧問公司長久的（而且昂貴的收購）評估研究。結果呢？該主管哀傷地表示：「剛開始，我們從原來的事業中賺到了 100% 的盈餘，十年後之後， 150% 的盈餘是來自原本的事業。^{譯注26}

雖然我們在四次不同的情況下完成幾項大型的收購案，而這些賣方企業也都委請著名的投資銀行做爲代表，但我們直接和投資銀行接觸的經驗卻只有一次，這實在是件令人失望的事。至於其他三個個案，在投資銀行主動向我們提出可供收購的企業名單之後，都是由我本人或我的朋友提議進行

譯注26：其他事業的虧損占了總盈餘的 50%。

交易的。如果有某個中間人願意站在我們的立場考量，我們倒是很樂意付他們手續費，因此，我們要在此重申我們所尋找的收購標的：

(1)大型的收購案（稅後的盈餘至少1,000萬美元以上）。

(2)能夠展現出持續的盈餘能力（我們對未來的預估數字沒有太大興趣，對轉機中的公司也是一樣）。

(3)只需要使用到很少的債務，甚至不需要任何債務，就可以為股東權益賺取很高投資報酬的事業。

(4)由傑出的經營團隊管理（我們無法提供這樣的管理人才）。

(5)經營的項目簡單明瞭（如果牽涉到太多科技，我們是無法了解的。）

(6)明確的收購價格（如果沒有人知道某件收購案的價格應該是多少，我們實在不想浪費自己或是賣方的時間，談論這樣一件交易案，即使只是初步的討論，也同樣浪費時間）。

我們不會從事惡意接收（unfriendly takeovers）。我們保證絕對保密，而且很快就會做出回應——通常是5分鐘以內，表明是否有興趣。（在決定是否收購布朗公司時，甚至沒有用到5分鐘的時間。）我們比較偏好以現金來收購企業，但如果我們所獲得的內在企業價值，相當於所付出的內在企業價值，也會考慮發行股票。

我們最喜歡的收購對象，是企業的經理人兼具股東身份，而且該企業希望能夠產生大量的現金，這麼做的原因有

時候是爲了這些經理人兼股東自己，但大部分時候是爲了他
們的家人或是消極的股東。同時，這些經理人希望繼續維持
主要股東的身份，並像以往一樣繼續經營該企業。我認爲波
克夏非常適合那些擁有這些目標的事業主，也歡迎有意出售
事業的賣方，向那些曾經和我們做過交易的企業，查證我們
的過去紀錄。

　　常常有人向曼格或我提出一些根本不符合我們要求的交
易提案：我們發現，如果你登了廣告要買蘇格蘭牧羊犬，就
會有一大群人打電話來，想要賣長毛大耳狗給你。有一句鄉
村歌曲的歌詞，最能描述我們對新事業、轉變中的企業、以
及拍賣式出售案的感覺：「當電話不響的時候，你知道那就
是我。」[注42]

　　除了有興趣收購上述的企業之外，我們也有興趣以商議
的方式，大量買進某家企業的部分股權，就像我們收購首都
市企業、所羅門、吉列、美國航空、冠軍企業以及美國運通
等公司的股權一樣。不過，對於可經由股票市場買進的股
票，我們並沒有興趣接受任何建議。

5　出售事業[注43]

　　大部分企業的事業主，都將其畢生精力花在建構事業
上。經由不斷的經驗累積，他們在銷售、採購、遴選員工等
各方面的技巧均有所精進。這是一種學習的過程，某一年所
犯的錯誤，通常是往後幾年的能力來源以及獲致成功的重要

因素。

　　相反地，身兼事業主的經理人只有一次出售事業的機會──這往往是在情緒激動、而且在遭受各方重大壓力下所做出的決定。這種壓力通常來自於某些仲介業者，因為只有完成交易，這些仲介業者才會有收入，至於該交易案對買賣雙方的結果，則跟他們完全無關。由於這項決定對事業主在財務上及個人的考量都十分重要，因此在這項決策過程中更容易犯錯。而在這種一生只有一次的出售事業決定中，犯了錯卻是無法挽回的。

　　價格是非常重要的因素，但通常不是出售事業時最為關鍵的因素。你和你的家族擁有一家極為優良的企業──在你的產業中可說是獨一無二的事業，如果真是這樣，任何一位買主都會了解這一點，這家企業會隨著時間而增值。所以，如果你決定現在不出售這個事業，未來非常有可能賺到更多的錢。如果你有這樣的認知，在進行交易談判時就會有更多的籌碼，可以從容地挑選你喜歡的買方。

　　如果你決定要出售事業，我想波克夏具有一些其他買主所沒有的優點。幾乎所有其他的買主都可以歸納為下列兩大類型：

　　(1)位處其他地區，但卻是你的同業，或經營的產業十分

注42 ： 1988 年及 1989 年時最後一個句子是：「我們對於新事業、局勢扭轉中的企業、以及拍賣式出售案的興趣，可以用高德溫主義（Goldwynism）來說明：『請別把我算在內。』」

注43 ： 1990 年附錄 B──致有意出售事業者的信。

類似。像這樣的買主，不管他做出什麼樣的承諾，其企業經理人通常會覺得自己知道如何經營你的事業，遲早想要插手，提供你一些「幫助」。如果買方企業的規模較賣方大得多，他們往往編制了許多管理人員，這些都是買方多年來所招募的經理人員，而且買方還曾經向他們承諾將讓他們接手經營新收購的企業。這些人自有一套做事方法，即使你的營運紀錄比他們要好得多，但由於人性的因素，到了某個時候，他們就會覺得自己的經營模式較為優越。你及家人或許有朋友曾經將自己的事業出售給大型企業，我想他們的經驗可以證明下列這點：母公司往往希望接管子公司的經營權，尤其是當母公司對子公司的產業有所了解，或自認有所了解時。

⑵金融謀略家。這種買主絕對是以大量舉債的方式來籌措資金，而且只要時機一到，他們隨時準備將收購而來的企業在公開市場中轉售、或是賣給其他公司。這種買主的主要貢獻，往往只在於改變會計方式，以便在將買來的企業轉售出去以前，讓該企業呈現最佳的營運數字……由於股市持續上揚，而且有越來越多的資金可供進行交易，這樣的交易……顯得越來越頻繁。

如果現有事業主的唯一動機只是想要獲利了結，而且不想再為該企業操心——許多賣主都屬於這一類型，我之前描述的兩種買主，都是可以接受的對象。但如果賣方想出售的企業，是他終其一生精力創造出來的心血結晶，而且在賣方的人格及生命中占了的重要部分，這兩種買主都有嚴重的缺

陷。

　　波克夏是另一種類型的買主，而且是非常特殊的買主。我們收購企業的目的是要保留該企業，但是，我們的母公司並沒有經營人員，也不準備編制這樣的人員，我們所擁有的全部企業，都具有非常高度的自治權。在大部分情形裡，我們長期持有的重要事業的經理人，從來都沒有到過歐瑪哈（Omaha）^{譯注 27}，或是彼此見過面。當我們買下一家企業時，賣方就像以往一樣繼續經營該企業，我們也會調整自己，配合他們的經營模式，而不是要他們來配合我們。

　　我們從來沒有對任何人，包括家人、新進雇用的企管碩士等等保證過，會讓他們有機會接管我們由事業主兼經理人所收購而來的企業。我們將來也不會做這樣的承諾。

　　在我們過去收購的一些企業當中，有一些是各位知道的。我在信中附了一份名單，上面是所有我們收購的企業。我邀請各位向這些公司查證，在收購後，我們的表現是否符合在收購前所做的承諾。如果各位向其中少數幾家表現不好的企業查證，結果會特別有意思，因為如此一來，各位就可以確認我們在艱困情形下的表現如何。

　　任何一位買主都會向你表示，基於個人因素，他特別希望收購你的企業，只要他有一點腦筋的話，絕對需要你的企業。但是，由於前述的各項理由，許多買主並沒有實現他們的諾言。我們絕對會依照我們的承諾行事，這是因為我們已

譯注 27 ：波克夏集團總部所在地。

經做出了承諾，而爲了達到最好的商業結果，我們也必須信守我們的承諾。

這也說明了爲什麼我們要讓各位任職經營階層的家人，保留本身企業20%的股權。爲了符合合併申報盈餘的稅法規定，我們需要保有這些事業80%的股權，這樣的作法對我們而言十分重要，同樣重要的是，各位負責企業經營的家人繼續保有股東的身份。簡單地說，除非我們覺得收購對象的主要管理人員願意繼續留任，並成爲我們的事業合夥人，否則就不會收購各位的事業。訂定合約並不能保證各位繼續對將要出售的事業維持興趣；我們只能夠相信各位所說的話。

我會親自參與的事項，包括資金的分配，以及企業最高領導人的遴選和酬勞政策。其他的人員聘僱決定和營運策略等議題，則是最高領導人的職責。有些波克夏的經理人會跟我討論他們的決定，有些人則不會，這和經理人的性格有關，就某種程度而言，也和他們跟我的私交有關。

如果你決定要跟波克夏做生意，我們會付現金。波克夏不會拿各位的事業做爲任何貸款的擔保品，我們也不會委託任何仲介業者代表我們進行收購。

除此之外，有時候買方會在宣布收購案之後突然抽手，或是建議某些調整事項（當然了，買方一定會表示歉意，並且把這種情況歸咎於銀行、律師、董事會等等），但我們絕對不會發生這種情況。最後，各位一定會知道是誰跟你進行交易。各位一定不希望由一位高階主管和你商談交易案，幾年之後卻發現負責的主管已經換人了，或是聽到買方的董事

長很抱歉地向你表示，他的董事會要求做這樣、那樣的改變（或是可能需要再出售你的事業，以便爲母公司的其他投資案籌措必要的資金。）

各位在將事業出售給波克夏之後，並不會比現在更富有，這麼說才是對各位最爲公平。由於各位擁有目前的企業，你已經極爲富有，個人的投資也十分穩固。出售事業只會改變你擁有財富的形式，但不會改變你擁有財富的數字。如果你選擇出售事業，只是將一項你有所了解，而且100%擁有的貴重資產，拿來跟另外一項貴重資產做交換——現金，你或許會拿這項資產投資其他你比較不了解事業的部分股權（股票）。出售事業往往是基於某個合理的理由，而如果收購案是一件公平的交易，讓賣方變得更爲富有將不會成爲這項收購案的理由。

我不想爲各位帶來煩惱；如果各位有任何一點興趣想要出售事業，請打電話給我，我會非常感激。如過波克夏能夠擁有某某企業，而各位家族中的主要成員也願意成爲波克夏的成員，我將會感到十分驕傲，我認爲我們在財務上的表現一定會非常好。而且我相信，在未來二十年裡，各位由經營事業上所獲得的樂趣，一定不亞於前二十年。

真誠地

華倫・巴菲特

第 5 章

會計與賦稅

　　如果各位當中有人對會計沒有興趣，我要向你們致歉，因爲我必須提出這一篇有關會計及賦稅的討論文章。我了解各位之中有許多人根本不去研究我們的數字；各位之所以選擇投資波克夏的股票，主要原因只是因爲你們了解到：(1)曼格和我都把大部分的私人資產投資在波克夏；(2)我們經營波克夏的原則，是希望讓各位跟我們的投資收益或損失同步成長；(3)到目前爲止，我們的紀錄還算令人滿意。這種「信心型」的投資策略並不一定是錯誤的。不過，其他股東偏好採用「分析型」的投資模式，因此，我們想要提供必要的資訊給這種類型的股東。當我們自己在從事投資時，所尋找的投資對象，也是在經過這兩種投資類型的考量之後，得到相同答案的企業。[注44]

1　會計騙局的荒謬劇[注45]

美國鋼鐵公司宣布實施全面現代化之計畫 *

　　美國鋼鐵公司（U.S. Steel Corporation）董事長泰勒（Myron C. Taylor）今日宣布一項長久以來備受矚目的全盤現代化計畫，該公司是全球最大的工業公司。和預期相反的

[注44]：引言出自1988年年報。
[注45]：1990年，附錄A。
* 以上文字是葛拉漢於1936年寫成，從未發表過的荒謬寓言故事，1954年葛拉漢將這篇故事送給了巴菲特。

是,該公司的製造或銷售政策並不會有任何改變;相反地,
該公司將全面修改企業的會計方式。由於計畫採用並改進某
些現代會計及財務上的作法,該公司的獲利能力將會出現超
乎想像的改善。即使1935年的景氣狀況不甚理想,但由於採
用新的會計方式,根據估計,該公司公告的普通股每股盈餘
將可接近50美元。這項改進計畫,是普萊斯、貝肯、古瑟
瑞、及古彼茲等人進行的一項全面性調查所產生的結果;這
項計畫包含下列六項重點:

1. 廠房項目之金額將減低為負10億美元。

2. 普通股之票面價格(par value)將減為每股1美分。

3. 以選擇權認股證(option warrants)支付所有員工之
薪資。

4. 所有庫存品之認列價值將變更為1美元。

5. 以無息債券取代優先股股票,債券並可以用50%之折
扣率贖回。

6. 設立價值為10億美元之或有準備金(contingency
reserve)。

該公司正式發布之現代化計畫內容全文如下:

在針對產業環境改變所產生的問題進行詳盡的研究之
後,美國鋼鐵企業很高興地向大眾宣布,該公司董事會已經
核准通過一項計畫,針對該公司的會計方式進行全面性的現
代化調整。在普萊斯、貝肯、古瑟瑞、及古彼茲等專家的協
助下,經由特別委員會所做的調查結果顯示,本公司採用某
些先進會計方式的腳步,比美國其他的商業機構落後許多。

如果採用這些會計方式，在不需支出任何現金，或是更改經營或銷售條件的情況下，企業的獲利能力就能夠以驚人的程度大幅提升。本公司已經決定，不僅要採用這些新一代的會計方式，而且還要將其精神發揚光大。董事會將採用的改革措施可區分為以下六大項：

1.固定資產的價值將降低為負10億美元。

　　許多具代表性的企業已經將其廠房科目的價值降低至1美元，因此得以從損益表中刪去所有的折舊費用。特別委員會指出，如果這些企業的廠房價值只剩1美元，美國鋼鐵企業的廠房價值將會比這個數目更低。眾所周知，許多廠房事實上是一項負債而非資產，代表的不只是折舊費用，而且還有稅金、維修以及其他費用。因此，董事會決定採用1935年報告中所提出的資產減值政策，將固定資產的價值由13億3,852萬2858.96美元降低為**負10億美元**。

　　這項作法的優點十分明顯。隨著廠房不斷損耗，負債也將相對地降低。因此，我們不但可以省下每年大約4,700萬美元的折舊費用，而且還可以獲得每年5％的**升值增額**（appreciation credit），金額大約是5,000萬美元。如此一來，我們每年的盈餘將至少可以增加9,700萬美元。

2.普通股的票面價值降低為每股1美分。
3.以選擇權認股證支付所有員工的薪資。

　　由於利用選擇權認股證來支付高階主管的大部分薪資，

而這些認股的選擇權並不會對盈餘帶來負面的影響，許多公司因而能夠大幅降低人事費用。很顯然地，一般大眾尚未了解到這項現代化設計所具有的各種可能性。本董事會決定採用下列由此一構想延伸而來的種種形式：

本公司將以認購普通股的權利，做為發給全體員工的薪資，員工有權利用50美元的價格，認購公司一股普通股，而依現有的薪資標準，每一個購買權利相當於50美元的薪資或工資。普通股的票面價值則降低為每股1美分。

由下述各點明顯可知，這項新計畫的優點幾乎令人難以想像：

⑴本公司將可全數刪去員工的薪資費用。根據1935年的營運紀錄，每年應可省下2億5,000萬美元的支出。

⑵同時，本公司員工的實際薪資將增長好幾倍。由於採行新的會計方式，本公司的普通股將會呈現極高的每股盈餘，因此普通股股價一定會遠高於50美元的選擇權認股價格。如此一來，相較於當前以現金發放的薪資，這些員工將可由這些選擇權認股證上實現更高的利益。

⑶由於員工行使認股權利，本公司每年將可以獲得大筆的額外利益。由於普通股票面價值只有1美分，員工每認購一股普通股，公司就可以獲得49.99美元的額外利益。如果採用保守的會計方式，這些獲利就不會被列入收益項目，而是會被視為股東權益的增項（credit），分開列入資本公積（capital surplus）項目當中。

⑷本公司的現金部位將大幅強化。相較於目前每年必須

支付2億5,000萬美元的現金做為員工的薪資（以1935年為基準），由於員工同意接受認股權證並認購500萬股普通股，本公司每年將可以有2億5,000萬美元的現金流入。由於將出現大量的盈餘，以及強化的現金部位，本公司將可以發放高額的股利，如此將可以促使員工在收到選擇權認股證之後立即行使認股權利，如此一來，本公司的現金部位將可進一步獲得強化，而公司又可以發放更高額的股利——這樣的良性循環將不斷持續下去。

4.庫存品的認列價值變更為1美元。

在景氣衰退時，由於企業必須調整庫存品價值以反映市價，通常會因而認列了巨大的虧損。許多企業則因為在財務報表上用超低的單價認列全部或部分的庫存品價值——尤其是金屬及棉花紡織產業，因而能夠解決這個問題。美國鋼鐵公司決定採用更積極的政策，將所有庫存品的認列價值調降為1美元。我們將於每年年底採取一次適當的沖減（write-down）方式來達成這項目標，減項的金額將由或有準備金來沖銷。

我們將由這項新的作法中獲得極大的利益。這不但可以避免庫存品跌價的可能風險，還可以大幅提高公司的每年盈餘。每年年初，公司持有總值1美元的庫存品，將可以在該年度出現極佳的利潤時出售。據估計，按照此一新的方法，本公司每年的盈餘至少可以增加1億5,000萬美元，湊巧的是，這個金額將大略相等於每年從或有準備金所吸收的沖減

金額。

　　根據特別委員會當中少數委員的建議，本公司的應收帳款（accounts receivable）以及現金兩項會計科目的金額，也應該分別沖減為1美元。如此一來，不僅可以符合會計學的一致性原則，也可以獲得前述的額外利益。由於我們的會計師仍然要求，將應收帳款及現金部分的沖減金額視為股東權益的增項，而列入資本公積當中，不應該計入該年度的盈餘數字，使得這項提議在目前遭到否絕。不過，我們預估這項審計規定——這種制度實在是太過時了，很快就會有所改變，以便配合新時代的潮流。果真如此，前述的建議將成我們優先考慮採用的政策。

5.以無息、且可以50%折扣率贖回的債券取代優先股股票。

　　在最近這次不景氣當中，由於許多公司以極大的折扣價格贖回本身的公司債而有所獲利，得以藉此彌補在營運上的虧損。不幸的是，由於美國鋼鐵公司的負債一直很高，因此本公司迄今為止未能有這樣的獲利機會。這次的現代化計畫將會改善這種情況。

　　根據提議，每一股優先股都將被轉換為面值300美元的無息、償債基金債券（sinking fund notes），並可以面值50%的折扣率，分十期贖回。由於這項提議，本公司將發行價值10億8,000萬美元的公司債，而每年只需要動支5,400萬美元的成本，即可贖回價值1億800萬美元的公司債。如此一來，

本公司每年就可以創造出相同金額的利潤。

正如第三點有關員工薪資的計畫一樣，這項安排對本公司及持有本公司優先股的股東都有利。可以確定的是，後者在平均五年的期間內，一定可以收到相當於目前持股面值150%的金額。由於短期證券當前的收益幾乎等於零，因此這項無息的特性並不會有太大的影響。本公司每年原本需要支付2,500萬美元的優先股股利，經過轉換之後，由於贖回公司債，我們反而能夠賺進5,400萬美元的**額外利益**──整體來說，我們每年的盈餘將可因而增加7,900萬美元。

6.設立10億美元的或有準備金。

不管未來遭遇到何種情況，董事會相信前述的各項改革措施，可以確保本公司在未來各種情況下都維持令人滿意的獲利能力。而在運用現代的會計方法之後，由於各種不利於商業發展的因素所導致的損失，並不需要列入事先考慮，因為這些風險可以經由設立或有準備金的方式來加以防備。

根據特別委員會的建議，本公司應設立價值10億美元的高額或有準備金。正如前述所言，庫存品價值每年減低至1美元之沖減金額，就將由此準備金吸收。為避免此一準備金消耗殆盡，董事會決定每年由資本公積提撥適當數目之金額做為補充。由於員工行使認股權利（請參閱第3點之討論），資本公積每年增加的金額至少為2億5,000萬美元，因此，或有準備金的補充來源將不虞匱乏。

在做這項安排的同時，董事會很遺憾地承認，對於其他

主要企業，針對巨額資金，在資本額、資本公積、或有準備金，以及其他資產負債表項目間進行轉移所採行的處理方式，董事會實在無法提出任何改進方案。事實上，我們必須承認，由於我們的記載項目過於簡單，因而缺少了現代會計學所具有的神秘特質。不過，在規劃此一現代化的計畫時，董事會堅持保有透明及簡單兩大原則，即使必須因此放棄某些有助於公司盈餘能力的優點，也在所不惜。

為了顯示新方案對本公司盈餘能力所產生的影響，我們針對兩種基礎，提出1935年度之簡式損益表（見表1）：

或許我們不需要向各位股東做這樣的說明，不過現代會計方式與舊式會計方法所編製出來的資產負債表，在形式上會有不同。由於公司資產負債表的內容會有所變動，本公司將擁有強勁的盈餘能力。我們也不預期該資產負債表上資產及負債項目的細節變化會受到太多的注意。

總結來說，董事會希望指出一點，前述各項變革的合併程序，也就是說廠房將以負數的價值認列、員工薪資費用得以全數刪除、庫存的帳面價值幾乎等於零，將會為美國鋼鐵公司帶來極大的競爭優勢。我們可以用極低廉的價格銷售產品，卻仍然可以賺取極高的利潤。董事會認為，在實行這項現代化計畫之後，我們的銷售量將會遙遙領先所有同業競爭者，到那時，反托拉斯法將是唯一能夠阻止我們完全支配整個產業的障礙。

在做出此一聲明的同時，董事會並未忘記一件事，那就是同業競爭者也可能採取和我們相同的會計改進措施，試圖

表1　美國鋼鐵公司1935年度簡式損益表　（單位：美元）

	A.原公布數字	B.依新提案之預估數字
所有來源之總收入（包括公司間之收入）......	$765,000,000	$765,0000,000
員工薪資	251,000,000	—
其他營運及所得稅費用	461,000,000	311,000,000
折舊費用	47,000,000	(50,000,000)
利息費用	5,000,000	5,000,000
債券贖回折價	—	(54,000,000)
優先股股利	25,000,000	—
可分配普通股股利	(24,000,000)	553,000,000
平均流通股數	8,703,252	11,203,252
每股盈餘	($2.76)	$49.80

　　基於某種略嫌老舊的習慣，我們在以下提出美國鋼鐵公司1935年12月31日之簡式資產負債表，以下之資產及負債項目均已反映出上述各項改格措施之效應：

資產

固定資產淨值.............	($1,000,000,000)
現金資產.................	142,000,000
應收帳款.................	56,000,000
庫存品.................	1
其他資產.................	27,000,000
總計.................	($774,999,999)

負債

普通股面值1美分（面值＄87,032.52）認列價值*	($3,500,000,000)
子公司債權及股票	113,000,000
新發行償債基金型債券	1,080,000,000
流動負債	69,000,000
或有準備	1,000,000,000
其他準備	74,000,000
原始資本公積	389,000,001
總計.................	($774,999,999)

＊本公司將於維吉尼亞州重新登記註冊，根據該州州法規定，認列價值與票面價值不同。

取得相同的新優勢。不過，由於我們在開發和領先提供新服務項目給鋼鐵產品用戶方面所擁有的獨特聲譽，因此有信心可以贏得新舊客戶的忠心支持。而且，如果必要的話，我們可以引進更先進的會計方法，以便維持我們應有的領先優勢，我們的會計實驗室目前正在研發這些新方法。

2 完整盈餘[注46]

當一家公司擁有另外一家公司的部分股權時，該公司必須從三個主要類型中選擇一種適當的形式，紀錄該投資的持股部分。大體而言，該公司所持股份擁有的投票權比率，是決定採用何種會計原則的主要因素。

根據一般公認會計原則的規定（當然會有例外情形……），如果企業擁有其他公司超過50%的股權，這些投資事業的所有銷售、費用、稅金、以及盈餘等項目，都必須全數併入持股企業的財務報表中。由於波克夏擁有藍籌公司60%的股權，該公司就屬於這一類型的投資。因此，藍籌公司所有的營收及費用都必須併入波克夏的合併盈餘報表（Consolidated Statement of Earnings），至於擁有藍籌公司其他40%股權企業的淨收入部分，波克夏應該在合併盈餘報表的少數權益（minority interest）項目下加以扣除。

注46：以短線符號分開：1980年；1990年；1982年；1991年；1997年。

　　至於持股比例在20%到50%之間這一類型的企業（通常稱爲「被投資事業」），持股公司通常也會將其盈餘全數併入合併報表中。這些被投資事業的盈餘——舉例來說，波克夏只擁有衛斯可財務公司48%的股權，但卻具有該公司的控制權，會以一個單項的形式，出現在持股公司的損益表上。和持股超過50%的被投資事業不同的是，這些被投資事業的營收及費用項目將全數略去不計，只有照持股比例應得的淨收入，才需要認列在報表上。因此，如果A公司擁有B公司三分之一的股權，不管B公司是否將盈餘發放給A公司，A公司都會將B公司盈餘的三分之一計入自己的盈餘項下。不管持股比例超過50%以上，或是只占20%到50%之間，企業間賦稅（intercorporate taxes）以及收購價格調整數（purchase price adjustments）兩個項目的處理方式，都必須略做調整。我們以後會針對這一點提出說明。（我們知道各位幾乎快等不及了。）

　　最後一種類型的投資，指的是持有另外一家企業擁有投票權、20%以下的股份。針對這種投資類型的會計規定，持股公司只需要將這些被投資事業所發放的股利計入自己的盈餘數字中，未發放的盈餘則不需計入報表。因此，如果我們擁有X企業10%的股權，而該企業在1980年的盈餘爲1,000萬美元，我們將在自己的盈餘數字當中紀錄下列三項之一（稅金及企業間的股利略去不計）：⑴如果X企業宣布將1,000萬美元全數以股利的形式發放出來，我們的盈餘就會增加100萬美元；或是⑵如果該公司配息率訂爲50%，也就是只發放

500萬美元的股利，我們的盈餘就會增加50萬美元；或者
如果X公司決定將所有盈餘做轉投資，我們的盈餘就不會有
任何增加。

我們之所以要向各位提出這項簡單的、或是過於簡化的
會計議題，是因為波克夏的資金來源大多集中在保險業，因
此我們的資產也大多集中於第三種投資類型（也就是持股比
例低於20％的投資項目）。許多這類型的被投資企業只發放
盈餘的小部分做為股利，也就是說，我們目前的盈餘報表只
會反映出這些事業當前盈餘能力的一小部分。雖然我們的營
業獲利只包含這些公司所發放的股利，但是決定波克夏經濟
命運的關鍵卻是這些公司的整體盈餘能力，而非它們所發放
的股利。

近幾年來，由於我們投資的保險事業表現十分出色，而
證券市場也出現許多極具吸引力的股票，因此我們在第三種
類型的投資數量明顯增加許多。這些大量增加的投資機會，
加上一部分我們投資的事業其盈餘表現也呈現成長的榮景，
兩相作用之下，卻出現了不尋常的結果：我們在這兩大投資
項目上所獲取、但是遭到保留的盈餘（也就是未被以股利形
式發放給我們的部分），超過了波克夏全年度的公告營業盈
餘。傳統的會計制度只允許我們公告未及一半的盈餘數字，
就像只露出一角的冰山。在企業的世界裡，這種結果是很少
見的，但是就我們而言，這種情況很可能不斷出現。

我們分析盈餘真相的方式，和一般公認的會計原則不
同，尤其在通貨膨脹居高不下、而且又不穩定的情況下更是

如此。（但是，批評要比改進容易多了。這些會計法則的內在問題實在太嚴重了。）我們曾經擁有某些事業100%的股權，雖然就會計上來說，我們對這些公司具有完全的控制權，但是對我們而言，這些公司所公布的盈餘，卻不及其現金金額100%的價值。（這樣的「控制」只是理論上的說法，除非我們將所有的盈餘都做轉投資，否則現有的資產將會不斷遭受耗損。但是，這些轉投資的盈餘也不可能賺取到接近市場資金報酬率的回報。）我們也曾擁有過一些極具投資潛力事業的小部分股權，而這些企業的保留盈餘對我們在經濟價值上的影響，卻遠超過其盈餘現金金額100%的價值。

對波克夏而言，投資公司保留盈餘的價值，並不是由我們對該企業持股比率的高低來決定。這些保留盈餘的價值，端視這些盈餘的運用方式，以及在運用後所產生的收益水準而定的。不管是由我們來決定如何運用這些盈餘，或是由那些不是我們所雇用，但卻選擇與其共事的經理人來做決定，這個道理都不會改變。（是誰做決定並不重要，下決定的動作才是關鍵。）而且，不論我們是否將這些盈餘列入財務報表中，這些盈餘的價值完全不會受到影響。如果在我們部分擁有的森林中有一棵樹，而我們並沒有將那棵樹列入財務報表中，我們還是擁有那棵樹的部分所有權。

我們要提醒各位，我們並不是抱持傳統的看法。如果我們從某個持股比例只占10%的事業所獲取的盈餘不能被列入財務報表當中，只要該公司的經營團隊能夠合理地運用這些

盈餘，我們也會感到滿意。我們反而不願見到經營團隊
（即使是我們自己），將可認列的盈餘運用在令人質疑的投
資計畫上。）

（我們不得不在此稍作暫停，進個廣告。我們非常樂意
見到我們以股票投資方式所投資的事業，採取下列這種盈餘
運用方式：回購自身的股票。這個道理很簡單：如果某個績
優事業的股票市價遠低於其內在價值，以如此低廉的價格來
大幅提高所有股東在該事業的投資權益，會是最安穩且最有
利可圖的資金運用方式。由於企業收購活動具有高度的競爭
特性，當某個事業完全收購另一個事業的時候，買方一定需
要支付全額（通常遠超過全額）的收購價格。但是，由於證
券市場具有拍賣市場的特性，經營績效良好的企業往往有機
會以極低的價格回購自己的股票，以增加自己的盈餘能力。
如果這些績優企業想經由商議的方式收購別家企業，他們往
往必須多付出1倍的價格，才能達到相同的盈餘能力。）

———————

「盈餘」這個名詞似乎帶有一種精確的意義。如果某項
盈餘數字伴隨著無保留意見（unqualified）的會計師簽證報
告出現，一無所知的讀者可能會覺得它就跟圓周率（ π ）一
樣，可以精確地計算到小數點以下好幾位的數字。

事實上，如果一家企業的領導人是個愛吹牛的人，該企
業的公告盈餘數字很可能會跟灰土一樣可以輕易受到擺弄，
但是真相終究會大白，在這個過程中有可能會出現資金的大

量換手。事實上，美國有些主要的財富，都是經由會計幻象創造出來的。

在會計上動手腳並不是件新鮮事。各位如果想要找出善於巧言令色的詭辯家，（不妨考慮前述葛拉漢於1936年所寫成的諷刺劇。）令人感嘆的是，葛拉漢在當時以詼諧手法所描述的會計把戲，早已充斥美國主要企業的財務報表中，而且獲得大型會計師事務簽發的無保留意見。投資人顯然必須時時保持警覺：在計算會計數字所累計的真實「經濟盈餘」時，這些數字只能供作參考之用，而非最終的依據。

就另外一個重要但卻不同的角度來說，波克夏本身的公告盈餘也會引起誤解：在我們以大量持股方式投資的事業中（被投資事業），有許多企業的盈餘遠超過其所發放的股利，而我們從這些被投資事業所收到和公告的盈餘，卻僅限於它們發放的股利。首都市企業／ABC新聞公司算是一個極端的個案，我們持有該公司17%股權，按比例去年我們應該從該公司得到超過8,300萬美元的盈餘。但是，依照一般公認會計原則的規定，波克夏只能認列53萬美元（60萬美元股利，減去7萬美元的稅金）。首都企業本身保留了其他8,200多萬美元的盈餘。照這項做法對我們有利，但這些盈餘數字卻不能列入我們的帳冊中。

對於這些「被忽略但並未消失」的盈餘，我們抱持一種簡單的看法：這些數字的紀錄方式並不重要，這些盈餘的所有權以及其後的運用方式才最重要。我們不會在乎會計師有沒有聽到森林裡倒了一棵樹：我們在乎的是那棵樹是誰的，

以及接下來要如何處理那棵樹。

　　由於可口可樂運用保留盈餘買回自己的股票，我們在該公司的持股比例因而得以增加；我認為該公司是全世界最具價值的特許事業。（當然了，該公司也將保留盈餘運用在其他提升價值的方式上。）可口可樂公司大可以將這些盈餘用股利的方式發放給我們，而我們也可以利用這些資金來買進更多該公司的股票，不過，這會是一種比較不具效益的方式：由於我們必須支付股利所得稅，因此我們自行增加的持股比例，無法跟可口可樂能夠幫我們做到的程度相比。不過，如果我們採用後面這種比較不具效益的方式，波克夏卻可以公布更高的「盈餘」數字。

　　我認為，考慮波克夏盈餘的最好辦法，是採用「完整盈餘」（look-through earnings）的方法，該方法的計算方式如下：在1990年裡，我們由所有被投資事業所應得、但卻遭到保留的營業盈餘為2億5,000萬美元。如果這2億5,000萬美元完全以股利方式發放給我們，我們就必須額外支付一些稅金，因此，我們要扣掉3,000萬美元的稅金，將這剩下的2億2,000萬美元一併計入我們本身公告的3億7,100萬美元營運盈餘當中。如此一來，1990年我們的完整盈餘大約會是5億9,000萬美元。

　　我們認為，對於企業的所有股東而言，保留盈餘的價值應該由運用保留盈餘的效率來決定——而不是由股東個人的

持股比率來決定。如果各位在過去十年持有波克夏萬分之一的股權，不管你採取什麼樣的會計方式，你都會依持股比例由我們的保留盈餘決定，獲得完整的經濟利益。依照持股比例來說，你的獲利結果和持股比例達20％的股東會一樣好。但如果在同一時期內，你用100％持股的方式投資許多資本密集的事業，由於傳統會計法則的規定，你必須準確地公告全部的保留盈餘，只是在這種情況下，實際獲得的經濟價值卻微乎極微，甚至可能是零。我這麼說並不是在批評會計法則，我們根本不敢想要自行設計一套更好的會計法則。我們想表達的只是，經理人及投資人都必須了解，會計數字只是評估企業價值的起始工作，而非最終的結果。

對大部分企業而言，持股比例不到20％的股東並不算重要，（部分原因或許是因為這些股東的存在，使得這些企業無法將其公告盈餘極大化。）對這些企業來說，我們前述有關會計價值和經濟價值之間的差異，也不會具有太大的重要性，但是對波克夏而言，這樣的持股比例越來越具有顯著的重要性。我們相信，由於這些股東的持股比例，我們的公告盈餘數字才能夠達到不具有太大意義的目的。

———

在規模龐大的拍賣競技場中（由全美國的主要企業所組成），我們的主要工作就是挑選出具有經濟特質的事業，以便讓我們保留的每一塊錢盈餘，最後都至少能夠轉變成一塊錢的市場價值。儘管我們曾經犯了許多錯誤，但是到目前為

止，我們的確達成這項目標。在這個過程中，經濟學者歐肯
（Arthur Okun）提出經濟學者的守護神——「神聖的抵銷」
（St. Offset）這個觀念，對我們幫助極大。在某些個案中，
我們應得的保留盈餘對我們持股部位的市場價值不具重大的
影響力、甚至會產生負面的影響，然而在其他主要持股部位
中，被投資事業保留一塊錢盈餘，卻可以為我們增加2倍或
甚至更高的市場價值。到目前為止，在我們投資的事業當
中，表現優異的企業數目，遠遠足以抵銷績效不彰企業的數
目。如果我們能繼續維持這種記錄，就足以證明我們努力想
要極大化「經濟」盈餘，並且漠視「會計」盈餘的觀點是正
確的。

　　我們同時相信，將注意力集中於投資組合的完整盈餘，
也會對投資人有利。如果想要計算自己的完整盈餘，投資人
需要先判定自己所持有的投資組合當中，個別持股的完整盈
餘，以及總體的完整盈餘是多少。每一位投資人的目標，是
要建立一個投資組合（事實上可說是一家「公司」），這個投
資組合可以在往後十年，為自己帶來最高的完整盈餘。

　　這樣的態度會促使投資人考慮被投資事業的長期展望，
而不是只考慮股市的短期前景，將有助於提升投資的績效。
當然了，就長期而言，一個投資決策的正確與否取決於股票
價格，這是不容否認的，然而，股價是取決於企業未來的獲
利能力。投資就像棒球一樣，如果想得分，就得要注意球場
的動態，而不是計分板上的數字。

　　測試經理人經濟表現的最主要方式，是計算其是否能有
效地運用股東資金創造出高盈餘（且不需過度舉債、或是在
會計上動手腳等等），而不在於他是否能夠持續創造每股盈
餘的成長。在我們看來，如果許多企業的管理階層和財務分
析師能夠修正對每股盈餘，以及這些數字每年變化情形的重
視程度，這些企業的股東和投資大眾就會對這家企業有更深
的了解。

3　**經濟無形資產與會計無形資產**[47]

　　我們的內在企業價值遠遠超過帳面價值，主要的原因有
二個：

(1)根據一般公認會計原則的規定，對於我們保險子公司
　　所持有的普通股，我們必須以市價認列在帳冊上，但
　　對於我們所持有的其他股票，卻可以在市價或原始成
　　本當中選擇較低者認列。在1983年底，我們在後面這
　　組投資項目的市場價值，比我們的原始成本課稅前金
　　額高出7,000萬美元，即使課稅後也高達5,000萬美
　　元。這些超出的金額，屬於我們內在價值的一部分，
　　但是並不計入我們的帳面價值：

注47：以短線符號分開：1983年；1983年附錄；1996年股東手冊。

(2)更重要的是，我們投資了許多擁有經濟無形資產
（economic goodwill）的事業（這些資產也應該被列
入內在企業價值），而且這些經濟無形資產的價值，
遠高過我們在資產負債表上以會計無形資產
（accounting goodwill）項目認列，並且反映在帳面價
值上的數值。

……

即使完全不考慮無形資產或其攤銷問題，你照樣可以無
憂無慮地過完一生。但是，研究投資學或管理學的學生，卻
必須深入了解此一課題的細微之處。三十五年以前，我被教
導要注重有形資產，避開那些仰賴經濟無形資產做為事業大
部分價值的企業，如今我的看法卻有了重大的改變。由於過
去的偏見，使得我在事業上犯了許多錯失投資機會的重大錯
誤，但是在賺取佣金上所犯的錯倒是很少。

凱因斯點出我的問題所在：「困難之處不在於新的想
法，而在於如何跳脫出舊想法的限制。」我花了很久時間才
跳出舊思想的藩籬，部分原因是，我從同一位老師那裡學到
的其他知識是如此的寶貴（到現在還是如此）。到頭來，我
所累積的直接和間接的事業經驗，使得我如今強烈地偏好那
些擁有大量且可以持久的無形資產，並且只運用少量有形資
產的企業。

我推薦〔下列文章〕給那些不怕閱讀會計用語，而且也
有興趣了解無形資產在事業上所代表意義的讀者。不管你想
不想深入了解〔這篇文章的〕內容，各位應該知道，曼格和
我都認為波克夏經濟無形資產的價值，遠超過我們在帳冊中

認列的價值。

───────

〔下列文章〕只討論經濟及會計上的無形資產——而不是一般日常用語的商譽。舉例來說，一家企業可能廣受顧客的喜愛，但卻沒有任何經濟無形資產。（在分拆成多家公司以前，美國電報及電話公司（AT&T）廣受各界好評，但該公司卻完全沒有任何經濟無形資產。）令人遺憾的是，一家企業也可能受到客戶憎惡，但卻擁有真實的、且不斷成長的經濟無形資產。因此，讓我們暫時忘記感情問題，先將注意力集中在經濟學及會計學這兩方面。

當一家企業被他人收購之後，按照會計法則的規定，收購的價格必須先涵蓋被收購企業有形資產的合理價值。這些資產的合理價值總合（扣除負債之後），往往低於該企業的收購價格。在這種情況下，兩者之間的差異，就會被視為一種資產項目，並命名為「收購成本高於收購淨資產之股東權益」（excess of cost over equity in net assets acquired）。為了方便起見，我們就以「無形資產」這個名詞來代替前面那個繞口的說法。

對於1970年11月以前收購的企業而言，由收購案中所產生的會計無形資產具有特殊的地位。除了極少見的情形之外，只要買方持續保有收購的企業，會計無形資產就可以永久列入資產負債表的資產項目當中。也就是說，這項資產沒有任何逐年攤銷的費用，企業不用扣除任何盈餘來沖銷這種

攤銷費用，而這項資產也不會耗損完畢。

不過，如果收購案是發生在1970年11月以後，情形就不同了。在這些收購案中創造出來的無形資產，企業每年必須從盈餘扣除一定的費用加以攤銷（每年的攤銷費用必須相同），攤銷期限最長為四十年。由於攤銷的最長期限是四十年，因此管理階層（包括我們）通常都會選擇四十年這個期限。這項由盈餘數字中扣除的攤銷費用，不得列為企業所得稅的扣除額，因此，這項費用對稅後盈餘的影響，幾乎是其他大部分費用的2倍。^{注48}

以上是會計無形資產的處理方式。我們可以舉出一個手邊的實例，來說明會計無形資產和經濟的現實差異何在。為了幫助各位了解，我們會將某些數字及整個情況做簡化處理，也會提出一些與投資人及經理人有關的議題。

藍籌公司於1972年初以2,500萬美元的價格買下See's公司，當時See's擁有的有形資產淨值大約800萬美元。（在我們這次的討論中，應收帳款都被視為有形資產，這樣的定義在商業分析上很適當。）除了因為季節性因素有舉債借貸的需要之外，對於這類事業的經營而言，這種規模的有形資產是洽當的。當時See's公司每年稅後盈餘大約是200萬美元，而以1972年的幣值為基準，當年的盈餘水準預估未來的獲利能力，似乎並不過分。

我們學到的第一項教訓是：如果企業能夠利用其淨資產

注48：這條稅法已經改變。請參考國稅法第197條之規定。

創造出遠高於市場報酬率的盈餘，這個企業的整體價值就會超過其有形資產的淨值。超出市場報酬率的盈餘部分，其資本化價值（capitalized value）現值就是所謂的經濟無形資產。

在1972年（以及現在），很少有公司像See's公司一樣，能夠持續賺取高達25%的稅後有形資產淨額報酬率，而且，該公司還是在採用保守的會計方式、並且沒有運用任何財務槓桿的情況下達成這樣的績效。創造出如此高報酬率的原因，並不是該由於公司的庫存品、應收帳款、或固定資產等的合理市價，而是該公司某些無形資產總體所產生的作用，特別是消費者對See's公司的產品一直都很喜愛，而且與該公司員工接觸的經驗也都很愉快，使該公司得以享有廣受市場好評的優良聲譽。

由於具有如此卓越的聲譽，產生了一種消費者特許權（consumer franchise），使得該公司的產品售價，並不取決於生產成本，而是該公司產品帶給消費者的價值。消費者特許權是經濟無形資產的主要來源。其他的來源包括不受到利潤法規限制的政府特許事業，例如電視公司，或是在某個產業中長期擁有低成本地位的製造商。

讓我們再回到See's公司的會計問題上。由於藍籌公司在收購See's公司時付出超過有形資產淨額的溢價為1,700萬美元，因此藍籌公司必須在帳冊中另外任列一項無形資產項目來紀錄這筆金額，並且每年由盈餘中扣除42萬5,000美元的攤銷費用，分四十年期攤銷完畢。經過十一年之後，也就

是在1983年，該項無形資產的價值只剩下1,250萬美元。波克夏當時擁有藍籌60%公司的股權，因此也擁有See's公司60%的股權，這表示波克夏的資產負債表中列有See's公司60%的無形資產，相當於750萬美元。

1983年，波克夏透過一次合併動作，買下了藍籌公司的剩餘股權。由於這項合併案，波克夏必須採用收購會計方式，而不像某些合併案一樣可以採用聯營（pooling）的會計方式。根據收購會計的規定，我們必須把「送給」（或是「支付」）藍籌公司股東的股票之「合理價值」，計入我們由該公司所購得的淨資產價值中。和所有上市公司用股票收購其他企業一樣，這項「合理價值」的計算方式，就是所付出股票的市場價值。

這些「被收購」的資產，指的是藍籌公司所擁有的全部資產的40%（如前所述，波克夏早已擁有該公司其他60%的資產）。波克夏付出的代價，遠超過我們收到的有形資產淨額，超過的部分為5,170萬美元，這項金額分別被計入兩項無形資產：See's公司的部分為2,840萬美元，水牛城晚報公司的部分則為2,330萬美元。

因此，在合併案過後，波克夏擁有See's公司的無形資產，可以略分為兩大部分：1971年收購案中獲得的750萬美元，以及1983年由於收購其他40%股權，新獲得的2,840萬美元。在未來的二十八年中，我們每年的攤銷金額大約是100萬美元，而在2002年到2013年這十二年裡，我們每年的攤銷費用是70萬美元。

換句話說，雖然我們分兩次買進一整件相同的資產，由於收購日期及價格不同，這兩次收購案的價值及攤銷費用因而出現了極大的差異。（我們再次重申：我們自己也提不出一套更完善的會計系統，我們面臨的問題實在很傷腦筋，只能採用隨意的原則處理。）

但是，經濟現實的真相到底是什麼呢？其中之一是：自從收購See's公司之後，每年在盈餘報表上必須扣除的攤銷費用項目，並不是真正的經濟成本。我們之所以知道這一點，是因為該公司去年利用2,000萬美元的有形資產淨額，賺取了1,300萬美元的稅後盈餘。這樣的績效顯示，我們所擁有的經濟無形資產，遠超過會計無形資產的總原始成本。換句話說，雖然會計無形資產的價值自收購日起即開始逐漸減少，經濟無形資產卻會不定時地大幅增值。

另一個真相是，未來逐年攤銷的費用與經濟成本並不相符。See's公司的經濟無形資產當然有可能會消失。但是，這項資產絕不會有一絲一毫的縮減情形。由於通貨膨脹的關係，比較可能發生的情況，則是該項無形資產將會增值，即使實質價值沒有增加，名目價值也會提高。

之所以存在前述的可能性，是因為真實的經濟無形資產的名目價值（nominal value），會隨著通貨膨脹呈等比例的上升。為了向各位說明這個道理，讓我們拿一個和See's公司經營同樣事業，但是比較普通的公司來做比較。各位應該還記得，當我們在1972年買下See's公司的時候，該公司運用800萬美元的有形資產淨額，賺取了200萬美元的稅後盈

餘。假設我們虛擬的這家普通公司當年也有200萬美元的盈餘，但是卻需要1,800萬美元的有形資產淨額來維持正常營運，由於這家公司的有形資產淨額報酬率只有11%，因此這家公司所擁有的經濟無形資產就非常低，或幾乎等於零。

因此，像這樣的企業還不如以相當於現有有形資產淨額的價格，也就是1,800萬美元，出售給他人。相對地，雖然See's公司的盈餘不比這家普通公司多，而且See's公司實際的資產價值也不及前述公司的一半，我們還是花了2,500萬美元買下See's公司。「少」真的可能比「多」還多，就如我們付的收購價格所隱含的意義一樣嗎？答案是肯定的──**即使這兩家公司未來的營業額都不會有太大的成長**，但只要你認為這個世界會持續出現通貨膨脹，正如同我們在1972年所做的預估，這個問題的答案就是肯定的。

如果你想了解為什麼會這樣，不妨想像一下，如果價格水準上漲了1倍，會對這兩家公司產生什麼影響。兩家公司都必須將名目盈餘金額提升至400萬美元，以便可以跟得上通貨膨脹的腳步。這似乎沒有什麼了不起：以雙倍於先前售價的價格出售相同數量的產品，如果毛利率（profit margins）不變，利潤也不會改變。

但重要的是，如果想要產生這樣的結果，這兩家公司在有形資產淨額的名目投資金額，或許也需要增加1倍，這正是通貨膨脹加諸於企業的經濟影響，有好的一面，也有壞的一面。由於營業額上升1倍，意味著應收帳款及庫存品的金額也會增加1倍。雖然固定資產的金額受到通貨膨脹影響的

速度較慢，但是這項影響終究會出現。然而，這些因應通貨膨脹所需的投資並不會提升實際的投資報酬率，投入這些投資的動機，只是要讓事業繼續生存下去，而不是為了股東的利益著想。

各位還記得See's只擁有價值800萬美元的有形資產淨額，因此，See's公司只需要再投資800萬美元來因應通貨膨脹所導致的資金需求。然而，那家普通的公司所面臨的資金負擔，卻高過See's公司的2倍——該公司額外的資金需求高達1,800萬美元。

在一切塵埃落定之後，上述普通公司的每年盈餘將變為400萬美元，該公司的價值可能還是跟其所擁有的有形資產一樣，大約是3,600萬美元。也就是說，該公司股東每多投資一塊錢，也只能夠多獲得一塊錢的名目價值。（這種1:1的投資成果，正如同把錢存入銀行戶頭的結果一樣。）

See's公司的盈餘也是400萬美元，但如果我們用當初購買See's公司所用的相同標準來評估該公司的當前價值（這是一種很合理的作法），See's公司現在的價值可能高達5,000萬美元。也就是說，雖然股東額外投入的資金為800萬美元，該公司的名目價值卻增值了2,500萬美元——每一塊錢的額外投資可以獲得超過三塊錢的名目價值。

即使如此，請記住一點：在面臨通貨膨脹的壓力下，像See's這類型企業的股東，還是需要額外投資800萬美元資金，才能夠維持企業實質的獲利水準。任何沒有負債、但卻需要有某些有形資產才得以營運的企業（幾乎所有企業都需

要有某些有形資產），都會受到通貨膨脹的傷害。對有形資產需求較少的企業，受通貨膨脹傷害的程度也會較低。

當然了，許多人並不了解這個道理。多年以來，傳統的看法認爲（這樣的看法流傳已久，但卻缺乏智慧）擁有天然資源、廠房設備、或其他有形資產（「我們信仰上帝」這句話。）^{譯注28}的事業，最能夠抵擋通貨膨脹的壓力，事實並非如此。擁有大量資產的企業，其報酬率通常很低——這些低報酬率所提供的資金，往往只能夠應付通貨膨脹下的資金需求，無法爲企業的實質成長、配發股東股利、或收購新事業提供任何幫助。

相對地，許多在通貨膨脹期間創造出來的企業財富，是由於企業巧妙地結合具有恆久價值的無形資產、以及極少量有形資產的成果。在這些成功的案例中，企業盈餘的名目金額都增加了，而這些資金也足以做爲收購其他企業的資金來源，這種現象在通訊產業最爲明顯。該產業只需要極少量的有形資產——然而，該產業的特許性質卻得以持久。在通貨膨脹時期，唯有無形資產才能夠不斷創造價值。

當然了，前述的說法只適用於經濟無形資產。虛假的會計無形資產（這種資產的數量多得很）就另當別論了。如果某個過於興奮的管理團隊以一個過高的愚蠢價格收購了一家企業，如前所述的微妙會計方式就會被採用。由於這項愚

譯注28：指現金。每一種面值的美金上都印有（In God We Trust）。

蠢的收購金額無處可去，最後只得落腳到無形資產的項目上：在這種情況下，該項目還不如改名為「無意」（No-Will）（譯注：相對於Goodwill的善意）。不管該項資產的名稱是什麼，分四十年攤銷的儀式通常都會被祭出來，而這樣的做法在經過資本化處理後，會一直以資產的項目認列在帳冊上，好像該收購案是一件合理的投資案似的。

＊ ＊ ＊ ＊ ＊

如果你認為無形資產的會計處理方法，是衡量經濟現實的最好方式，我最後還要提出一件事情供你參考。

假設某家公司的每股淨值是20美元，而該公司的所有價值都來自其擁有的有形資產；再假設該公司已經發展出極高的消費者特許權，或是擁有聯邦通訊委員會（Federal Communications Commission, FCC）所給予的特許，該公司很幸運地買下某些重要的電視公司。因此，該公司的有形資產報酬率極高，比方說每股獲利是5美元，獲利率為25%。

在這樣的經濟條件之下，該公司的股價可能會漲到每股100美元或更高，如果該公司有意經由商議的方式出售全部事業，該公司或許也可以爭取到這樣的出售價格。

假設某位投資人花100美元買下該公司的部分股票，該名投資人事實上是花了每股80美元的價格，買下了該公司的無形資產（這就和企業買主買下該公司的全部股權一樣）。如果這位投資人想計算「真實」的每股盈餘，他是否應該每年扣除每股2美元的攤銷費用呢（每股80美元除以四十

年）？如果答案是肯定的話，計算出來的每股盈餘將是3美元，而這樣的結果是不是會促使該名投資人重新審視他所付出的收購價格呢？

* * * * *

我們認為，經理人或投資人都應該從兩個角度來探討無形資產：

⑴在分析營運成果的時候，也就是說，在評估企業單位的基本經濟體質時，攤銷費用應該略去不計。在評估某項事業的營運是否具有足夠的吸引力時，最佳的評估標準，是該企業在扣除任何無形資產攤銷費用的情況下，利用不含負債的有形資產淨額所能創造的盈餘能力。這同時也是衡量該營運單位無形資產現值的最佳評估方式。

⑵在評估某項收購案是否合理時，攤銷費用同樣應該略去不計。這項費用不應該由盈餘或是企業的其他成本中扣除。這句話的意思是說，收購而來的無形資產價值，永遠都應該用未扣除任何攤銷費用的原始成本總額來衡量。除此之外，在考慮所有因素之後，前述成本的定義也應該包括內在企業價值的全額，而不只是登錄的會計價值，不管合併案中使用到的證券市價為何，也不管是否可以採用聯營的會計處理方式。舉例來說，我們在與藍籌公司合併時，分別買下See's公司及水牛城晚報兩家公司40%的無形資產，而我們真正

付出的代價，遠超過帳冊中登錄的5,170萬美元。之
所以會有這樣的差異存在，是由於在該件合併案中，
波克夏付出的股票市價低於這些股票的內在企業價
值，而內在企業價值才是我們認定的真正成本。

　某件併購案由第一種觀點來看可能是成功的，但由第二
個觀點來看卻可能是失敗的。績優事業不見得一定是理想的
收購對象──雖然績優事業還是尋找收購對象的好範疇。

────────

　當波克夏收購一家企業，而付給賣方的收購價格又高於
一般公認會計原則認定的資產淨值時，該項溢價部分必須列
入我們資產負債表的資產項目中，這是常見的情形，因為我
們想要收購的公司，大部分都不會便宜出售。認列該溢價部
分的規則非常多，為了簡化起見，我們將討論集中在無形資
產這個項目上，因為波克夏溢價收購其他事業時，這些溢價
的絕大部分，最後都是歸入這項資產項目中。舉例來說，我
們最近買下蓋可公司剩餘的股權，認列的無形資產為16億美
元。

　根據一般公認會計原則的規定，無形資產必須在四十年
內攤銷完畢，也就是說，該資產的價值必須在四十年內逐漸
降低至零為止。因此，為了將我們手中這16億美元的無形資
產沖銷殆盡，我們每年必須由盈餘中扣除4,000萬美元的攤
銷費用。而由於這項費用不得做為所得稅扣除額，因此我們
的稅前及稅後盈餘都減少了4,000萬美元。[注49]

因此，就會計的觀點來看，我們擁有的蓋可公司無形資產，將會以相同的金額逐年消失。但是我可以向各位保證一點，我們由蓋可公司所購得的經濟無形資產，絕不會以相同的方式減少。事實上，我認為我們由蓋可公司所獲得的經濟無形資產不但不會減少，反而會增加──而且增加的空間還可能很大。

我在1983年的年度報告中，曾針對See's公司的無形資產發表過類似的說明，當時我以該公司為例，討論會計上對無形資產的處理方式。在我們當年的資產負債表上，和See's公司有關的無形資產金額為3,600萬美元。從那時起，我們每年都由盈餘中扣除100萬美元的金額，做為該項資產的攤銷費用，如今該項資產在我們的資產負債表上的認列金額，大約是2,300萬美元。換句話說，由會計觀點來看，自1983年起，See's公司已經損失了不少無形資產。

但是，經濟事實卻和以上的敘述完全不同。See's公司在1983年，運用1,100萬美元的營運資產淨值，創造了2,700萬美元的稅前盈餘；到了1995年，該公司只用500萬美元的營運資產淨值，卻產生了5,000萬美元的盈餘。明顯地，在這段期間內，該公司的經濟無形資產呈現了巨幅成長，而非減少。同樣明顯的是，See's公司的真正價值，要比我們帳冊中的帳列價值高出好幾億美元。

我們當然也可能是錯的，但我們預期蓋可公司在經濟價

注49：這項稅法已經改變，請參閱國稅法第197條之規定。

值上的增加幅度，足以彌補其在會計價值上的損失。這也是我們大部分子公司出現的情況，不僅僅是See's公司而已。因此我們會選擇某種特定的方式來向各位報告盈餘數字，以便有助於各位完全忘記收購會計調整數（purchase-accounting adjustments）這回事。

我們未來也會採取同樣的方式來處理完整盈餘，也會想辦法刪除和被投資事業有關的主要收購會計調整數。對於帳冊中只認列有少量無形資產的公司，像是可口可樂或吉列公司，我們並不會採用這樣的處理方式。但是，由於富國銀行和迪士尼最近都進行了大型的收購案，這兩家企業都將面臨鉅額的無形資產攤銷費用，因此，我們會對這兩家企業採取前述的處理原則。

在結束這項討論之前，必須向各位提出一項重要的警告：由於企業最高執行長及華爾街分析師習慣將折舊費用（depreciation charges）與前述的攤銷費用混為一談，導致投資人往往不知如何自處。基本上這兩項費用完全不同：除了極少見的例外情形之外，折舊跟員工薪資、原物料成本、或賦稅等費用一樣，都是實實在在的經濟成本。不論是在波克夏，或是絕大多數我們曾經研究過的企業裡，實際情形都是如此。除此之外，我們也**不認為**所謂的「未扣除利息、稅金、折舊及攤銷等費用前之盈餘」（earnings before interest, taxes, depreciation, and amortization, EBITDA），在衡量企業的績效表現上具有任何意義。如果管理階層忽略了折舊費用的重要性，反而強調「現金流量」或是前述的EBITDA，他

們就很容易做出錯誤的決定，各位在做投資決策時，也應該牢記這一點。

4 　事業主盈餘與現金流量的謬誤[注50]

　　根據一般公認會計原則的規定，〔許多企業收購案需要〕利用到收購價格會計調整數。根據一般公認會計原則計算出來的數字，當然也是我們在合併財務報表上所列的數字。但是我們認為，對經理人及投資人而言，這樣的數字並不一定是最有用的數據。因此，特定營運單位所呈現的盈餘數字，都是未將收購價格會計調整數列入考慮前的數值。事實上，如果我們沒有將這些事業買下來，這些盈餘數字正是他們將要公告的數字。

　　下列是我們為什麼偏好這種公告方式的原因。下面的討論絕對不像小說那樣精彩，也不是必修的閱讀資料。不過我知道，在波克夏的6,000名股東當中，有部分股東十分欣賞我所寫的，有關會計的討論文章—我希望各位都會喜愛我下列的討論內容。

　　首先先來個小考：下面是兩家公司在1986年的簡式損益表。哪一家公司比較有價值？

注50：以短線符號分開：1986年；1986年附錄。

　　各位一定猜想得到，O公司和N公司事實上是同一家公司──費澤公司（Scott Fetzer）。O欄（代表「舊」的意思）是如果我們沒有收購該公司，根據一般公認會計原則所編製的1986年盈餘數字；N欄（代表「新」的意思）是波克夏依照一般公認會計原則實際公告的數字。

　　我們要強調的是，這兩欄數字所代表的是完全相同的經

		O公司		N公司
				（單位：千美元）
營業收入⋯⋯⋯⋯⋯		$677,240		$677,240
銷貨成本：				
不含折舊費用之原始成本⋯	$341,170		$341,170	
非現金之特殊庫存成本⋯⋯			4,979[1]	
廠房設備之折舊費用⋯⋯⋯	8,301		13,355[2]	
		349,471		359,504
毛利⋯⋯⋯⋯⋯⋯⋯		$327,769		$317,736
銷售及管理費用⋯⋯⋯⋯	$260,286		$260,286	
無形資產攤銷費用⋯⋯⋯			595[3]	
		260,286		260,881
營業淨利⋯⋯⋯⋯⋯		$67,483		$56,855
其他淨收入⋯⋯⋯⋯		4,135		4,135
稅前淨利⋯⋯⋯⋯⋯		$71,618		$60,990
營業所得稅費用：				
遞延及當期所得稅⋯⋯	$31,387		$31,387	
非現金之期間分配調整數⋯			998[4]	
		31,387		32,385
本期淨利⋯⋯⋯⋯⋯		$40,231		$28,605

（⑴至⑷之項目將於本文稍後討論。）

濟條件——銷售情況、員工薪資、所得稅費用等等。這「兩
家公司」替事業主創造出的現金也一樣多。不同的只是會計
方法。

因此，在座的各位哲學家，哪一欄數字代表的才是事實
呢？經理人及投資人應該注意哪一欄數字呢？

在回答這些問題之前，讓我們先來研究哪些原因造成這
兩欄數字出現差異。我們會將某些討論加以簡化，但這些簡
化並不會導致任何錯誤的分析或結論。

由於我們在收購費澤公司所付出的價格，和該公司公告
的淨值不同，因此會出現上述O及N兩欄不同的數字。依照
一般公認會計原則的規定，這樣的差異不論是溢價或折
扣，必須以「收購價格調整數」（purchase-price adjustments）
加以認列。就費澤公司的情形來說，我們付出3億1,500萬美
元的價格收購該公司的淨資產，這些資產在該公司的帳面價
值為1億7,240萬美元。因此，我們付出的溢價是1億4,260萬
美元。

在會計上處理溢價的第一個步驟，是將流動資產
（current assets）的帳面價值調整為現時價值（current
values）。在實務上，這項規定通常會影響到庫存品的價值，
但不會影響到應收帳款，因為應收帳款本來就是以現時價值
計算。由於費澤公司在帳上列有2,290萬美元的後進先出法
（LIFO）準備金以及其他的複雜會計項目[注51]，因此該公司
庫存品的帳面價值，要比其現時價值低了3,730萬美元。因
此，我們採取的第一個作法，就是由1億4,260萬美元的溢價

中提出3,730萬美元,以增加庫存品的帳面價值。

　　如果在調整流動資產的價值之後還有任何溢價金額存在,下一步應該是將固定資產調整爲現時價值。就我們的情形來說,由於這項調整動作,我們必須在遞延所得稅費用(deferred taxes)上展現一些會計特技。由於我們只準備做簡單的討論,因此略去細節部分不談,直接向各位報告結果:固定資產增加了6,800萬美元,遞延所得稅負債(deferred tax liabilities)部分則降低了1,300萬美元。在完成這筆8,100萬美元的調整數之後,我們尚須分配的溢價金額只剩下2,430萬美元。

　　如果必要的話,我們接下來會採取的兩個步驟是:將其他的無形資產(指本文所討論的無形資產以外的部分)的價值調整爲合理的現時價值,並將負債調整爲現時價值,後一個步驟通常只會影響到長期負債以及未準備退休金負債(unfunded pension liabilities)。不過,就費澤公司的情形而言,我們並不需要採取這兩個步驟。

　　在認列完所有資產及負債的合理市場價值後,我們需要做的最後一個會計調整動作,是將剩餘的溢價部分列入「無形資產」的項目中。(就會計的技術層面而言,這項資產的正確名稱應該是「收購成本超過收購淨資產合理價值之金額」)。這項剩餘部分的金額爲2,430萬美元。因此,在本收

注51:所謂的LIFO準備金,指的是在資產負債表上庫存品的認列成本,以及取代這些庫存品所需的時價成本兩者間的差異。這項差異有可能出現大幅成長,尤其適逢通貨膨脹期間。

購案完成前和完成後，費澤公司的資產負債表會出現如O及N兩欄數字所顯示的不同情況。事實上，這兩個資產負債表所呈現的是相同的資產及負債——但是，如各位所見，某些數字卻出現極大的差異。

	O公司	N公司
資產		（單位：千美元）
現金及約當現金·······················	$3,593	$3,593
應收帳款淨值·······················	90,919	90,919
庫存品······························	77,489	114,764
其他資產····························	5,954	5,954
流動資產合計·······················	177,955	215,230
廠房設備淨值·······················	80,967	148,960
對未合併子公司及合資企業之		
投資預付款·······················	93,589	93,589
包括無形資產之其他資產···············	9,836	34,210
	362,347	491,989
負債		
應付公司債及長期債務到期部分········	$4,650	$4,650
應付帳款····························	39,003	39,003
累計應付債務·······················	84,939	84,939
流動債務合計·······················	128,592	128,592
長期負債及資本化租賃················	34,669	34,669
遞延所得稅費用·····················	17,052	4,075
其他遞延債務·······················	9,657	9,657
負債合計····························	189,970	176,993
股東權益····························	172,377	314,996
	$362,347	$491,989

雖然N欄中資產負債表的數字較高，卻在前述的損益表中產生較低的損益數字。這是由於資產認列的價值增加了，而且某些認列價值增加的資產必須加以折舊或攤銷。資產的價值越高，每年由盈餘中扣除的折舊或攤銷費用也就越高。這些由於資產認列價值增加而出現在損益表中的數字如下：

(1)497萬9,000美元的非現金庫存成本，出現這項費用的主要的原因，是因為費澤公司於1986年降低了庫存品的數量；在未來，這類型費用的金額應該會很低甚至不存在。

(2)因資產認列價值增加而產生的505萬4,000美元的額外折舊費用；在未來的十二年中，每年都可能出現相當於這個金額的費用。

(3)無形資產的攤銷費用為59萬5,000美元。未來三十九年，這項費用都會出現，而且金額會稍微高於這個水準，這是因為收購案是在1月6日完成，因此1986年的攤銷費用只占全年度費用的98%。

(4)遞延所得稅費用99萬8,000美元。關於這一部分我實在沒有辦法做簡略的說明（甚至完全無法解釋清楚）；在未來的十二年中，每年可能都會出現相當於這個金額的費用。

各位要了解一點，這些新建立的、總值達1,160萬美元的會計成本項目，完全不能用來做為企業的所得稅扣除額。[注52]但不管是在上述兩者中的哪一種情形下，雖然根據一般公認會計原則計算出來的盈餘數字並不相同，費澤公司應付

的所得稅卻都是一樣的。而且，就營運盈餘而言，未來的結果也會是一樣的。不過，雖然不太可能發生這樣的情形，但萬一費澤公司決定要出售部分事業，前述兩種情形下所計算出來的所得稅，卻可能會有極大的差異。

1986年底，由於費澤公司每年自盈餘中扣除了1,160萬美元的額外費用，「新」、「舊」兩家費澤公司的淨值差異，已經由1億4,260萬美元，降低為1億3,100萬美元。隨著時間過去，由於這些費用的存在，收購溢價將會逐年減少，前述兩個資產負債表的數字也會逐漸統一。但除非費澤公司處分土地資產或是降低庫存數量，否則新資產負債表上所認列的，永遠會是這些資產的較高價值。

$$* \quad * \quad * \quad * \quad *$$

對事業主而言，這一切所代表的意義是什麼呢？究竟波克夏的股東在1986年是買進一家盈餘4,020萬美元的企業，還是盈餘2,860萬美元的企業？對我們而言，前述1,160萬美元新增加的費用是不是真正的經濟成本呢？投資人是否應該付出比收購N公司較高的價格來買進O公司呢？如果某家企業的價值是其盈餘的特定倍數，那麼費澤公司在被我們收購前，是否比被我們收購後更有價值呢？

如果對這些問題加以深思，我們就可以對所謂的「事業主盈餘」（owner earnings）有一些深刻的了解。事業主盈餘

注52：這項稅法已經改變，請參閱國稅法第197條之規定。

代表的是（a）公告的盈餘，加上（b）折舊、損耗、攤銷、以及其他像N公司由（a）到（b）的各項非現金費用支出，減去（c）投資在廠房設備等的年度資本支出；企業必須藉由資本支出的投資，來維持長期的競爭地位及銷售量。（如果企業需要額外的營運資金（working capital）維持其競爭地位及銷售量，這些額外的資金也應計入（c）當中。不過，如果銷售量不變的話，採用後進先出法計算庫存的企業，往往不需要動用到額外的營運資金。）

　　我們對事業主盈餘的計算方式，不像一般公認會計原則，可以產生精確但卻會誤導人的數據，這是因爲（c）只是一項預估的數字，而且有時候很難去預估。雖然有這個問題存在，我們認爲在針對企業進行評估的時候，不管是投資人考慮選股，或是經理人考慮收購其他企業，重要的參考數字應該是事業主盈餘，而非一般公認會計原則的盈餘。我們同意凱因斯的看法：「我寧願大致上對，也不願意準確地錯。」

　　根據我們前面所提的計算方式，O公司和N公司會產生相同的事業主盈餘，這表示兩家公司的價值是相同的，常理判斷也一定如此。之所以會出現這樣的結果，是因爲O公司及N公司兩者的（a）和（b）的總和是一樣的，而且兩者的（c）也一定相同。

　　至於身爲事業主兼經理人的曼格和我，會覺得哪一組數字才能眞正代表費澤公司的事業主盈餘呢？在當前的情況之下，我們認爲（c）非常接近舊公司中（b）的830萬美元，

而且遠低於新公司中（b）的1,990萬美元水準。因此，我們認爲O公司公布的盈餘數字比較能代表事業主盈餘。換句話說，我們覺得費澤公司的事業主盈餘，遠比我們根據一般公認會計原則所公告的盈餘水準爲高。

顯然地，這是一種令人滿意的情況。但是，類似這種計算方式產生的結果往往不會是好消息。大多數經理人應該都會了解，就長期而言，光要維持企業的銷售水準及競爭地位，往往需要花費高於（b）的資金。如果有這項必要的需求存在，也就是說，當（c）高過（b）的時候，利用一般公認會計原則所編製的盈餘，就會高估了事業主盈餘，而且這種高估程度往往很大。近幾年來的石油產業，爲這種現象提供了最好的例子，如果大部分的主要石油公司每年只花費（b）的資金，這些公司的實質價值一定會縮減許多。

上述的所有說明，都指出了常見於華爾街所公告的「現金流量」的荒謬性，這些數字固定會包括（a）以及（b），但卻不減去（c），投資銀行的公開說明書也會出現這種誤導人的數字。這些數字隱含的意義是，這些公開銷售的企業有如商場中的金字塔一樣，永遠是尖端藝術、絕對不需要更換、改進或重新裝配。事實上，如果所有的美國企業同時經由主要的投資銀行進行銷售（如果介紹這些企業的公開說明書值得信任的話），那麼政府對於全國廠房設備建設支出的預估數字，可能就可以刪減90%。

在描述某些不動產業，或是某些一開始需要投入大筆資金，往後只需要繼續投入少量資金的產業時，「現金流量」

可說是一項簡便的工具。像是擁有一座橋樑、或是儲存大量天然氣的油田這類資產的事業，即是這種類型的例子。但是對於製造業、零售業、探勘公司、或是公共事業而言，現金流量並不具任何意義，因爲對這些產業來說，（ｃ）才是最重要的。確切來說，這種類型的事業可能在某一年中延緩其資金支出的投資，但是就五年到十年的期間而言，他們非得做投資不可，不然的話，這些事業就會逐漸式微。

　　既然如此，爲什麼「現金流量」在目前這麼受到重視呢？在回答這個問題時，我們必須承認自己存有一種嘲諷的心理：我們認爲，企業及證券的行銷人員常常利用這些數字，爲一些根本無法解釋的事情（這些人企圖要銷售一些根本賣不出去的事業）做辯解。當（ａ）——也就是依據一般公認會計原則編製的盈餘，不足以償付垃圾債券的債務，或是不足以支撐過高的股價時，讓銷售人員強調（ａ）＋（ｂ）的結果，實在是很方便的做法。但是，你實在不應該加上（ｂ）的數字，卻沒有減去（ｃ）的數字：雖然牙醫師說的沒錯，如果你不照顧牙齒，你的牙齒就會掉光，但是這個道理卻不適用於（ｃ）。如果企業或是投資人認爲可以用（ａ）加（ｂ）的總和來衡量企業的償債能力，或是評估企業的股東權益價值，但是不減去（ｃ）的數字，這樣的投資人或企業將來一定會遭遇到麻煩。

＊　＊　＊　＊　＊

　　總而言之：就費澤公司及我們所擁有的其他事業而言，

我們認為以原始成本計算的（b）數字——也就是說，不考慮無形資產攤銷費用及其他收購價格調整數，相當接近於（c）的數字。（這兩項數字當然不相等。舉例來說，我們每年花費在See's公司的資本支出為100萬美元，比該公司折舊費用要高出50萬美元，而這樣的支出也僅能夠維持我們現有的競爭地位。）我們堅決相信這一點，這也是我們為什麼要將攤銷費用及其他收購價格調整數分開處理的原因⋯⋯這同時也是我們認為在檢視個別事業的盈餘時，只有這樣做才會比一般公認會計原則的盈餘更接近事業主盈餘的理由。

對某些人而言，質疑一般公認會計原則似乎相當不敬。如果會計師的工作不是要提供我們有關企業的真相，那麼我們究竟要雇用這些會計師做些什麼？但是，會計師的職責只是做記錄，並不進行評估。評估的工作是投資人及經理人的職責。

當然，會計數字是一種商業的語言，因此當某人想要評估某家事業的價值，或是想追蹤該事業的發展情況時，這些數字可以提供極大的幫助。如果沒有這些數字，曼格和我都會不知所措：對我們而言，這些數字是評估我們本身及他人事業的出發點。不過，經理人和事業主都應該記住一點，會計只是商業思考（business thinking）的一項工具，但絕不能取代商業思考。

5　內在價值、帳面價值、市場價格^{注53}

〔內在價值（intrinsic value）是〕一項極為重要的概念，在評估投資項目及事業是否具有相對的吸引力時，內在價值是唯一合理的考量。內在價值的定義很簡單：某家企業在其剩餘的企業壽命中所能產生的現金，經過折價後的現價。

但是，內在價值的計算方式並不容易。正如我們的定義所示，內在價值是一項預估數值，而非明確的數字，而且，如果利率變動或是預估未來的現金流量重新修正，這項數字也必須調整。除此之外，相同的事實在不同人的眼裡（曼格和我也一樣）幾乎一定會產生稍微不同的內在價值數字。由於這個原因，我們從來不對各位報告我們所預估的內在價值數字。我們年報中所呈現的，是一些我們自己用來計算這項價值的相關事實。

除此之外，我們會定期公告每股帳面價值（per-share book value），這項數字很容易計算，但在使用上卻有其限制。這種限制的原因，並不是因為我們用當期市價在帳冊上認列有價證券的價值。帳面價值在使用上之所以不洽當，主要在於我們所控制的事業，它們的帳面價值和內在價值可能

注53：以短線符號分開：1996年股東手冊；1987年；1985年；1996年。

有極大的差距。

這樣的差距可正可負。舉例來說,在1964年,我們可以確定地說,波克夏的每股帳面價值是19.46美元,但這個數字卻遠遠高估了我們的內在價值,因為我們公司的主要資源都鎖死在獲利不佳的紡織事業上。我們在紡織事業的資產,無論是存續價值(going-concern values)或是清算價值(liquidation values),完全無法和其帳面價值相比。但是,波克夏當前的情況完全改觀了:我們在1996年3月31日的帳面價值是每股1萬5,180美元,這個數字**遠低於**波克夏的內在價值,這是因為我們有許多事業的真正價值都遠高過其帳面價值。

雖然波克夏的帳面價值數字和此處的討論不是十分相關,但我們之所以要告訴各位這些數字,是因為我們大致可以用這些數字來衡量波克夏現今的內在價值,事實上,這些數字可能稍微低於波克夏的內在價值。換句話說,在任何一年中,帳面價值的變動幅度,會非常接近於同年度內在價值的變動幅度。

我們可以用大專教育這項投資為例,讓各位了解帳面價值和內在價值的差異為何。試想,將大專教育的成本當做該項投資的「帳面價值」,如果想準確計算這項成本,這項成本還應該包括學生因為選擇大專教育而放棄的工作收入。

在這項計算當中,我們將完全著重在教育的經濟利益上,其他無關經濟利益的部分則略去不談。首先,我們必須先預估該名大專畢業生預期可以賺到的終生工作收入,再減

去該名學生在不具備大專學歷的情況下,可能賺取的預估工
作收入,所得出的差額,再用適當的利率水準折現,以計算
出該名學生在大專畢業時的價值。這項計算所得出的金額,
就是大專教育對該名學生的內在經濟價值。

對某些大專畢業生而言,他們會發現大專教育的帳面價
值高過其內在價值,也就是說,不管出學費的是誰,這都是
一項不划算的投資。在其他案例裡,教育的內在價值則遠超
過其帳面價值,這樣的結果顯示出資金的運用是十分妥當
的。不管如何,帳面價值都無法正確地反映出內在價值,這
是無庸置疑的。

我們所控制的企業,以及我們以股票投資方式所投資的
企業,兩者公告的財務數字也凸現出會計制度有趣卻諷刺的
一面……這些投資的市場價值高達20億美元以上,然而,在
1987年,這些投資只為波克夏帶來1,100萬美元的稅後盈
餘。

根據會計的規定,我們只能將這些公司發放給我們的股
利,這些數字只比名目價值稍高一些,計入我們的盈餘當
中,而不能按照我們的持股比例來認列所有的盈餘,後者這
個部分在1987年就遠超過1億美元。另一方面,依照會計規
定,我們在三家公司的持股——這三家公司的股票實際上
是由我們的保險公司所持有,必須用當期的市場價格認列
在資產負債表上。結果是:根據一般公認會計原則的規定,

當我們在計算淨值時，可以把我們擁有部分股權事業的當期價值列入計算，可是卻不能把這些事業的盈餘數字計入我們的盈餘當中。

然而，就我們所控制的事業來說，情形卻正好相反。我們可以在損益表上顯示這些公司的所有盈餘，但是不管在我們收購這些企業之後，它們的價值增值多少，這些資產在我們的資產負債表上的認列價值，卻永遠不會改變。

對於這種精神分裂式的會計方式，我們的因應之道是：忽視一般公認會計原則計算出來的數字，將注意力集中在我們控制或投資的事業未來盈餘能力上。藉由這樣的做法，我們建立自己對企業價值的看法，並將這項數值與我們所控制的企業在帳冊上所認列的會計價值，以及有時候愚蠢的證券市場加諸在我們部分擁有的投資事業的價值分開考慮。我們希望這項企業價值在未來能以合理（不合理的話更好）的速度持續成長。

波克夏的股票過去一直都以略微低於內在價值的價位進行交易。在這種價位下，買進股票的人可以確定（只要折價的幅度沒有擴大）的是，他們個人的投資經驗至少會跟波克夏的財務表現相符合。但是，最近這項折價已經消失了，而且偶而還會出現小幅度的溢價。

折價消失的事實，代表波克夏股票市值的成長速度，比企業價值的增加速度（這個增加速度已經夠令人高興了）還

要快。對於在這段期間持有我們股票的投資人來說，這可是個好消息，但是對新股東或是有意購買我們股票的投資人來說，卻是個壞消息。如果波克夏新股東的財務經驗，完全相等於波克夏未來的財務命運，這些投資人因為市場價值超過內在價值所付出的溢價就必須持續下去。

雖然企業的管理階層可以經由揭露事項或是企業政策，鼓勵投資大眾從事理性的投資行為，然而，他們卻無法決定市場的價格。各位大概猜想得到，我比較偏好的是，股票的市場價格持續地趨近其企業價值。在這樣的關係下，所有事業主都可以在持股期間內，隨著企業的繁榮而獲得同等的利益。即使股票市價出現大幅偏離企業價值的情形，事業主最終的獲利成果也不會改變；到最後，投資人的獲利必須相等於企業的獲利。但如果股價長期被嚴重低估以及（或是）高估，將會導致企業的獲利無法平均的分配給所有的事業主；至於個別事業主的投資績效，將由他到底有多幸運、多聰明、或是多愚蠢來決定。

和其他我所熟悉的上市公司情況相比，波克夏的股價和企業價值間的長期關係顯然要穩定多了，這是對各位股東的一項肯定。由於各位一直都是理性、積極、並以投資為導向的股東，所以波克夏的市場價格一直都很合理。之所以會出現這種特殊現象，是由於我們的股東非常具有特色：幾乎所有波克夏的股東都是個別投資人，而非法人投資機構。和我們規模相仿的上市公司當中，沒有人可以做相同的宣稱。

……

　　四十年前葛拉漢曾經針對投資專家的行為說了一個故事：有一位石油探勘者在前往天堂的路上碰到聖彼得（St. Peter），聖彼得告訴他一個壞消息：「你符合進入天堂的資格，」聖彼得說，「但是，正如你所看到的，專門收容石油業者的保留區已經人滿為患。我們實在沒有辦法再把你塞進去。」在考慮一下之後，這位石油探勘者要求對保留區裡的同業說一句話。聖彼得覺得這個要求並無大礙，於是這位探勘者將雙手放在嘴邊，對著其他同業大叫：「地獄裡發現了油礦。」只見保留區的大門馬上打開，裡頭的石油業者全部往外衝，直奔地獄而去。聖彼得對該名探勘者的表現感到印象深刻，邀請他進入保留區，無須拘束。這位探勘者卻遲疑不動。「不用了，」探勘者說，「我想我還是他們一起去好了。那個謠言說不定是真的。」

━━━━━━

　　在〔1995年致股東的〕信中，當時波克夏的股價是每股3萬6,000美元，我曾經向各位報告過：⑴波克夏股票近幾年來在股市中的增值幅度，遠超過其內在價值的成長幅度，雖然後者的成長幅度原本就已經夠令人滿意了；⑵像這樣的優異表現不可能永遠持續下去；⑶曼格和我並不認為波克夏當時的價格遭到低估。

　　自從我提醒投資人注意這些事項之後，波克夏的內在價值已經出現大幅度地成長……然而我們的股票市價卻沒有太大的改變。當然，這表示在1996年，波克夏的股價表現不如

我們企業本身的表現。因此，波克夏股票目前的股價／價值關係和一年前相差甚多，但在曼格和我看來，目前的關係卻是比較適當的。

　　長期而言，波克夏所有股東的總獲利，一定會等於波克夏企業的商業獲利。在短期內，當股價表現優於或遜於企業的表現時，不管賣出或買入股票，少數股東會由和他們進行交易的股東處賺取到鉅額的利益。一般來說，在這樣的遊戲中，有經驗的老手還是比一無所知的新手具有優勢。

　　雖然我們的主要目的，是希望為波克夏的所有股東創造最大的財富，但我們同時也希望能夠將那些藉由犧牲其他股東利益，讓自己獲利的部分降到最低。如果我們經營的是一個家族式的合夥事業，就會設定這樣的目標。我們認為，對於上市公司的經理人而言，這些目標同樣重要。在合夥事業中，當出現新的合夥人，或是當舊的合夥人選擇離開時，基於公平性的要求，所有合夥人的股權必須合理地重新加以計算；同樣的，如果上市公司的股票市價和內在價值相符，公平性就得以維持。但是明顯的，實際情況卻無法持續處於這樣的理想狀態，但是經理人藉由政策及溝通，可以針對公平性的提升做出相當的貢獻。

　　當然了，股東持股的時間越久，波克夏的企業表現對他的財務影響就越大──而該名股東在買賣波克夏股票時是付出溢價或是得到折扣，也就越發顯得不重要，這也是為什麼我們希望能夠吸引到長期型投資人的原因之一。大體而言，我認為我們在這方面的成績算是成功的。在美國所有大

型企業中，波克夏擁有長期股東的比例可能是最高的。

6 部門別資訊與合併報表[注54]

雖然〔一般公認會計原則〕具有某些缺點，而我也不願意擔負設計另一套更完備會計制度的工作。不過，現有會計制度的限制倒也不是無藥可救：在向股東及債權人報告時，最高執行長可以將根據一般公認會計原則編製的財務報表當做一個起點，而非終點，事實上，他們的確應該這麼做。畢竟，如果子公司的經理人只向母公司報告根據一般公認會計原則編製的原始數據，而不提供其他必要的關鍵資訊給他的老闆，也就是母公司的最高執行長，這位經理人就會有麻煩。既然如此，為什麼這位最高執行長卻毋須向他的老闆們（該公司的股東兼事業主），提供重要且有用的資訊呢？

真正需要報告的資訊，是那些可以幫助熟悉財務報告的讀者，回答下列三個問題的數據——不管這些是一般公認會計原則的數字、非一般公認會計原則的數字，甚至是一般公認會計原則以外的數字：(1)這個公司大概值多少錢？(2)該公司未來的償債能力如何？(3)該公司現有經理人的表現如何？

在大多數的情形中，如果光靠一般公認會計原則所呈現的數據，想回答這些問題是件非常困難、甚至幾乎不可能的

注54：1988年。

事。商業的世界太複雜了，只靠一套規則絕對無法確實地描述所有公司的經濟實況，尤其是那些像波克夏一樣從事多樣化經營的企業。

另外一個原因使得前述問題更為複雜：許多管理階層不認為一般公認會計原則是項必須遵循的規定，反而是必須克服的障礙。這些公司的會計師往往也很願意協助他們。（「二加二等於多少？」客戶問道。配合度高的會計師會回答說：「你心裡想的數目是多少呢？」）即使是一個十分正直、立意也良善的管理團隊，在公告數字時，有時也會稍微曲解一般公認會計原則的規定，以便達到更能準確描述其績效表現的目的。這些美化的數字及作法，都是「善意的謊言」，除了採用這種技巧之外，這些管理階層可說是非常正直的經理人。

另外，有些經理人常常利用一般公認會計原則來逐行詐騙的目的。他們知道，許多投資人及債權人都將一般公認會計原則奉為神旨，因此，這些騙子以天馬行空的想像手法曲解這些會計規則，雖然就技術層面而言，他們記錄事業交易的方式符合一般公認會計原則的要求，但是對世人而言，他們創造出來的卻是一種經濟幻覺。

只要投資大眾——包括一般認為經驗豐富的投資機構，願意對持續成長的公告盈餘給予充滿想像空間的市場評價，各位可以確定的是，某些經理人以及有心人士一定會不管事實真相如何，只是竭盡所能地利用一般公認會計原則編造出這樣的數字。近幾年來，曼格和我看過許多跟會計有關的重

大詐騙案件，然而只有少數幾位犯罪者受到制裁；許多人甚至沒有受到責難。比起用槍偷小錢的罪行來說，拿筆偷大錢可是安全多了。

根據一般公認會計原則在1988年所做的一項重大修訂，我們在資產負債表及損益表上，都必須合併認列所有子公司的財務資料。在過去，共同儲貸（Mutual Savings and Loan）企業，以及費澤財務公司（Scott Fetzer Financial）（這是一家信貸公司，主要針對世界圖書（World Book）以及克比（Kirby）兩家公司的產品銷售提供分期付款融資）是以個別項目（one-line）的形式，合併認列在我們的財務報表上。這代表我們必須以一項單一個別項目的資產形式，將我們依持股比例擁有的這兩家公司的淨值總額，認列在我們的合併資產負債表上；而且(2)必須以一項單一個別收益項目的形式，將我們依持股比例擁有的這兩家公司的年度盈餘總額，認列在我們的合併損益表上。但是，依照新的規定，我們必須在自己的資產負債表上，合併認列這些子公司的所有資產及負債，並在損益表上認列這些子公司的所有收益及費用。

這項改變突顯出這些公司公告其部門別資訊（segmented data）的必要性：如果一家公司所經營的多樣化事業項目越多，傳統財務報表所提供的數字實用性就越低，投資人也就更無法利用這種資料來回答前述的三個問題。事實上，波克夏準備合併報表的唯一目的，只是為了配合來自公司外的要求。但是曼格和我還是常常會研究我們自己的部門別資訊。

　　由於我們現在必須在一般公認會計原則的報表中加入更多的數字，我們決定要公布更多輔助性的資訊，以便協助各位評估企業價值及經理人的表現。（不管你研究的是哪一種財務報告，波克夏對債權人的償債能力，也就是前述的第二個問題，應該都很明顯。）在這些輔助性資料當中，我們不一定會遵照一般公認會計原則的規定，甚至是根據企業的組織架構來編寫。相反地，我們會試著將某些事業活動歸在一起，以便有助於各位的分析工作，但又不至於塞給各位太多細節資料。我們的目標，是要以適當的形式，提供各位重要的資訊，因為如果角色互換的話，我們也會希望獲得這種形式的資訊。

7　遞延所得稅[注55]

　　我在稍早時曾經提過，一般公認會計原則將於1990年出現一項重大的修訂，這項修訂和遞延所得稅（deferred taxes）的計算方式有關，不僅複雜且具有爭議性，也因此這項原定在1989年實施的修訂案，足足延後一年才實施。

　　這項修訂案正式實施之後，將對我們的許多方面產生影響。最重要的是，我們必須改變旗下保險公司，所持有的股票因為未實現利益（unrealized appreciation）所產生的遞延所得稅負債的計算方式。

注55：以短線符號分開：1988年；1989年；1992年。

目前，我們在這部分的債務是多層面的。對於那些在1986年，甚至更早以前所產生的、金額大約12億美元的未實現利益，我們採用28%的課稅稅率提列遞延所得稅。而在1986年以後的6億美元未實現利益，我們採用的稅率是34%。由於從1987年起稅率正式提高，所以會出現兩種不同的稅率。

不過，依照新的會計規定，自1990年起，我們似乎必須將所有遞延所稅負債的稅率都調升到34%，其中所產生的費用則要由盈餘中扣除。假設到1990年時稅率都不再有任何改變，前述的動作將使我們在該年度的盈餘（以及我們公告的淨值）減少7,100萬美元。這項修訂案也會影響到我們在資產負債表上的其他項目，不過這部分只會對我們的盈餘或淨值產生很小的影響。

我們並不認為改變遞延所得稅計算方式的提案有任何必要性。不過，我們必須指出一點，由於我們不準備出售這些為我們創造大部分利益的股票，因此，不管稅率是28%或是34%，都無法確實反映波克夏的經濟事實。

━━━━━━━

未來可能還會出現另一項新的會計規定，依照這項新規定，不管現行稅率是多少，企業都必須按照這個稅率，從所有收益中扣除必要的所得稅準備金。由於我們目前的稅率是34%，這樣的規定將會增加我們的遞延所得稅負債，並降低企業淨值，相差的金額大約是7,100萬美元——這是因為我

們必須針對1987年以前的未實現利益所提列多提列6%的準備金。由於這項新的修訂案引起了極大的爭議,而且修訂的最終內容尚未確定,因此我們還沒有做出調整的動作。

……如果我們將所有證券以它們在年底時的價格賣出,我們應付的稅金將會高達11億美元。這筆11億美元的負債,和在年底完成的一筆交易,並且在15天後應付給交易債權人的11億美元債務,兩者是否相同、甚至有任何類似之處呢?這兩者顯然不同,雖然這兩者對審計後的淨值影響是一樣的:公司的淨值都會減少11億美元。

但是就另一方面而言,由於只有在賣出股票時才真正需要繳稅,而絕大部分的股票我們也無意出售,那麼這筆遞延所得稅負債是否真的只是一項無意義的會計科目呢?這個問題的答案同樣是否定的。

就經濟的觀點而言,這項債務就像我們從美國財政部借得一筆無息貸款一樣,而且是由我們來決定到期日(當然了,除非國會修改稅法,規定未實現利益必須要繳稅)。這項「貸款」在其他方面也很特別:它只能用來為持有某項特定的、增值的股票提供融資,而且其金額也隨時在改變,每天隨著股價的波動而改變,同時也隨著稅率的調整而有所不同。事實上,這項遞延所得稅負債相當於一項金額龐大的賦稅轉移(tax transfer),而且只有在我們決定要更換持有另一項資產時才必須要支付。事實上,我們在1989年賣出一小部分的持股,獲利是2億2,400萬美元,產生的賦稅「轉移」大約是7,600萬美元。

　　由於稅法的運作方式，和比較積極的投資方式相比，我們較偏好這種李伯大夢式的投資模式（如果成功的話），而這種投資風格具有一項重要的數學優勢。讓我們提出一個極端的情形做為比較。

　　假設波克夏只擁有1美元，我們用這1美元買了一支證券，在年底時該證券的價格上漲了1倍，而我們把這支證券賣出去。假設接下來的十九年裡，我們一再用上述的稅後收益重複這樣的投資動作，而且每次投資成果都是前一次投資收益的2倍。經過二十年，在34%的資本利得稅之下，我們總共付出高達1萬3,000美元的稅金給政府，而我們自己的稅後收益則會是2萬5,250美元左右，這個成果還算不錯。不過，如果在這二十年間我們只從事一筆單項的投資，而且該筆投資每年都出現1倍的驚人成長，原先的那一塊美元在二十年後將成長為104萬8,576美元。如果我們決定獲利了結，應付的34%稅金大約會是35萬6,500美元，剩餘的淨收益大概是69萬2,000美元。

　　這兩項數字會出現這麼大的差距，唯一的原因是付稅時機不同。有意思的是，在這二種情況下政府所獲得的稅收，和我們的獲利相比，同樣都是27：1。（政府所獲得的稅收在第一種情形是1萬3,000美元，第二種情形則為35萬6,500美元。）只是，在第二種情況中，政府得等上一段時間才能夠拿到這筆稅金。

　　我們必須強調，我們之所以偏好長期的投資策略，並不是因為前述那些計算的結果所致。事實上，即使我們更換投

資對象的頻率非常高，也可能賺取到更高的稅後投資報酬。
而這正是多年以前曼格和我所做的事。

　　目前我們寧願按兵不動，即使這麼做的結果是稍低的投
資報酬率也無所謂。我們的理由很簡單：由於在商場中傑出
且愉快的合作關係十分罕見，因此，我們希望保有所有我們
發展出來的合作關係。對我們來說，這樣的決定特別容易，
因為我們覺得這些關係可以產生良好的（或許可能不會是
最佳的）財務結果。基於這樣的考量，我們不認為我們應
該放棄和那些有趣，而且令人欣賞的人共事的機會，而去跟
那些我們一無所知、更可能只是泛泛之輩的平庸人物相處。
這麼做就好像是為了錢而結婚——在大部分情況下，這種決
定會是個錯誤，而如果你已經很有錢了，這麼做更是瘋狂的
舉動。

━━━━

　　一項有關遞延所得稅的新會計規定在1993年起開始生
效。我在前幾年的年報中曾經提過，波克夏的帳冊中有一種
一分為二的現象存在，這和我們投資組合中未實現利益部分
的累計稅金有關，由於這項新的規定，這種現象將不復存
在。1992年底，該項未實現利益的金額已經累計到76億美
元。其中64億美元，我們用現行的34％稅率提列，其餘12億
美元的部分，我們則按28％稅率提列，這也是該項利益發生
時的實際稅率。根據新的會計規定，我們必須用現行稅率計
所有的遞延所得稅稅金，這對我們而言似乎頗為合理。

這項新規定所代表的意義，是在1993年第一季，我們所有的未實現利益，都將適用34%稅率，如此一來，遞延所得稅負債將會增加7,000萬美元，淨值則減少7,000萬美元。由於這項新規定，我們還必須稍微修改我們計算遞延所得稅的方式。

稅率上的任何改變，都會立即影響到遞延所得稅負債以及淨值，這樣的影響可能很可觀。然而到最後，重要的是我們賣出證券時的稅率是多少，因為那才是任何未實現利益真正被兌現的時候。

8 退休福利及股票選擇權[注56]

另一項在1993年1月1日生效的重要會計規定改變，則要求企業將退休員工的健康保險之現值（present value），認列為負債項目。按照原先一般公認會計原則的規定，企業必須認列未來應該支付的退休福利金，但卻不合邏輯地忽略了企業應負擔的健康保險成本。這項新規定將迫使許多企業在資產負債表上增列一項鉅額的負債（這些企業的淨值也會因而降低），而且當這些企業在計算年度獲利時，他們也必須提列更高的成本費用。

在進行企業收購的時候，曼格和我都盡量不去考慮那些背負鉅額退休員工福利負債的公司。因此，波克夏目前以及

未來的退休員工健康保險福利負債並不沈重，我們目前擁有2萬2,000名員工。不過，我必須承認，我們曾經險些犯下一項錯誤：我在1982年曾經答應要買下一間背負沈重退休員工健康保險的公司。還好這項交易案因故沒有成功。我曾在1982年的年報中提及此事，我當時是這麼說的：「如果我們要在報告書中用圖示向各位報告過去一年來，有利於企業發展的正面因素，兩頁全版空白的插頁，會挺適合用來描述這項告吹了的交易案。」即使如此，當時我並不認為事情會像實際情況那麼糟。後來那家公司被另一家企業收購，緊接著該公司就破產倒閉，數以千計的員工發現，原先應有的退休福利幾乎都沒了。

最近幾十年來，沒有任何一位最高執行長敢向董事會提議，提供保險服務給那些尚未提撥退休員工健康保險準備的企業。由於平均壽命延長，加上健康保險成本日益高漲，最高執行長即使不是醫學專家，也知道這麼一來一定會給這類型的保險業者帶來財務上的打擊。然而，許多經理人卻毫無顧忌地幫公司規劃一項自行承擔的保險計畫，所做的承諾正如同前述的保障——導致這家企業的股東必須承受無法避免的惡果。就健康保險而言，沒有給付上限的保險承諾，往往會導致沒有上限的負債。在某些個案中，這些負債的龐大程度，已經足以威脅美國主要產業的全球競爭力。

我認為，形成這種危險行為的部分原因，是因為長期以來會計制度未要求企業必須認列應計而未計的退休員工健康保險成本。相反地，由於會計規定是以現金為基礎，結果導

致這些日漸增加的負債金額受到嚴重低估。事實上，管理階層和他們的會計師對這些債務的態度都是：「眼不見爲淨。」諷刺的是，同樣的這批經理人當中，有些人竟然極力批評國會議員採用「現金基準」來規劃社會福利（Social Security）政策，以及其他未來負擔將會持續增加的福利措施。

在思考會計議題時，經理人絕對不可以忘記林肯最喜愛的謎語之一：「如果狗尾巴也算是腿，一隻狗有幾條腿呢？」答案是：「四條退，因爲就算把狗尾巴也算成是腿，狗尾巴也不會眞的變成狗腿。」牢記林肯的話，是每個經理人的義務，即使會計師簽證說狗尾巴也算一條腿，也是一樣。

＊ ＊ ＊ ＊ ＊

最足以說明高級主管及會計師採取逃避現實作法的案例，和股票選擇權有關。在波克夏1985年年報中，我曾經針對股票選擇權的使用及濫用現象，提出我個人的看法。[注57]即使股票選擇權的用法適當，這些權證的運用在某些方面來說也沒有什麼道理可言。這種情形實非偶然：幾十年來，商業界一直在挑戰會計規則的制定者，並企圖不讓這些股票選擇權的成本反映在發行公司的獲利中。

高階主管往往表示，由於選擇權的價值很難界定，因此略去這些權證的成本，不予計算。有些經理人也表示，如果眞的要提列選擇權的成本，剛設立的小型企業一定會受到傷

注57：請參閱第1章第5節中，有原則的主管酬勞政策一文。

害。有些時候，企業經理人甚至會很嚴肅地表示，發行時就
處於「價外」的選擇權（out-of-the-money；選擇權的執行價
格（exercise price）等於或高於現股的市場價格），根本沒有
價值可言。

　　奇怪的是，法人投資機構評議會（Council of
Institutional Investors）也對上述的看法表示贊同，只是說法
略有不同。該機構表示，選擇權不應該被視為成本，因為
「企業並不需要由保險箱中拿出錢來處理這些權證。」我認
為此一理由有助於提升美國企業界的士氣，因為這些公司的
公告盈餘數字馬上可以獲得提高。舉例來說，這些公司可以
利用選擇權來支付保險費用，如此這項費用就會消失。因
此，如果你是某家企業的最高執行長，也認同這種「不付現
就不算是成本」的會計理論，我會向你提出一項你絕對無法
拒絕的提議：請你打一通電話到波克夏公司來，我們很樂意
賣保險給你，請付給我們貴公司股票的長期選擇權。

　　股東必須要了解，當企業提供其他單位某種具有價值的
物件時，不管是否有現金交換，企業一定會有成本產生。而
且，對任何重要的成本項目而言，如果只因為這項成本無法
精確地計算出來，就可以不必承認該項費用的存在，這種作
法不僅愚蠢而且也很諷刺。當前的會計制度卻充滿了這些價
值無法確定的項目。畢竟，沒有任何一位經理人或會計師知
道一架波音七四七客機可以使用多少年，也就是說，他們不
會知道這種飛機每年的折舊費用應該是多少。同樣的，沒有
人能確定一家銀行每年的壞帳損失費用應該是多少。至於產

物保險公司對於損失所做的預估數字，其不準確的程度更是
人盡皆知。

這是不是意味著，由於這些費用無法被準確地計算出
來，這些重要的成本項目都應該被略去不計呢？當然不是。
相反地，這些成本應該委請有經驗人士，以誠實的態度加以
預估及記錄。各位仔細想想，會計界人士有沒有說過，在計
算企業盈餘時，有哪些其他主要、卻很難確實計算的成
本，除了股票選擇權以外，應該略去不計的呢？

除此之外，選擇權的價值並非那麼難計算。我們必須承
認，由於發放給高階主管的選擇權有許多不同的限制條件，
要計算這些權證的價值困難度也因而增加。這些限制條件會
影響到價值的計算，但是這些權證的價值並不會因而消失。
事實上，由於我有心收購這些選擇權，我決定向每一位擁有
限制性選擇權的高階主管提出收購的提議，即使是「價外」
的權證也沒有關係：在發行日當天，波克夏願意付給這些主
管一大筆錢，以交換他們未來可以從這些權證所獲取的利
益。所以，如果各位發現有哪位最高執行長表示，他新發行
的股票選擇權幾乎沒有什麼價值，要他來和我們做交易。老
實說，我們在計算選擇權收購價值這方面的能力，比計算企
業噴射客機的折舊率更令人有信心。

在我看來，有關股票選擇權的真相，可以很簡單的概述
如下：如果這些股票選擇權不是一種酬勞，那麼它們是什麼
呢？如果酬勞不算是一項費用，又算是什麼呢？如果在計算
盈餘時不需要考慮到費用，這些費用要放到哪裡去呢？

　　會計界人士以及證券交易委員會應該同感慚愧，因爲他們長久以來在股票選擇權這個議題上，一直讓企業主管牽著鼻子走。除此之外，這些主管的遊說動作也可能會引發一項不良的副作用：在我看來，如果這些商業菁英在處理對本身極具重要性的議題時，卻大力鼓吹一些無法令人信服的說法，這些人在處理重要的社會議題時，他們的公信力也將嚴重受損，這些菁英人士在社會議題上原本可以發揮很大的影響力。

9　企業賦稅負擔的分配[注58]

　　1986年的賦稅改革法案（Tax Reform Act），對波克夏的各個事業產生許多重要的影響。雖然我們認爲該項法案中有許多值得讚揚的地方，但是它對波克夏財務的整體影響卻是負面的：在新法案之下，我們的企業價值成長率可能會稍微降低一些。對我們的股東來說，這種負面影響的程度更大：假定波克夏股票每股企業價值每增加1美元，波克夏的股值也上漲1美元，在舊法案下，我們的股東可以獲得0.8美元的稅後獲利，但在新法案下，我們股東的稅後獲利卻只有0.72美元。當然了，這正反映出個人資本利得稅的最高稅率，由20%調升爲28%的結果。

　　下面是對波克夏產生影響的主要變革措施：

注58：1986年。

● 企業一般所得稅稅率將從1986年的46%，在1988年調降至34%。這項改變顯然對我們有利，對我們三家主要投資企業當中的兩家來說——首都市企業／ABC新聞公司以及華盛頓郵報公司，這將帶來極大的正面影響。

我了解，過去幾年來，針對是企業本身，或是企業的顧客在真正支付企業所得稅這個議題，一直有一些模糊且具政治性的論調存在。當然了，討論的重點往往是增稅，而不是減稅。反對提高企業所得稅的人士採用的理由往往是，企業事實上無須支付這些加諸於它們身上的賦稅，相反地，企業的角色就像是一條經濟的管道，將所有賦稅轉嫁到消費者身上。根據這些人士的看法，提高企業賦稅一定會促使物價上漲，唯有如此，企業才能夠彌補增加的所得稅負擔。但如果接受這樣的理由，支持管道學說的這些人也必須同意，降低企業賦稅也不會有助於企業的獲利，因為這些利益將反映在物價的下降，回饋給消費者。

相反地，其他人認為企業不僅要負擔本身的賦稅，還必須吸收這些成本。根據這派學說的理論，消費者不會受到企業稅率改變的影響。

實際情況到底是什麼呢？在企業稅率調降之後，波克夏、華盛頓郵報公司、首都企業等公司會不會將這些利益據為己有，還是藉由調低價格的方式，將這些利益回饋給消費者？對投資人、經理人，以及政策制訂者而言，這都是一個重要的問題。

我們的結論是，在某些情形中，調降企業所得稅所產生

的利益會完全，或是幾乎完全，落到企業本身及其股東身上，而在其他情形中，這些利益則會完全，或是幾乎完全，回饋給消費者。決定的因素則在於企業所擁有的特許權（franchise）特性，以及該特許權特性是否受到政府法規的規範。

舉例來說，如果該特許事業具有很強的優勢，稅後獲利也受到詳盡的政策規範，像是電力事業，企業稅率的改變大部分會反映在價格上，而非企業的獲利。當稅率調降，價格往往很快會跟著調降；當稅率調漲，價格也會上漲，但這些企業往往不會馬上就宣布漲價。

第二種類型的產業也會出現相似的結果——就是價格競爭激烈的產業，這些產業的特許權色彩往往較弱。在這樣的產業中，自由市場會「規範」企業的稅後利潤，雖然這種規範動作的成效往往不規則且會延後發生，但就整體來說還是有效的。事實上，市場對價格競爭激烈產業的作用，跟電力評議會對電力事業所具有的功能一樣。因此，在這樣的產業中，稅率調整對價格的影響往往較大，對企業獲利的影響反而較小。

不過，對那些特許權色彩鮮明，又不受規範的企業而言，情形就不同了：企業及股東是減稅的最大受益者。如果電力事業沒有受到政府規範，電力事業和這種類型的事業將會因降稅而同樣獲利。

我們投資的事業當中，包括我們擁有全部股權及部分股權的事業中，許多都是擁有特許權性質的事業。因此，如果

這些事業的賦稅降低，這些利益往往會落到我們的荷包裡，而不是消費者的手上。雖然這麼說有點不禮貌，但這是無法否認的事實。如果各位真的不想相信這樣的說法，請各位想一想你們住家附近最出名的腦科醫師或律師，雖然他們的所得稅最高稅率已經由50%調降爲28%，難道你們真的相信這些專家（這些人的執業項目在當地是一種特許事業）會因此降低他們的收費嗎？

雖然各位樂於看到較低的稅率對我們的許多營運單位及投資事業都有幫助，但是我們的另一項結論實在非常令人掃興：對我們而言，1988年將實施的個人及企業所得稅稅率，似乎完全不切實際。這些稅率非常可能爲政府帶來財政上的問題，並且不符合價格穩定的要求。因此，我們相信，到最後，比如說，在五年之內，稅率或是通貨膨脹兩者之一幾乎一定會上漲。如果兩者都上漲，我們也不會感到意外。

• 自1987年起，企業的資本利得稅率將由現行的28%調升爲34%。由於我們認爲波克夏企業價值的未來成長，將和過去一樣，大部分都是來自資本利得，因此這項改變將對波克夏造成重大的負面影響。舉例來說，我們三項以股票投資方式持有的主要投資標的——首都企業、蓋可保險公司，以及華盛頓郵報公司，在年底時的市值超過17億美元，占波克夏淨資產的75%以上，但是這些事業帶給我們的年度淨利卻只有900萬美元。這三家企業的保留盈餘都占極高的比例，而我們也相信，這些保留盈餘終將會幫我們創造更高的資本利得。

　　根據新稅法的規定，所有未來將實現的獲利，包括新稅法實施前即已存在的未實現獲利在內，其稅率都將調升。到年底為止，我們由投資股票上獲取的未實現利益為12億美元。由於一般公認會計原則的規定，我們在計算未實現利益的遞延所得稅負債時，可以採用去年的28%稅率，而不是現行的34%，因此，這項新稅法對我們資產負債表的影響將會延後出現，一般預料，這項規定很快也會改變。一旦發生改變，我們根據一般公認會計原則規定所計算出來的淨值，將大約減少7,300萬美元，這部分金額會轉而出現在遞延所得稅的項目下。

　　● 根據新稅法的規定，我們保險公司的股利及利息收益部分，將會被課征較高的稅賦。首先，所有企業由其他國內企業所收到的股利，先會被課徵20%的稅收，而舊稅法的稅率只有15%；其次，剩餘的80%部分的處理方式也將有所改變，但這僅適用於產物保險公司：如果發放股利的股票是在1986年8月7日以後才購買的，剩餘部分當中的15%將會被課稅；第三項改變和免稅公債有關，而且同樣只適用於產物保險公司：保險公司於1986年8月7日以後購買的公債，只有85%的利息可以免稅。

　　後兩項改變極為重要。它們所代表的意義是，由於實行新稅法，我們未來的投資淨利將會比舊法規定下低。我的猜測是，和我們原先預估的情形相比，光是這些改變，將會降低我們保險事業的盈餘能力至少10%。

　　● 這項新稅法同時也改變了產物保險公司的付稅時程。

根據新稅法的一項規定，我們必須在申報稅表中將損失準備金折價計算，這項改變會降低我們的所得稅扣除額，並提高我們的應稅所得。

前述兩項新規定都不會影響我們向各位報告的年度累計所得稅金額，但卻會大幅提前我們繳稅的時程。也就是說，先前得以遞延的稅金，現在必須提前繳納，如此一來將會嚴重降低我們的獲利率。舉個例子來說明其中的損失情形：如果在21歲生日當天，你必須立即付清你一生的所得稅金額，和你到死的時候才一次付清相比，在前一種情況下你一生所能累積的財富及不動產價值，大概只是在後一種情況下所累積的財富與不動產價值，微不足道的一小部分。

如果各位很專心在研究我們的說法，你一定會注意到一個不合理的地方。我們先前在討論價格激烈競爭的產業時，曾經提到，增稅或減稅不會對這些公司造成太大的影響，因為這些改變最後都會轉嫁到消費者身上。但現在我們卻又說增稅會影響到波克夏旗下產物保險公司的獲利情形，可是這項產業的價格競爭卻十分激烈。

這個產業之所以可能是一種例外情形，是因為主要的保險公司並不是都採用同一種的計稅方式。基於某些重要的理由，這些公司之間會有重大的差異存在：一項新的可供選擇的最低課稅標準，會對某些公司產生重大的影響，但是不會影響到其他公司；由於某些主要的保險業者提列了巨額的保險損失，未來好幾年，他們大部分的盈餘都無須繳納太多稅金；還有某些大型保險業者的營運結果，將會被併入原本沒

有經營保險事業的企業報表中。基於這種種理由，產物保險產業將會出現差距極大的邊際稅率（marginal tax rates）。不過，這種情形不會發生在其他價格激烈競爭的產業中，像是製鋁業、汽車工業、以及百貨業等等，在這些產業中，主要業者的稅率大都是相同的。

　　由於產物保險業缺乏共同的計稅標準，和一般價格競爭激烈的產業相較起來，產物保險業將增加的稅賦轉嫁給消費者的幅度，可能不及後者來得大。換句話說，保險業者本身將吸收大部分的增稅負擔。

　　● 根據新稅法的某項規定，前述的增稅負擔得以稍稍彌補。我們在1987年1月1日採用了一項「重新開始」（fresh start）調整數，將1986年12月31日提列損失準備金予以折價計算，以便符合計稅的要求。（不過，在我們寄給各位的報告中，這些準備金的計算基礎將和過去完全相同，這些金額不會經過折價計算，除非是一些例外情形，像是特別安排下的和解。）這項調整數帶給我們的淨效果是雙重的扣除額：我們在1987年以及往後的時間內都可以獲得一項扣除額，扣除的金額是我們已經發生，但尚未支付的部分保險損失，而這些損失早在1986年或更早以前，就已經全數被視為費用並列為扣除額了。

　　我們的淨值將因為這項改變而增加，但是增加的部分尚未反映在我們的財務報表上。相反地，根據現行的一般公認會計原則（這些規定可能會改變），這些利益將會因為所得稅費用的降低，在未來幾年反映在我們的損益表上，並提高

我們的淨值。我們認為，因為這項調整數而產生的利益，將在3,000萬至4,000萬美元之間。不過，各位要注意的是，這項利益只會發生一次，而且隨著時間過去，其他跟保險業有關的稅法改革措施所帶來的負面影響，卻會越來越嚴重。

● 新稅法廢除了公共事業通用法（General Utilities Doctrine）的規定。也就是說，自1987年起，企業進行清算（liquidations）時將會遭到雙重課稅：企業本身會被先課一次稅，股東又會被課一次稅。在過去，企業可以不用繳納這部分的稅金。舉例來說，假設波克夏將被清算（這樣的事情當然不會發生），假定售價相等，跟舊法相較起來，在新稅法的規定下，股東由出售資產所獲得的收益，將會比舊法下的收益來得少。雖然我們舉出的例子是一種理論中的情形，但這項稅法的改變將會嚴重影響到許多公司。因此，這項新規定也會影響到我們對可能投資對象的評估結果。讓我們舉一些例子來做說明。假設某些生產石油及天然氣的企業、媒體事業、或是不動產等公司，有意要出售自身的事業，由於這項新的規定，（雖然這些企業本身的經濟營運實力完全沒有退化）這些企業的股東所能夠獲取的價值卻可能會大幅減少。我認為投資人或經理人都尚未完全了解稅法這項重大改變所代表的意義。

10 賦稅及投資哲學[注59]

波克夏是重要的聯邦所得稅納稅人。整體來說，我們在

1993年繳納的聯邦所得稅是3億9,000萬美元，其中2億美元是營運盈餘的稅金，剩下的1億9,000萬美元則是用來繳納已實現資本利得的稅金。[注60]除此之外，依照比例來算，我們在被投資事業上所繳納的聯邦以及外國所得稅也遠超過4億美元。雖然各位不會在我們的財務報表上看到這個數字，但這項數字卻是確實存在。波克夏在1993年直接或間接繳納的聯邦所得稅總額，占了全美國企業去年所納稅稅金的0.5%。

就個人而言，曼格和我對繳納這些稅金完全沒有抱怨。我們了解，處在一個以市場為基礎的經濟體當中，和其他人對社會大眾的努力及貢獻相較起來，我們的努力所受到的回報實在太優厚了。課稅應當多少能夠匡正這種不公平的現象，而事實也的確如此，但是我們所受的待遇還是極為優渥。

整體而言，如果波克夏是以合夥事業或是「S」型事業，這二種商場中常見的形式在營運，波克夏及其股東所需繳納的稅金就會少很多。基於種種理由，波克夏並不能這麼做。但由於我們採用長期的投資策略，我們因為企業組織型態所受到的懲罰卻得以減緩——雖然不能完全避免。即使我們經營的是一個免稅的機構，曼格和我也會採取買進與持有（buy-and-hold）的策略，我們認為這是最正確的投資方式，

注59：1993年。

注60：1996年的金額是8億6,000萬美元。

而且也符合我們兩人的人格特質。不過，我們偏好這種投資策略的第三種原因，則是因為這麼一來，我們只有在實現獲利的時候才需要繳稅。

從我小時候最喜歡的漫畫「艾柏納」（Li'l Abner）中，我就有機會了解到延遲支付所得稅的好處，只是當時我還體會不到這一點。為了讓他的讀者有優越感，艾柏納在狗窩區（Dogpatch）裡像個白癡般愉快地過活，某一天，他忽然迷戀上紐約的一位美豔女郎，他不敢娶她，因為他只有一塊銀幣，而她只對百萬富翁有興趣。由於深感挫折，艾柏納跑去尋求老摩西的指引，老摩西是狗窩區裡最具智慧的人。老摩西說：「將你的錢變成2倍，連續重複20次，她就是你的了（1,2,4,8,....1,048,576）」。

我記得的最後一篇漫畫是，艾柏納進入一間酒館，將他的一塊銀幣投入吃角子老虎機中。結果他中了大獎，機器吐出來的錢灑了一地都是。艾柏納謹尊老摩西的指示，從地上檢起二塊錢，然後再去尋找下一個可以將錢變成2倍的機會。從那時候起，我就不再看這本漫畫，轉而開始讀起葛拉漢的書。

老摩西顯然被高估成一位大師：除了未能預見艾柏納會像奴隸般地恪遵他的指示之外，他還忘了要繳稅這回事。假設艾柏納和波克夏一樣要繳35%的聯邦稅，而且每年只有一次機會可以將手中的錢變成2倍，二十年後他的錢只會有2萬2,370美元。事實上，如果艾柏納持續這麼做，他還需要再等上七年的時間才能變成百萬富翁，才有資格娶女主角。

　　但是，如果艾柏納將錢投資到一個單一的投資機會上，並且讓這筆錢一直以2倍的速度成長27.5次呢？在這個情形下，他的稅前獲利將會有2億美元，而在最後一年時，在繳納7,000萬美元的稅金之後，他的獲利大約也有1億3,000萬美元之多。看在這麼多錢的份上，女主角爬也會爬到狗窩區去。當然了，經過了27.5年之後，坐擁1億3,000萬美元的艾柏納會如何看待女主角，那就是另外一回事了。

　　這個小故事告訴我們的是，納稅投資人由單一且以複利計算的投資項目中所能賺取的回報，遠比由一連串具有相同報酬率的投資項目所能賺取的回報要高得多。我想許多波克夏的股東老早就知道這一點了。

結語[61]

我們會繼續持有我們的主要股票投資項目，不管這些股票的市價和其內在企業價值的關連如何。這種「至死方休」的態度，加上這些股票的價格已充分反映其價值，因此這些股票將無法像過去一樣，為波克夏的企業價值提供大幅增長的機會。換句話說，到目前為止，我們的績效表現是來自於兩種的利益：(1)我們投資組合中的企業，其內在價值的卓越成長；(2)隨著市場適當地「修正」這些企業的股價，也就是相對其他公司，調升這些企業的市場評價，使我們獲得額外的利益。我們相信，我們投資組合中的企業會持續在提升企業價值上締造佳績。但是我們的第二種利益已經實現，也就是說，往後我們只有第一種利益可圖。

我們還必須面對另一項障礙：在一個有限的世界裡，高成長率必然會自行毀滅。如果計算成長率的基礎很微小，前述的法則一時間還不會成立。但如果計算的基礎大幅擴增，這種令人滿意的成長就得結束：高成長終究會自行終止。

卡爾‧沙根（Carl Sagan）用一種很有意思的方式來描述這個現象：他引用的例子是每15分鐘分裂繁殖一次的細菌。沙根說：「這就是說，每一小時有4次2倍成長的機會，每一天會出現96次2倍成長的現象。雖然一個細菌的重量不

注61：以短線符號分開：1989年；1994年；1996年股東手冊。

到一公克的一兆分之一，在經過一天的繁殖之後，這個細菌的後代，可能會跟一座山一樣重（……）經過兩天之後，這些細菌的重量可能會比太陽還重——不用多久的時間，這個宇宙就會充滿細菌。」沙根說我們不用擔心，有些細菌會阻撓這種指數型的成長現象。「這些細菌會沒有食物可吃，或會互相毒死對方，或是會不好意思在公開場合中當眾繁殖。」

即使時機很不好，曼格和我也不認為波克夏會跟細菌一樣。我們感到很抱歉的是，我們沒有辦法每15分鐘就讓波克夏的淨值增長1倍。除此之外，我們對在財務上公開繁殖一事，完全不會感到害羞。然而，沙根所做的觀察仍然適用。

───────

錢太多……是卓越投資成果的最大敵人。波克夏現在的淨值為119億美元，當曼格和我開始接管波克夏的時候，我們的淨值只有2,200萬美元。雖然當前市場上的績優事業還是跟以前一樣多，但如果進行收購所動用的金額，相對波克夏的資本規模根本無關緊要，這樣的收購案實在毫無用處。（曼格常常提醒我，「如果一件事根本不值得做，就算做得再好也沒有用。」）我們目前只會考慮收購1億美元以上的證券。由於要達到這樣的最低收購金額標準，波克夏的投資世界已經大幅縮小了。

然而，我們仍堅持這項幫我們達致目前規模的原則，而

且努力不降低我們的要求標準。泰德・威廉斯（Ted Williams）[譯注29]在他的回憶錄《我的一生》（*The Story of My Life*）中，說明了原因：「我認為要成為一名傑出的打者，你得先有個好球讓你打。這是開宗明義第一條原則。如果要我面對我不喜歡的球路，我的打擊率就不會有三成四四，很可能只有二成五。」曼格和我認同這樣的看法，我們會等待適當的時機，迎接我們「喜歡的球路」。

我們仍然不會理會政治及經濟的預測報告，對許多投資人及商界人士而言，這些預測是既昂貴又讓人分心的事。三十年前，沒有人能夠預見越戰會擴大到這種地步，會出現工資及物價控制、發生兩次石油危機、會有一位總統辭職下台、蘇聯瓦解，道瓊工業指數在一天內下挫508點，或是公債殖利率會在2.8%到17.4%之間波動。

但是，總是出現令人驚訝的結果——但這些令人震驚的事實沒有一件會損及葛拉漢的投資原則。這些事件也不曾改變以合理價格收購績優事業這種作法的正確性。如果我們因為某些未知的事件而心生恐懼，延後或改變我們的資金運用方式，各位想想，我們付出的成本會有多高。事實上，我們所做的最好投資，往往是在大眾對總體經濟事件的憂慮達到顛峰時。恐懼是追求時尚者的敵人，卻是基本分析者的朋友。

未來三十年一定會再出現其他令人感到震驚的事件。我

譯注29：美國職棒波士頓紅襪隊的傳奇人物。

們不會做任何預估，也不會企圖從這些事件當中獲利。如果我們能夠找到和過去一些企業同樣績優的事業，即使發生一些出人意表的外來事件，對我們的長期投資結果也不會受到太大的影響。

我們對各位的承諾是，除了適度的收益之外，在各位持有波克夏股票的期間內，各位的獲利成果，會跟曼格和我一樣。如果各位有損失，我們也會有同樣的損失；如果我們獲利，各位也會一樣獲利。我們絕對不會毀棄同各位所做的約定：我們不會採用某種特殊的酬勞政策，好讓我們個人可以在公司表現好的時候獲得更多利益，或是在公司表現不好時，降低我們參與公司經營的程度。

我們還要承諾各位一點，我們的個人財富絕大部分都投資在波克夏的股票上：我們不會要求各位投資波克夏，卻把自己的錢投資在其他的地方。此外，我們大部分家人及朋友的投資組合中——這些朋友都是曼格和我在1960年代所經營的合夥事業的合夥人，波克夏的股票都占了絕大的比重。我們有絕對的動機要竭盡所能努力工作。

我們之所以能夠達到這樣的成果，是因為我們擁有非常傑出的營運經理人，這些經理人能夠從普通的事業中，創造出不凡的營運成果。史坦格（Casey Stengal）將管理一支棒球隊比喻為「打出全壘打的是球員，拿錢的卻是你。」這也是波克夏的原則……

與其擁有一顆水晶鑽石百分之百的所有權，還不如擁有那顆名貴鑽石「希望」（Hope）的大部分所有權。前述的企

業顯然都是稀有的寶石。最好不過的是，我們不只擁有許多
績優事業，而且所擁有的績優事業數量與日遽增。

股價一定會持續波動（波動的幅度有時非常劇烈），經
濟也會出現繁榮及蕭條，不過，就長期而言，我們認爲我們
旗下事業的價值，極可能會以令人滿意的速度持續成長。

───────

我要在結論中針對波克夏目前及未來的管理階層做一些
討論，我認爲做這樣的結論是適當的。正如我們先前所述，
曼格和我是波克夏的經營合夥人。但是，我們把整個企業的
重要經營工作分配給子公司的經理人去負責。事實上，我們
分工的程度幾乎已經到了退位的地步：雖然波克夏大約有3
萬3,000名員工，但是在總公司上班的卻只有12名員工。

曼格和我主要負責資金運用的決定，以及關鍵經理人的
酬勞問題。這些經理人大都很願意接受授權，並負責管理他
們的事業，而我們也都做這樣的安排。這些經理人必須全權
負責所有的營運決定，並且把事業創造出來的剩餘現金送回
總公司。如此一來，他們的注意力就可以集中在事業的經營
上，而如果讓他們負責處理這些資金，他們可能會因爲面臨
種種誘惑，而無法專注本業的經營。除此之外，跟所有經理
人從本身的產業中所找到的投資機會相較起來，曼格和我在
爲這些資金挑選投資機會的層面也比較廣。

我們大部分經理人本身就是有錢人，因此，創造一個能
夠讓他們放棄打高爾夫球或釣魚，而願意選擇爲波克夏努力

工作的環境，完全是我們的責任。因此，我們一定要善待他們，因為如果角色互換的話，我們也希望得到相同的對待。

曼格和我都很喜歡研究資金配置的問題，我們在這方面也累積了不少實用的經驗。一般說來，年長者在這個議題上比較不會吃虧：你不需要手眼十分協調，或是擁有發達的肌肉，才能推得動金錢（謝天謝地）。只要我們的心智持續維持其應有的效能，曼格和我還是可以跟以前一樣執行我們的職務。

在我過世之後，波克夏的所有權結構將會有所改變，但是不會出現混亂的情況：首先，我的持股中大約只需要賣出1%的股票來支付必要的贈與稅；其次，如果我太太蘇珊那時還活著的話，剩下來的股權都會移轉到她手上，如果她先我而去，這些股票則會轉到我的家族基金會手中。不管出現哪一種情形，具有波克夏經營權的股東，仍然會秉持相同的經營哲學及目標繼續經營。

到那個時候，巴菲特家族將不再參與波克夏的管理，只負責挑選並監督負責管理企業的經理人。當然，這些經理人會是些什麼樣的人，完全要看我什麼時候過世而定。但是，我可以預見管理階層的架構會是如何：我的工作將被一分為二，會有一位主管負責投資，另一位主管負責營運。如果有機會收購新的事業，這兩位主管會通力合作，以便做出必要的決定。這兩位主管需要向董事會報告，而這個董事會則必須負責對擁有經營權的大股東做報告，而且這位大股東的利益一定會跟各位的利益一致。

如果我們急需要前述的管理架構，我的家人及幾位關鍵人士都知道我會找誰來接任這兩個高階主管的職位。這兩位人士目前都是波克夏的員工，我對這兩個人具有完全的信心。

我會持續讓我的家人知道繼任人選此一議題的發展情形。由於波克夏股票幾乎占了我個人資產的全部，在我死後的很長一段時間內，這些股票也將是我太太或我們家族基金會的全部資產。各位可以確定的是，我的確很費心在審慎安排我的繼任人選。各位也可以放心，未來繼任的經理人在經營波克夏時，一定會稟持我們目前所採用的經營原則。

最後我要告訴各位一件各位不會喜歡聽到的事：我要向各位保證，我從來沒有像現在一樣感覺到身體如此健康。我熱愛管理波克夏，如果享受生命有助於延長壽命的話，瑪士撒拉（Methuselah）的長壽紀錄恐怕就要不保了。[注62]

注62：根據聖經所述，瑪士撒拉活了969歲，見舊約創世紀5:27。

感謝辭

當我在準備這本論文集以及籌備研討會的時候,我的許多同事及友人給予我極大的協助。我尤其要感謝巴菲特先生(Warren Buffett)給予我的啓示,他不吝撥冗與我見面,並與我分享他的智慧經驗。承蒙巴菲特先生的允許,我得以順利進行本計畫,也由於他的大力協助,本計畫才得以大功告成。我要對曼格先生(Charlie Munger)表示同樣的感謝之意;曼格先生不僅親自參與本次研討會,並於會中擔任研討會主席一職,而且允許我刊登他任職波克夏旗下之衛斯克財務企業董事長時,寫給該企業股東的信的部分內容。我也要感謝丹漢先生(Bob Denham)擔任居中聯繫的工作。我要感謝蘇珊‧巴菲特夫人(Susan Buffett)及公子霍華‧巴菲特先生(Howard Buffett)二位在週末時親臨研討會現場。我也要感謝簡恩先生(Ajit Jain)、陸蜜絲小姐(Carol Loomis)、孟德漢先生(Bob Mundheim)、辛普森先生(Lou Simpson)、以及波森奈克小姐(Debbie Bosanek)等人。

我要感謝山姆‧海曼先生(Sam Heyman)及朗妮‧海曼夫人(Ronnie Heyman)。由於海曼先生及夫人的資助,卡多索法律學院(Cardozo School of Law)的山姆及朗妮‧海曼企業監督中心(Samuel and Ronnie Heyman Center on Corporate Governance)得以設立運作,本計畫也因而獲得必要之經濟援助。對於海曼先生夫人於研討會中對與會嘉賓

的熱誠招待，本計畫之所有相關人員亦同表感激之意。任職於卡多索學院的所有人員對海曼先生及夫人尤其感激；由於他們的慷慨協助，本校得以舉辦許多其他大型的活動。

我在卡多索法學院的同仁也都對本計畫表示全力支持，尤其要感謝賈克布森先生（Arthur Jacobson），因為他是提議舉辦研討會的人士之一。我也要感謝普萊斯先生（Monroe Price），沒有他的努力，就沒有本次研討會。我還要特別感謝我在卡多索的同仁亞柏隆先生（Chuck Yablon），以及以前的同事布雷頓先生（Bill Bratton）及衛斯先生（Elliot Weiss），他們二人同時也是山姆及朗妮·海曼企業監督中心的兩位前任主任。上述三位先生都親自參與了本次研討會。

於1996年至1997年間擔任《卡多索法學院評論》（Cardozo Law Review）編輯的高德史密特小姐（Stacy Goldschmidt）與紐康柏小姐（Jennifer Newcomb），在本此研討會中擔任功不可沒的規劃及協調工作；當我在1996至1997學年度到喬治華盛頓法學院（George Washington Law School）擔任客座教授之時，兩位編輯小姐坐鎮卡多索法學院，並充分發揮了必要的功效。本次研討會的書面資料是由《卡多索法學院評論》1997至1998年的編輯同仁及工作幹部所編製完成的，我在此向所有幹部致謝，尤其是德希特先生（Ken Dursht）、李小姐（Yulan Li）、歐先生（Mark Oh）以及史柏林先生（Steve Sparling）。我在喬治華盛頓法學院的同仁也給予我全力的支持，尤其是米契爾先生（Larry

Mitchell）以及法學院長佛雷敦索先生（Jack Friedenthal），
米契爾先生更親自參與本次研討會。

我同時要感謝魯登斯汀先生（David Rudenstine）以及
維奎爾先生（Paul Verkuil）；魯登斯汀先生於1996至1997年
間擔任卡多索法學院的臨時院長，維奎爾先生則自1997年起
接任卡多索法學院院長一職。卡多索法學院其他同仁也對本
計畫貢獻良多，包括副院長賀茲先生（Michael Herz）、卻爾
吉小姐（Cynthia Church）、戴維絲小姐（Susan Davis）、以
及克勞瑟小姐（Paulette Crowther）。我在卡多索的秘書卡絲
坦諾小姐（Lillian Castanon）以及在喬治華盛頓法學院的秘
書波依德小姐（Stephanie Boyd），也對我提供了極大的協
助。

我要特別感謝我的家人，尤其是我的姪子賈斯丁·康寧
漢（Justin Cunningham）我同時也要感謝我的許多友人所給
予的鼓勵，包括奧絲蘭德小姐（Dana Auslander）、格藍特先
生（Robin Grant）、佩萊克先生（Bill Placke）、洛絲小姐
（Michelle Roth）、史高妮克小姐（Deb Skulnik），以及任職
於克雷文斯、史衛恩、及摩爾公司（Cravath, Swaine &
Moore）的諸位老友及同仁，包括亞當斯先生（Joe
Adams）、巴特勒先生（Sam Butler）、哈斯先生（Jeff
Hass）、賈昆先生（Dave Jacquin）、歐康諾先生（Tad
O'Connor）、保羅小姐（Debbie Paul）、以及羅柏茲先生
（Todd Roberts）。

我要特別感謝所有參與本次研討會的人士，尤其是研討

會的小組成員；他們在本次研討會上發表了許多精彩刺激的
論文，這些論文都將刊登在《卡多索法學院評論》。我在喬
治華盛頓法學院的同事及寫作伙伴所羅門先生（Lew
Solomon）在研討會結束後向我抱怨說，這次研討會實在辦
得太成功了，我以後不應該再舉辦研討會了。雖然籌辦研討
會的確需要花費許多心力，主持人的工作也會給人帶來許多
焦慮，研討會的整體成果實在應該歸功於所有與會者臨場發
揮的協調能力及努力。如果有機會再舉辦一場研討會，我將
十分樂意再次邀情他們共襄盛舉。

勞倫斯・康寧漢
班傑明・卡多索法學院
紐約市10003第55大道
cunning@ymail.yu.edu

名詞解釋

雪茄屁股式投資行為（Cigar Butt Investing）這種愚蠢的投資行為指的是以很低的價格收購一家企業，並期望在短期內會因為某些突如其來的好運出現而有利可圖，即使該企業的長期展望非常糟糕也無所謂，這種情形就像雪茄的最後一口煙一樣。請參閱第2章第6節。

股利測驗（Dividend Test）被保留的每一塊錢盈餘，至少可以為股價增加一塊錢的市場價值時，保留盈餘才有意義。請參閱第3章第3節。

雙管齊下的收購模式（Double-Barreled Acquisition Style）以商議的形式收購企業100%的股權，或是從公開市場買進企業少於100%股權的合理收購策略。請參閱第1章第1節。

體制性阻力（Institutional Imperative）普遍存在組織中的無形阻力，會導致非理性的商業決定，像是抗拒改革、導致非最佳的計畫或收購案出現而這些計畫又吸取過多的企業資金、高階主管過份沈溺於自身的權力慾望、或是一昧地仿效其他公司的作法等現象。請參閱第2章第6節。

內在價值（Intrinsic Value）一種很難計算，但卻非常重

要的企業價值衡量方式,相當於某企業在其剩餘的企業壽命中,所能創造出來的現金流量總和,經過折現計算後的價值。請參閱第5章第5節。

完整盈餘(Look-through Earnings)針對持股比例少於20%的權益法投資事業的會計方式,有別於傳統一般公認會計原則的計算方式。在這種方式之下,投資人的經濟表現,一部分取決於被投資公司依持股比例所能分到的未分配盈餘(在扣抵所得稅之後)。請參閱第5章第2節。

安全邊際原則(Margin-of-Safety)如果想做到正確且成功的投資,這可能是投資人唯一需要注意的重要投資原則。葛拉漢提出的這項原則所指的是,除非某個證券的價格遠低於其價值,否則就不要購買該證券。請參閱第2章第4節。

市場先生(Mr. Market)葛拉漢針對股票市場所做的寓言故事,市場先生事實上是指一個情緒極不穩定、又非常容易出現恐慌性行為的交易市場,在這個市場中,價格與價值有時會出現悖離的現象,投資人因而有機會做出高度智慧型的投資決定。請參閱第2章第1節。

事業主盈餘(Owner Earnings)一種比現金流量或一般公認會計原則盈餘更理想的經濟表現衡量方式。由於會受到收購會計調整數的影響,這項數字相當於(a)營運盈餘,

加上（b）折舊及其他非現金費用，減去（c）為維持企業現有的競爭地位及銷售量而必須再投資的金額。請參閱第5章第4節。

投資理財 26

巴菲特寫給股東的信

The Essays of Warren Buffett：Lessons for Corporate America

作　　　者：華倫‧巴菲特（Warren E. Buffett）

　　　　　　勞倫斯‧康寧漢（Lawrence A. Cunningham）

譯　　　者：張淑芳

總 編 輯：楊　森

主　　　編：陳重亨、金薇華

編　　　輯：陳盈華

行 銷 企 劃 ：呂鈺清

封 面 設 計 ：蔡其旻 Bryan Tsai

出 版 者：財信出版有限公司

　　　　　台北市南京東路一段52號11樓

　　　　　訂購服務專線：(02)2511-1107

　　　　　訂購傳眞號碼：(02)2511-0185

　　　　　郵撥帳號：50052757　戶名：財信出版有限公司

　　　　　http://book.wealth.com.tw

製版印刷：沈氏藝術印刷股份有限公司

總 經 銷：聯豐書報社

　　　　　台北市重慶北路一段83巷43號

　　　　　電話：(02)2556-9711

二版一刷：2008年4月

定　　　價：320元

Chinese Translation Copyright © 2000 Wealth Press

© 1999 by Lawrence A. Cunningham

All rihgts reserved

ISBN：978-986-84101-8-3

著作權所有‧翻印必究　Printed in Taiwan

（若有缺頁及破損，請寄回更換）

國家圖書館出版品預行編目資料

巴菲特寫給股東的信／華倫・巴菲特 (Warren E. Buffett)，
勞倫斯・康寧漢 (Lawrence A. Cunningham)編著；張淑芳
譯. -- 二版. -- 臺北市：財信，2008.04
　　面；　　公分. --（投資理財；26）
譯自：The Essays of Warren Buffett：Lessons
　　　　for Corporate America
ISBN 978-986-84101-8-3（平裝）

1. 證券投資 2. 美國

563.53　　　　　　　　　　　　　　　　　97004920